连铸坯的偏析及其控制

Segregation of Continuously Cast Strand and Its Control Technology

朱苗勇　祭程　罗森　著

北京
冶金工业出版社
2015

内 容 提 要

本书首先讨论连铸坯偏析的形成机理与类型，在介绍了连铸坯凝固末端压下和连铸过程电磁搅拌的冶金机理后，详细介绍了动态轻压下工艺参数的选取和过程控制、结晶器电磁搅拌和凝固末端电磁搅拌的数值模拟和工艺参数优化。书中所介绍的动态轻压下和电磁搅拌减轻或消除连铸坯偏析的工业应用实践，有助于进一步揭示连铸坯偏析的形成机理，并为开发满足高端钢铁产品需要的连铸过程控制系统提供借鉴与参考。

本书可供钢铁冶金领域的科研、生产、设计、教学人员阅读。

图书在版编目(CIP)数据

连铸坯的偏析及其控制/朱苗勇，祭程，罗森著．—北京：冶金工业出版社，2015.11

ISBN 978-7-5024-7101-9

Ⅰ.①连…　Ⅱ.①朱…　②祭…　③罗…　Ⅲ.①连铸坯—偏析—质量控制　Ⅳ.①TF777

中国版本图书馆 CIP 数据核字(2015)第 259860 号

出 版 人　谭学余
地　　址　北京市东城区嵩祝院北巷 39 号　邮编　100009　电话　(010)64027926
网　　址　www.cnmip.com.cn　电子信箱　yjcbs@cnmip.com.cn
责任编辑　刘小峰　美术编辑　彭子赫　版式设计　孙跃红
责任校对　李　娜　责任印制　李玉山
ISBN 978-7-5024-7101-9
冶金工业出版社出版发行；各地新华书店经销；固安华明印业有限公司印刷
2015 年 11 月第 1 版，2015 年 11 月第 1 次印刷
169mm×239mm；14.75 印张；4 彩页；297 千字；223 页
56.00 元

冶金工业出版社　投稿电话　(010)64027932　投稿信箱　tougao@cnmip.com.cn
冶金工业出版社营销中心　电话　(010)64044283　传真　(010)64027893
冶金书店　地址　北京市东四西大街 46 号(100010)　电话　(010)65289081(兼传真)
冶金工业出版社天猫旗舰店　yjgycbs.tmall.com

前　言

液态金属凝固过程中，溶质元素在固相和液相之间进行了重新分配，在枝晶间富集或消耗，这将导致微米尺度级的成分变化，即所谓枝晶尺度的微观偏析（10～100μm）；但对接近所浇铸断面尺寸尺度的化学成分的变化，其尺度可以是厘米或米级，这就是通常所称的宏观偏析。微观偏析可以通过均热处理加以消除，但采用同样的方法要消除宏观偏析几乎是不可能，原因在于偏析溶质元素不可能完成长距离的迁移。

金属凝固过程发生的化学成分的变化，将导致金属微观结构和机械力学性能的改变。对于钢的凝固而言，偏析往往与疏松及缩孔相伴而存在，从而恶化了钢的力学性能，引发钢材的一系列质量问题，如导致高碳线材拉拔性能降低与拉断率增加，降低天然气输送管线钢抗氢致裂纹的能力，降低海洋钻探与平台用结构钢的焊接性能等。因此，人们对浇铸产品中宏观偏析的控制一直抱有极大的兴趣。

当今世界上绝大部分钢是通过连铸生产的，对于尺寸巨大、单件的重工部件还是需要模铸，如核能发电所需的压力容器。无论是连铸还是模铸，宏观偏析对铸件质量影响是极其深远的。因此，需要有能力发现偏析的位置及严重程度，需要有技术手段减轻或消除偏析的发生。这就需要对金属凝固过程发生偏析的机理有一个深刻的认识，并研究开发出相应的工艺与装备技术。

我对连铸坯宏观偏析的认识和了解其实并不早，20 世纪 90 年代的研究工作重心主要放在对精炼和连铸反应器内传输现象的模拟仿真与优化设计上，直到 1997 年 12 月结束第三次新日铁的半年“高访”工作之际，才从日方研究人员的介绍中得知“凝固末端轻压下”这项可改善连铸坯内部质量的技术。从此以后，我开始关注和研究连铸坯的偏析与控制技术，特别对“动态轻压下”这项技术产生了浓厚的兴趣，并希望有一天能在国内实施。

国际上第一条拥有动态轻压下技术的连铸生产线是芬兰罗德洛基(Rautaruukki) 的6号板坯连铸机，时间是1997年，技术的开发和拥有者是奥钢联 (VAI)。该铸机拉矫装置是由15个具有辊缝远程可调能力的SMART® (Single Minute Adjustment and Restranding Time) 扇形段组成，并首次应用了动态二冷和在线热跟踪模型DYNCOOL®和在线自动辊缝设定模型ASTC® (Automatic Strand Taper/Thickness Control)。此后，美国、韩国等国的钢铁企业在短短几年里迅速采用了此技术。宝钢集团梅山钢铁公司于2001年引进建设了带有电磁制动和动态轻压下功能的先进板坯连铸机，但由于当时引进的工艺控制核心模型均为"黑匣子"，轻压下的功能并没有得到有效发挥。

2003年，我的团队与梅钢开展了合作，经过两年多的努力，开发形成了具有自主知识产权的板坯连铸动态轻压下工艺控制模型和系统，并在梅钢替代了原有的VAI系统，轻压下的效果得以充分显现，可以说当时在国内算是一个创举。期间，林启勇博士提出了确定轻压下压下率和压下效率的理论模型❶，罗森博士后来解决了压下区间的确立问题❷，祭程博士与赵琦、郭薇等共同开发了动态轻压下在线控制模型及系统❸。

---

❶林启勇，朱苗勇．连铸板坯轻压下过程压下率理论模型及其分析［J］．金属学报，2007，43（8）：847－850；

林启勇，朱苗勇．不同钢种连铸板坯轻压下率的规律分析［J］．金属学报，2007，43（12）：1297－1300；

林启勇，朱苗勇．连铸板坯轻压下过程压下效率分析［J］．金属学报，2007，43（12）：1301－1304.

❷Luo Sen，Zhu Miaoyong，Ji Cheng，Chen Yong. Characteristics of solute segregation in continuous casting bloom with dynamic soft reduction and the determination of soft reduction zone［J］. Ironmaking and Steelmaking，2010，37（2）：140－146；

罗森．连铸坯凝固过程微观偏析与组织模拟及轻压下理论研究［D］．沈阳：东北大学，2011.

❸祭程，赵琦，朱苗勇，等．板坯连铸机动态轻压下过程控制系统的高可用性实现［J］．冶金自动化，2007，31（2）：45－48；

郭薇，赵琦，祭程，朱苗勇，等．板坯连铸温度场实时仿真系统的研究和实现［J］．冶金自动化，2007，31（2）：49－52；

祭程．板坯连铸动态二冷与动态轻压下过程控制系统的开发与应用研究［D］．沈阳：东北大学，2007.

梅钢动态轻压下技术的开发成功确实也为此技术在国内推广注入了活力，也正是这个时期，国内对轻压下技术的认识越来越深刻，无论是引进还是自行设计的连铸机都开始考虑此功能。2004 年年底攀钢集团 360mm×450mm 国产大方坯连铸机投入运行，我的团队一开始就参与了二冷工艺和结晶器电磁搅拌工艺的设计，2007 年又负责承担了大方坯轻压下整套工艺及其系统的开发与上线工作，并获得了成功，达到了预期的效果，从此攀钢的车轴钢实现了全连铸生产，合格率提高了 10%。2009 年，我的团队为邢台钢铁公司 280mm×320mm 国产大方坯连铸机开发并投运了动态轻压下工艺及系统，使邢钢的轴承钢、弹簧钢、帘线钢的质量得到了较大幅度的提升。此后，我们陆续为国内的十余家企业优化了国外和国内的轻压下工艺，还为其中的部分企业搭建了动态轻压下过程控制系统与工艺控制模型，并取得了良好的效果。

与此同时，我们也越来越深刻地认识到电磁搅拌在消除连铸坯偏析与疏松方面所起的独特作用。在解决连铸坯的偏析与疏松方面，轻压下技术实际上是一种外加的补救措施，要更好地减轻或消除偏析缺陷，还需要从内因上下工夫，凝固过程中电磁搅拌的作用不能低估。电磁技术在连铸过程中的应用已有60 年历史，随着对钢产品质量要求的不断提高以及高效率生产的发展要求，不断有新的电磁技术出现和应用，如 EMBr－Electromagnetic Brake（恒定磁场电磁制动）、EMLS－Electromagnetic Level Stabilizer（行波磁场电磁稳流）、EMLA－Electromagnetic Level Accelerator（电磁加速）等，其活跃程度并不亚于轻压下技术，在减轻或消除连铸坯的中心偏析、疏松等缺陷方面，这两项技术甚至出现了竞争和不同观点。

我和我的团队一开始把研究重点放在结晶器的电磁搅拌上，首先解决的是结晶器电磁搅拌过程中电磁场、流场、温度场的耦合计算问题。当时，国内普遍采用 ANSYS 软件来计算结晶器搅拌的电磁场，但无法实现与结晶器内传输现象的耦合计算（ANSYS 当时没有这个功能），从而也无法考察电磁参数（电流强度、频率）和搅拌器结构对结晶器内流动传热及凝固过程的影响规律。我们采用ANSYS软件计算电磁场，然后与自编流场计算程序连接的办法实现了攀钢2号大方坯电磁搅拌结晶器过程的模拟仿真与参数优化[1]，后来采取了首先用ANSYS计算电磁场，再用FLUENT计算流场、温度场、夹杂物运动行为的方法，从而更加灵活有效地研究结晶器电磁搅拌过程及其过程优化[2]，并在攀钢、梅钢、天钢、邢钢、中天钢铁等企业进行了实际检验和应用。

近年来，随着经济发展、国家战略需求以及钢铁产品结构调整，大/宽断面的连铸机数量迅速增长，国内的宽厚板坯、大方坯、大圆坯的连铸生产线就达70多条，断面增大也带来铸坯的偏析与疏松更加突出的问题。为此，国内不少板坯连铸企业在动态轻压下的基础上采用了二冷电磁搅拌技术，大方坯连铸同时采用了末端轻压下与电磁搅拌的技术措施。此外，为了进一步改善连铸坯的心部质量，全面提升铸坯致密度，以满足低轧制压缩化制备大规格型材、棒材与厚板的工艺需求，国内开始关注凝固末端重压下技术，我的团队也着手开展了这方面的工艺与装备的研究开发工作，并取得了一定的成效[3]。这也充分说明，连铸坯的偏析与疏松确实是影响钢产品质量的一个大问题，很有必要对其形成机理进行重新认识，也很有必要对其控制的相关技术进行探讨，这将有助于今后的研究、开发和生产。

基于这样的认识，我认为有必要将我和我团队十余年来围绕连铸坯偏析与疏松问题所开展的研究和技术开发工作以著作的形式介绍给同行们，供大家参考和批评指正，以此来共同推动我国连铸技术的发展。

本书共7章，第1、3、6、7章由朱苗勇执笔整理，第2、4章由朱

---

[1] 任兵芝．电磁搅拌大方坯连铸结晶器内电磁场与流场及温度场耦合过程数值模拟［D］．沈阳：东北大学，2008.

[2] 于海岐．电磁连铸结晶器内钢－渣－气多相传输行为研究［D］．沈阳：东北大学，2009.

[3] 朱苗勇，祭程．连铸大方坯凝固末端重压下技术及其应用［A］．第十届钢铁年会暨第六届宝钢学术年会［C］，2015.

苗勇、祭程、罗森执笔，第 5 章由祭程执笔，全书由朱苗勇汇总定稿。

在此，我要特别感谢冶金界特别是连铸领域的前辈们给予的关怀、爱护、培养和支持，要由衷感谢企业的领导和同行们给予的信任、支持和帮助，尤其要感谢我的团队和同学们（林启勇、陈永、于海岐、陈志平、赵琦、郭薇、宋景欣、马玉堂、董长征、曹学欠、任兵芝、王卫领、姜东滨、苏旺等）为之所进行的不懈努力、付出的辛勤劳动和做出的重要贡献，他们的名字虽然没有作为本书著者出现，但没有他们的工作，本书的撰写也不可能完成。

由于知识和水平所限，书中不足、不妥之处，诚望读者批评指正。

朱苗勇

2015 年 5 月

目　　录

1

连铸坯偏析形成机理与类型

1.1 钢的凝固及凝固结构

不论连铸还是模铸，其工艺实质都是完成钢从液态向固态的转变，也就是钢的结晶过程。钢的结晶需要两个条件：一是一定的过冷度，此为热力学条件；二是必要的核心，此为动力学条件。钢液中含有各种合金元素，它的结晶温度不是一点，而是一个温度区间，即钢液从液相线温度（T_L）开始结晶至固相线温度（T_S）结晶结束的温度范围。在此温度区间，固相与液相并存，即所谓的两相区，如图1.1所示。S线与L线之间的距离称之为两相区宽度（Δx）。Δx较大，晶粒度较大，反之则小。晶粒度大，意味着树枝晶发达，发达的树枝晶使凝固组织的致密性变差，易形成气孔，偏析也较严重。

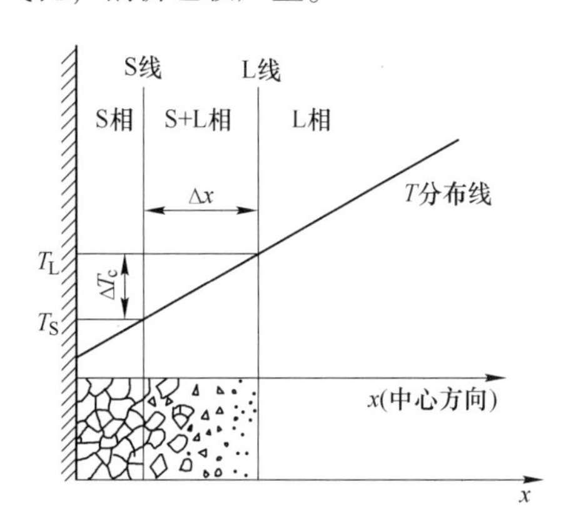

图1.1　钢液结晶时两相区状态示意图

钢结晶过程中，结晶前沿会有溶质大量析出并积聚，这样固相中溶质浓度就会低于原始浓度，这种现象称为选分结晶。温度过冷是钢液结晶的必要条件之一。由于选分结晶，钢液结晶还伴随成分变化，并对过冷也产生影响。当钢液冷却至T_L时，从液相中结晶出固相，继续冷却至T_S时，结晶出固相成分c_0。根据平衡关系，这时在液/固相界面上与固相平衡的液相成分为c_1，很明显c_1远大于

c_0。由于相界面前沿液相成分的变化，相应地引起平衡结晶温度的改变。离相界面近的液相中组分浓度高，这部分液相的结晶温度较低，即接近相界面处液相的结晶温度就是对应于 c_1 成分液相线上的平衡温度 T_S；反之，远离相界面液相结晶温度则较高。此时液相内的实际温度分布与之有较大差别，这个差别就是图1.2所示的阴影部分。在阴影区内钢液的温度均低于液相的平衡结晶温度，即均处于过冷状态。从图可以看出固、液相界面的过冷度比远离相界面处的小，凝固前沿过冷度减少的现象称为成分过冷。实践证明，过冷度的大小对晶粒形态有决定性的影响。当过冷度很小时，晶粒规则生长，其表现为凝固前沿平滑地向液相推进；当过冷度较大时，凝固前沿则跳跃式向液相推进，形成柱状晶。在最终钢的凝固结构中溶质浓度分布是不均匀的，最先凝固的部分溶质含量较低，而最后凝固的部分溶质含量则很高。这种成分不均匀的现象称为偏析。它分为宏观偏析和显微偏析或微观偏析。

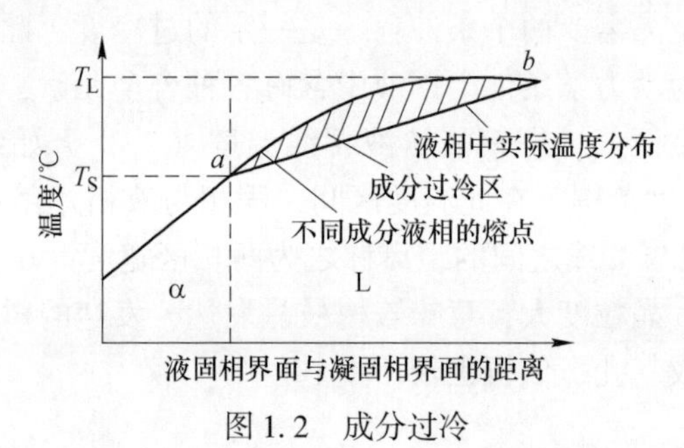

图1.2　成分过冷

实际生产中，钢液是在快速冷却条件下结晶，因而属于非平衡结晶。结晶开始形成的树枝晶较纯，随着冷却的进行，外层陆续形成溶质浓度较高的树枝晶，形成了晶粒内部溶质浓度的不均匀性，树枝晶内部浓度 $c_{内}$ 低，枝晶间浓度 $c_{间}$ 高。这种呈树枝分布的偏析称为显微偏析或树枝偏析或微观偏析。显微偏析大小可用显微偏析度 $c_{间}/c_{内}$ 来表示：$c_{间}/c_{内}>1$ 时，称偏析为正，即正偏析；当 $c_{间}/c_{内}<1$ 时，称偏析为负，即负偏析。影响显微偏析的主要影响因素：冷却速度、溶质元素的偏析倾向、溶质元素在固体金属中的扩散速度。

钢液在凝固过程中，铸坯横截面上最终凝固部分的溶质浓度高于原始浓度。未凝固钢液的流动，导致整体铸坯内部溶质元素分布的不均匀性，即宏观偏析。宏观偏析也称低倍偏析，可通过化学分析或酸浸显示铸坯的宏观偏析。

连铸坯的凝固过程分为三个阶段。第一阶段，进入结晶器的钢液在结晶器内凝固，形成坯壳。出结晶器下口的坯壳厚度应足以承受钢液静压力的作用。第二阶段，带液芯的铸坯进入二次冷却区继续冷却、坯壳均匀稳定生长。第三阶段为凝固末期，坯壳加速生长。在结晶器弯月面区域冷却速率非常大，过冷度也非常大，形成了由细小等轴晶所组成的致密激冷层（2～5mm），随后树枝晶以柱状晶的方式向里生长，直至过热度消失，之后在铸坯的中心区域，树枝晶以等轴晶方式生长。所以，一般情况下，连铸坯从边缘到中心是由小等轴晶带、柱状晶带和中心等轴晶带组成，如图1.3所示。

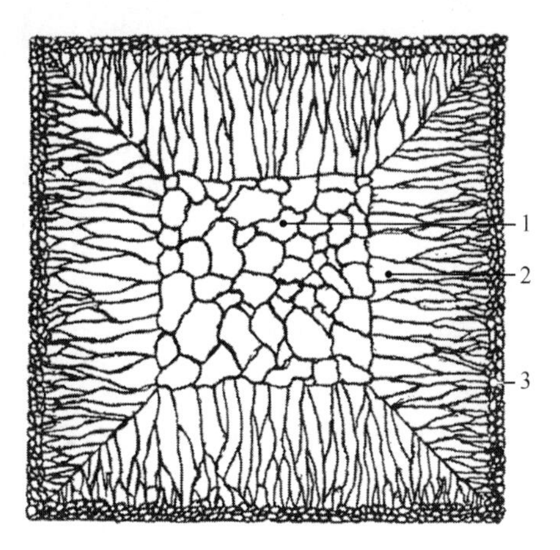

图1.3 铸坯结构示意图[1]

1—中心等轴晶带；2—柱状晶带；3—细小等轴晶带

从钢的性能角度考虑，希望得到等轴晶的凝固结构。等轴晶组织致密，强度、塑性、韧性较高，加工性能良好，成分、结构均匀，无明显的方向异性。而柱状晶的过分发展影响钢的加工性能和力学性能。柱状晶的特点体现在：柱状晶的主干较纯，而枝晶间偏析严重；因杂质（S、P夹杂物）的沉积，柱状晶交界面构成了薄弱面，裂纹易扩展，加工时易开裂；柱状晶充分发展时易形成穿晶结构，导致中心疏松，降低钢的致密度。因此，除了某些特殊用途钢，如电工钢、汽轮机叶片等为改善导磁性、耐磨耐蚀性能而要求柱状晶结构外，对于绝大多数钢种都应尽量控制柱状晶的发展，扩大等轴晶宽度。

1.2 连铸坯偏析的类型

很早以前人们就确证了钢锭中存在的宏观偏析现象，在钢锭中能观测到的偏析包括A型偏析、V型偏析和基底负偏析等类型，如图1.4所示[2]。

虽然连铸的凝固速度比模铸快，连铸坯具有较低的显微偏析，但连铸工艺存在的问题是液芯长，凝固终点离弯月面的距离远，凝固末端周围的钢液温度低、流动性差；连铸单方向的主导传热，凝固末端液芯往往比较狭窄，不利于凝固过程中钢液的补缩；连铸单方向的快速传热，柱状晶极易形成搭桥。所以，连铸坯产生的偏析程度并不亚于钢锭。

连铸坯的宏观偏析类型至今尚未进行严格的界定，但按其表现的方式通常有

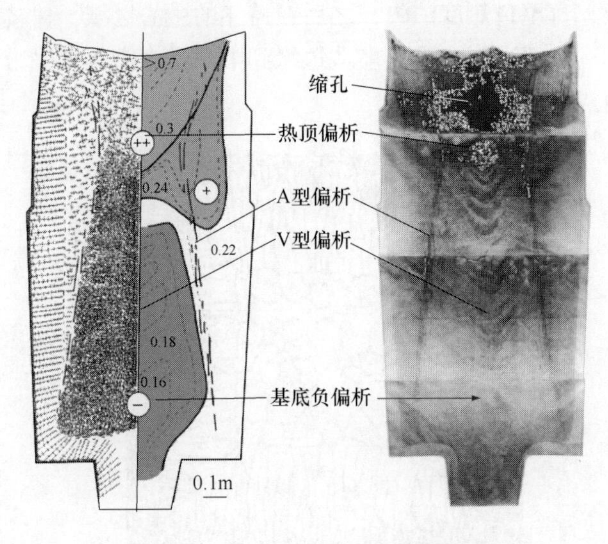

图 1.4 钢锭中的偏析类型[2]

中心偏析、V 型偏析等。板坯的金相照片如图 1.5 所示[2]，可以看出不仅有中心偏析(带状偏析)、V 型偏析，还有白亮带（负偏析)、半宏观偏析（点状偏析)。按连铸坯偏析形成的类型可将其定义为：鼓肚引起的偏析（图 1.6（a))、枝晶间富集引起的半宏观偏析（图 1.6（b))、搭桥引起的偏析（图 1.6（c)）以及凝固收缩作用下晶粒群开裂而引发的 V 型偏析（图 1.6（d))。表 1.1 给出了连铸坯偏析类型及其对应组织的特点[3]。

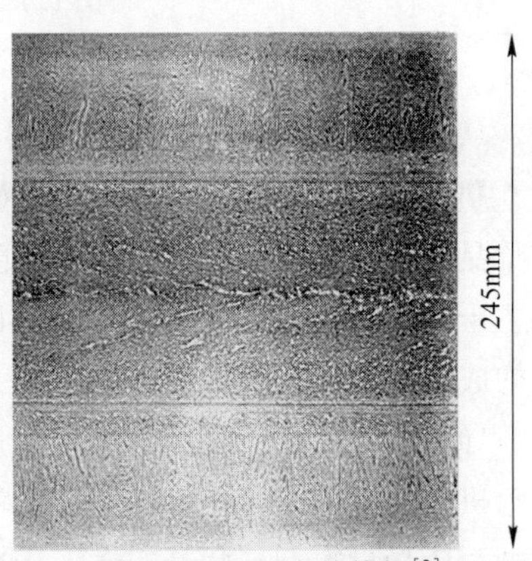

图 1.5 板坯中的偏析[2]

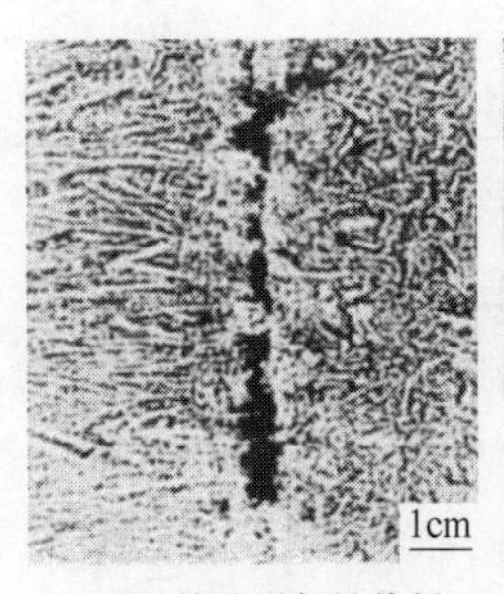

(a) 鼓肚引起的偏析

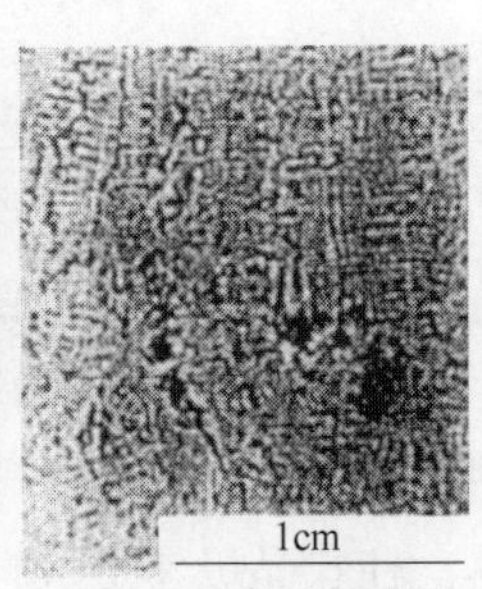

(b) 半宏观偏析

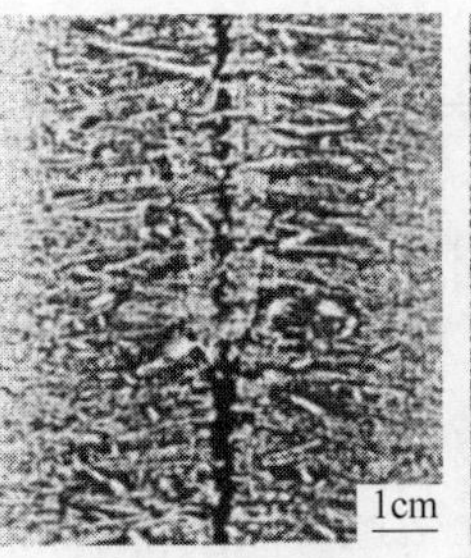

(c) 搭桥引起的偏析

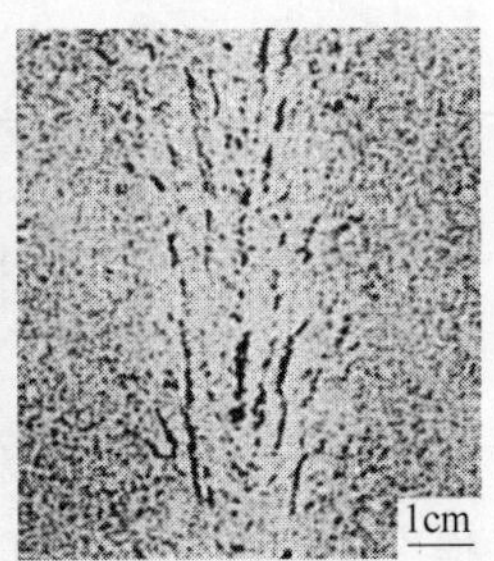

(d) V型偏析

图 1.6 按连铸坯偏析形成分类的宏观偏析

表 1.1 连铸坯中心偏析的类型和对应的组织特点[3]

偏析类型	组织类型
无 V 型偏析，无中心偏析	柱状晶 + 细小等轴晶
有 V 型偏析，无中心偏析	柱状晶 + 等轴晶
有 V 型偏析（宽）和孤立孔偏析	柱状晶 + 粗大等轴晶
有 V 型偏析（窄）和连续轻微偏析	柱状晶发达
有 V 型偏析（窄）和连续加重偏析	形成搭桥或穿晶组织

1.3 连铸坯偏析的形成机理

钢的连铸生产至今也不过 70 年，而模铸则有好几百年历史，因此，对于金属凝固铸造过程中产生的宏观偏析的认识很早就有。美国 MIT 的 Merton C. Flemings 指出[4]，早在 1540 年就有描述紫铜枪管的偏析。钢锭中心部分正偏析形成的原因，1911 年 Bradley Stoughton 在他的《钢铁冶金》一书中就做了这样的描述：设想每一层是如何凝固的，凝固从外面开始，排出的一些杂质被内部静止的钢液溶解，这样很自然有部分金属富集了杂质，并最终凝固在其中，显然是在缩孔底部下方。1942 年 John Bray 在他的《铁生产冶金》一书中描述：很容易理解凝固过程中是如何导致某些成分的离析，通常在缩孔的底部固相中的成分有很大的差别。1964 年《平炉炼钢》第 3 版中就指出宏观偏析的形成有 "A" 和 "V" 两种类型，如图 1.7 所示。A 型偏析源于微晶的沉积，此沉积过程促使不干净的液体向上运动，并不断被卷入到正在生长的固相前沿。但对于 V 型偏析，一直对其形成的各种解释尚未进行实质性的验证或定量化描述。

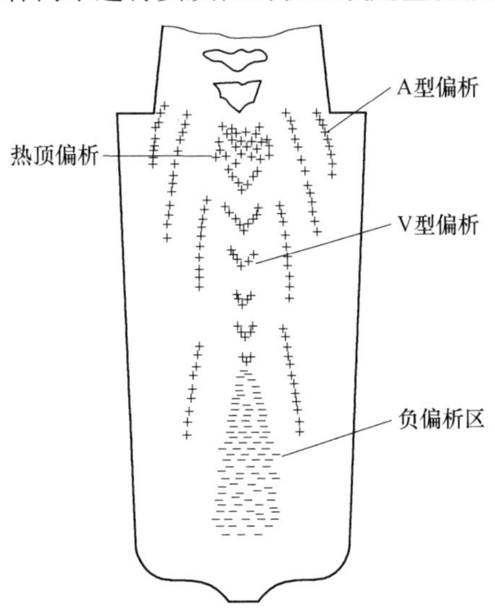

图 1.7 钢锭宏观偏析示意图

教科书示意的钢锭宏观偏析如图 1.7 所示，表明钢锭中很大的中心偏析区域，集中反映了底部的缩孔、A 型偏析和 V 型偏析。特别是沿钢锭外表面，同样也认为存在带状偏析。在钢锭底部方向存在一个负偏析的结晶锥，对其的解释就是一个普遍认同的假设，即钢锭上方的“结晶雨”，虽然对此机理的可能性提出了很多的疑问。

2013 年英国剑桥大学的 Edward John Pickering 对钢锭中的偏析形成机理和特征进行了更为全面而深入的阐述[5]，为我们更好地认识这些偏析提供了指导。下面结合 Edward John Pickering 的观点就图 1.7 所示的钢锭中三种典型偏析类型形成机理进行介绍。

A 型偏析：如图 1.7 所示的 A 型偏析是由枝晶间富集溶质热对流流动而引起的，其在最终凝固的微观结构中表现为富集固体通道，常常具有近共晶的组成。富集枝晶间的液体常常比液芯中的液体要稀稠，因而容易向上运动。一旦枝晶间的液体向液芯的液体运动时，钢锭顶部的温度将增加，但是其成分因传质扩散慢而几乎没有变化。这股较热的富集液体将推迟枝晶的生长或重熔其周围的固体，从而产生持续的富集溶质通道。当偏析是在定向凝固铸件方向形成的（熔体是由下而上冷却），A 型偏析通常也指“通道偏析”（channel segregation）或“雀斑”(freckles)。

在过去，铸锭中的 A 型偏析现象是被关注研究最多的。20 世纪 50 年代，日本钢铁界的一些早期研究已经确认了糊状区流体流动对宏观偏析的重要性，关注的是 A 型偏析。M. Kawai 是最早将钢锭中的偏析归结于重力诱发富集糊状区液体的流动[6]，后来，K. Suzuki 等发现当固相分率在 0.30 和 0.35 之间时，A 型偏析开始在糊状区形成，一直持续到固相率达到 0.7[7]，而且他们进一步证实了因成分而发生液体密度改变对偏析的影响是最为重要的，通过减少 Si 含量、增加 Mo，发现可以消除 A 型偏析[8]。目前核发电所需压力容器的加工生产对 A 型偏析尤为关注，这类容器的生产首先是对浇铸的钢锭进行挖芯处理，然后对空腔进行锻造加工和精整，通过焊接连接管口或终端段，而 A 型偏析对焊接的影响最大，因为 A 型偏析溶质富集区通常伴随硬度升高而韧性下降，从而导致焊接处强度降低。

V 型偏析：钢锭凝固的最终阶段在中心部位通常被一群松散连贯的等轴晶晶粒占据，这就是被认为是因在金属静压头和凝固收缩作用下晶粒群开裂而引发的 V 型偏析，晶粒群开裂将形成敞开的剪切面，凝固过程残留的液体都能填充在其中，如图 1.8 所示。这些通过对流流动来自糊状区和最后液芯凝固的液体已经被富集，并且凝固成固体产生了正偏析。这样，在凝固终点富集液体凝固一般就会产生通常所称的中心线偏析。

虽然已经能有规律性观测到 V 型偏析，但是目前还不能很好地认识 V 型偏

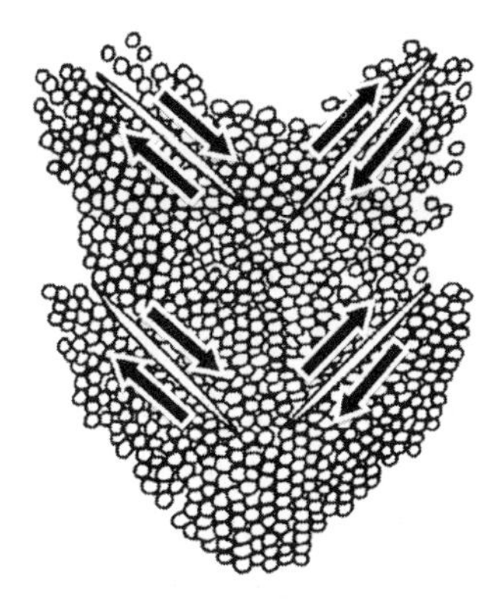

图 1.8 晶粒群开裂形成敞开剪切面而引发 V 型偏析示意图[9]

析。必须借助理论处理和模型来描述钢锭中 V 型偏析的形成，而要解释包括等轴晶沉降、糊状区变形以及流体流动等现象时，这些理论模型又面临挑战。通常有这样的情况，浇铸后的钢锭其中心部分是被挖掉的，或者是 V 型偏析对终端应用的影响并不重要。这也许是 V 型偏析在铸造领域没有像 A 型偏析那样备受关注和重视的原因，而在连铸领域，则大不一样。

基底负偏析：钢锭中会产生基底负偏析，主要出于两个过程：溶质贫化（负偏析）等轴晶粒在重力作用下沉积在钢锭底部；富集溶质液体向上运动。对于哪个机理为主目前仍然存在争论。E. Marburg 早期研究引用了钢锭出现负偏析时并不含有等轴晶区域的证据，提出富集溶质液体的向上流动是主因[10]，但实际上钢锭中充满整个柱状晶区这样的凝固是相当少见。G. Lesoult 发现低合金钢锭中的等轴晶区可以扩展到钢锭的一半高度，而且钢锭最底层的等轴晶粒要比高处的更球形化[2]。我们通常把对流流动和收缩应力引发的枝晶臂断裂分离作为钢锭中基底负偏析的主要机理，但也应注意到如果富集溶质液体的密度高于本体，那么在糊状区的流动通常就是向下的，这样就可以降低钢锭基底的负偏析和顶部的正偏析。

钢锭中出现上述三种典型偏析类型均属于宏观偏析，但就钢锭的凝固缺陷而言，三种类型均对钢锭的中心质量造成了危害，可以将其归结为中心偏析，这也是连铸坯最为典型的宏观偏析。为此，无论是铸造领域还是连铸领域对此的形成机理开展了许多研究，目前有不同的理论解释，每一种理论都能解释某些特征，但并不能完全说明钢锭或铸坯中存在的中心偏析问题，这也说明了偏析形成的复杂性和特殊性。理论的解释可以归纳为如下三种[2,4,11~16]：

（1）溶质元素析出与富集理论。该理论认为，铸坯在表面到中心的结晶过程中，由于钢中一些溶质元素（如 C、Mn、P、S）选分结晶，从固相析出的溶质元素排到尚未凝固的钢液中。随结晶的继续进行，把富集溶质的钢液推向铸坯的中心，即产生铸坯的中心偏析。一般来说，最初生成的树枝晶较纯，熔点较高，其中含碳和其他杂质少；最后生成的晶体由于含有某些高浓度的溶质元素从而产生中心偏析。

(2) 凝固桥理论。该理论认为，当浇铸碳含量超过 0.45% 的钢时，即使是中等过热度的钢液也有强烈增加柱状晶的趋势。在凝固后期由于铸坯断面中心柱状晶的搭桥，桥下面的钢液继续凝固时，将得不到上游钢液的补充，相当于小钢锭凝固，于是形成缩孔、疏松和中心偏析。

(3) 铸坯芯部空穴抽吸理论。该理论认为，一是铸坯在结晶末期，液体向固体的转变过程伴随体积收缩而产生一定的空穴；二是铸坯（特别是板坯和大方坯）的鼓肚使其芯部同样产生空穴。这些在铸坯芯部的空穴具有负压，致使枝晶间富集溶质元素的钢液被吸入芯部并凝固，于是形成中心偏析。

Merton C. Flemings 指出[4]：铸件和钢锭中所有类型的偏析是在液 - 固区域形成的。许多情况下，宏观偏析的形成是由枝晶间缓慢流动以及凝固收缩、几何变形、固相形变或重力等驱动的结果，但有一些情况，宏观偏析是由凝固早期的固相运动造成的（如晶粒沉积）。

Edward John Pickering 认为[5]：所有类型的宏观偏析均源于同一个基本机理，即凝固过程的传质，液相富集和固相消耗的运动行为可以通过许多过程发生。图 1.9 (a) 表示了因液相温度和成分变化所引起密度梯度而引发的对流。热浮力和溶质浮力，它们之间的贡献可以相互促进，也可以相互排斥，取决于局部的温度场和浓度场是否引起液体密度的增加或减小。因温度和溶质耦合作用所引发的对流称之为热溶质对流。因重熔/应力作用脱离枝晶或钢液注入钢锭模后壁面分离的等轴晶晶粒或固体碎片的运动，如图 1.9 (b) 所示。钢中的等轴晶晶粒比其周围液体的要密集得多，因而发生下沉于模底的现象，图 1.9 (c) 示意了冷却过程中液体和固体的凝固收缩和热收缩而引发的流动。因热应力、收缩应力和金属静压头所引起一系列的固体变形，如图 1.9 (d) 所示。

那么连铸坯形成偏析的机理到底应该是什么呢？首先要明确的是：不管连铸还是模铸，其金属凝固的本质都是相同的，也就是凝固理论基础没有本质的差别。但确实由于工艺（冷却条件、凝固速度等）和设备的差异，凝固过程形成的偏析类型和程度会有所不同，例如连铸坯就没有 A 型偏析。就凝固过程产生偏析的机理而言，针对铸锭阐述的机理可适用于连铸坯；就工艺和设备而言，连铸过程除了钢的成分、过热度、断面尺寸等影响因素以外，与模铸最大的一个差别就是冷却速度和浇铸过程铸坯发生的鼓肚现象，这就决定了连铸坯的偏析控制其实要比模铸复杂和困难。对于金属凝固过程偏析机理的认识，是一个不断深入和发展的过程。近来，中国科学院金属研究所李依依和李殿中的团队提出金属凝固过程中“氧化物团簇运动”是引发偏析的重要原因的观点就很有新意[17]。随着连铸工艺技术的不断发展和对连铸坯质量要求的不断提高，其偏析形成机理还需不断深入研究和探索。

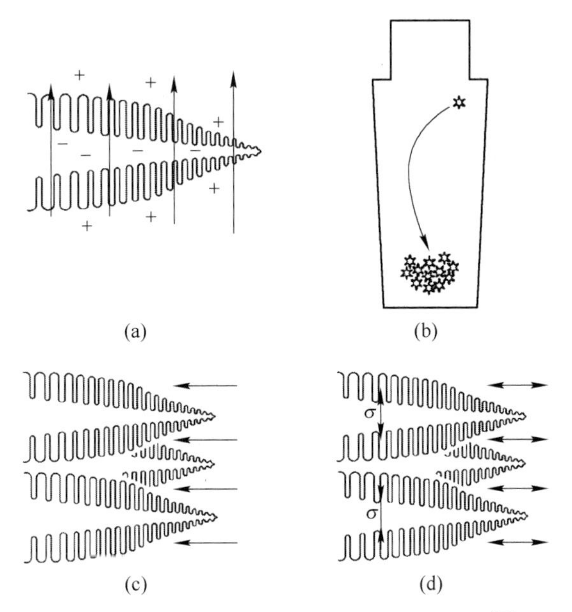

图1.9 钢锭凝固过程中发生的传质示意图[5]

1.4 控制连铸坯偏析的技术手段

至今为止，减少或消除偏析的技术可分如下几类[18,19]：

(1) 减少易偏析元素含量。主要采用的技术手段为铁水预处理、炉内炼钢过程中的脱硫脱磷、炉外精炼技术等，如把钢中S降至几十个ppm。但上述手段不能完全去除有害元素，且有些钢种为了获得特殊性能，钢液中的某些元素需要保持一定的含量。

(2) 增加等轴晶比例。主要采用低过热度浇铸、结晶器电磁搅拌、中间包加热技术、添加微合金等，常用技术的优缺点见表1.2。

表1.2 增加等轴晶比例技术

技术名称	优 点	缺 点
低过热度浇铸	增加液相穴等轴晶数量，减少柱状晶含量	温度控制难；温度低，不利于夹杂物上浮，保护渣熔化不良，易造成弯月面附近钢水结壳、水口堵塞
中间包加热技术	保证低过热度浇铸以更低的温度进行浇铸	成本较高，稳定性较差，推广少
结晶器电磁搅拌 (M-EMS)	即使在过热度较高也能获得较高的等轴晶比例	结晶器长度有限，导致安装位置有限；安装位置和安装形式难平衡
二冷区电磁搅拌技术 (S-EMS)	较高的等轴晶比例	会引起凝固前沿溶质的“贫化”，形成“白带区”

（3）改善凝固末期钢水的补缩条件。主要采用凝固末端电磁搅拌技术（F-EMS），在方坯中应用较多。电磁搅拌使凝固末端铸坯内的钢液快速流动，抑制了柱状晶的形成，避免了大树枝状在最后凝固区域形成的“搭桥”现象。电磁搅拌技术可以降低V型偏析，但由于浇铸速度的变化，搅拌位置难以固定，当搅拌位置不合适时反而会引起白亮带负偏析；在固相率较高时，搅拌作用不明显。此外电磁搅拌设备的灵活性、适应性较差，维护费用较高。

（4）补偿凝固末期钢水的收缩，防止浓缩钢水的不正常流动。主要采用机械应力压下和热应力压下，通过在连铸坯凝固末端附近施加压力（热应力和机械应力）以产生一定的压下量来阻碍富集偏析元素钢液的流动，从而消除中心偏析，同时补偿连铸坯的凝固收缩量以消除中心疏松。压下技术能够有效改善铸坯内部质量，是当前正在大力发展的连铸新技术之一。

目前，电磁搅拌技术和凝固末端压下技术应用较广，两种技术从不同的侧面去改善中心偏析与中心疏松，很多铸机同时配备了这两种技术。

参考文献

[1] Krauss G. Solidification, segregation, and banding in carbon and alloy steels [J]. Metallurgical and Materials Transactions B, 2003, 34 (6): 781-792.

[2] Lesoult G. Macrosegregation in steel strands and ingots: Characterisation, formation and consequences [J]. Materials Science and Engineering A, 2005 (413-414): 19-29.

[3] 王日红. 连铸坯中心碳偏析的特点及其控制技术 [J]. 江苏冶金, 1998, (1): 48-50.

[4] Merton C Flemings. Our understanding of macrosegregation: past and present [J]. ISIJ International, 2000, 40 (9): 833-841.

[5] Edward John Pickering. Macrosegregation in steel ingots: The applicability of modelling and characterisation techniques [J]. ISIJ International, 2013, 53 (6): 935-949.

[6] Kawai M. On the A segregated zone of large carbon steel ingot (Ⅱ): Mechanism of formation of the A segregated line, Part1 [J]. Tetsu-to-Hagané, 1956, 42: 14.

[7] Suzuki K, Miyamoto T. Direct observation of “A” segregation by dump test [J]. Tetsu-to-Hagané, 1977, 63: 45.

[8] Suzuki K, Miyamoto T. The mechanism of reducing “A” segregation in steel ingots [J]. Trans. Iron Steel Inst. Jpn., 1981, 21: 235.

[9] Flemings M C. Solidification Processing [M]. NY: McGraw-Hill, 1974.

[10] Marburg E. Accelerated solidification in ingots: Its influence on ingot soundness [J]. J. Metals, 1953: 157-172.

[11] Suzuki M, Kimura K. Improvement in center segregation high carbon steel continuous casting blooms [A]. Steelmaking Conference Proceedings [C], 1989, 75: 115-123.

[12] 钱刚, 阮小江, 蔡燮鳌. 连铸轴承钢大方坯中心偏析的成因及对策 [J]. 钢铁, 2002, 27 (5): 16-18.

[13] Scholes A. Segregation in continuous casting [J]. Ironmaking and Steelmaking, 2005, 32 (2): 101-108.

[14] Ghosh A. Segregation in cast products [J]. Sadhana-Academy Proceedings in Engineering Sciences, 2005, 26 (1-2): 5-24.

[15] Ludlow V, Normanton C, Anderson A, et al. Strategy to minimise central segregation in high carbon steel grades during billet casting [J]. Ironmaking and Steelmaking, 2005, 32 (1): 68-74.

[16] Krauss G. Solidification, segregation, and banding in carbon and alloy steel [J]. Metallurgical and Materials Transactions B, 2003, 34 (12): 781-792.

[17] Dianzhong Li, Xingqiu Chen, Paixian Fu, Xiaoping Ma, Hongwei Liu, Yun Chen, Yanfei Cao, Yikun Luan, Yiyi Li. Inclusion floatation-driven channel segregation in solidifying steels [J]. Nature Communications, 2014, (Nov.): 1-7.

[18] 祭程. 板坯连铸动态二冷与动态轻压下过程控制系统的开发与应用研究 [D]. 沈阳: 东北大学, 2007.

[19] 林启勇. 连铸过程铸坯动态轻压下压下模型的研究与应用 [D]. 沈阳: 东北大学, 2008.

2

连铸坯凝固末端压下原理与工艺

2.1 连铸坯凝固末端压下原理与应用效果

通过在连铸坯凝固末期附近施加压力（热应力和机械应力）以产生一定的压下量，阻碍含富集偏析元素的钢液流动从而消除中心偏析，同时补偿连铸坯的凝固收缩量以消除中心疏松，即为铸坯凝固末端轻压下技术[1]。轻压下技术能够有效改善铸坯内部质量，是目前被广泛应用的连铸新技术之一。

如表 2.1 所示，到目前为止，轻压下主要通过辊式轻压下、热应力轻压下[2,3]或凝固末端连续锻压技术（面式轻压下）[4]来实现。其中，热应力轻压下应用范围较小（如不能用于裂纹敏感钢、断面较大连铸坯等），而凝固末端连续锻压技术因其设备复杂、成本较高等原因，应用也受到了限制[5]。目前辊式轻压下已成为轻压下技术应用的主要方向。

表 2.1 轻压下方式分类

名称和类别	方式	图 例	应用范围	特 点
机械应力轻压下	辊式轻压下	压下辊 压下辊	板坯 方坯 圆坯	消除中心缺陷效果良好，投资经济
	连续锻压式压下	δ/2 压头 固相线 θ	大方坯	消除中心缺陷效果好；设备庞大，投资和维护成本高

续表 2.1

名称和类别	方式	图 例	应用范围	特 点
热应力轻压下	凝固末端强冷技术	二冷水 凝固坯壳 凝固末端液芯	小方坯	消除中心缺陷效果良好，投资少，占地面积小；易出现裂纹，应用范围狭窄，反应不及时

适度合理的凝固末端轻压下对减少中心偏析十分有效，国内外的大量实践与应用均表明了这一点：

根据 VAI 的试验方案及实验数据，在一台两流连铸机进行动态轻压下效果对比，即一流采用轻压下技术，另一流采用传统方式生产发现采用轻压下之后的中心偏析的改善率大约在 50%，偏析指数改进范围为 41% ~69%。

2000 年，美国的雀点厂对 1 号板坯连铸机进行改造，投用动态辊缝调节（DynaGap）技术后，生产的 2640mm × 304mm 连铸坯横向合格率提高到 90.2%[6]。

宝钢集团梅钢板坯连铸机于 2003 年 3 月投产，是国内引进的第一条动态轻压下板坯连铸机。投产后一年内生产的 102 个铸坯样与同期 1 号常规板坯连铸机生产的 194 个试样进行对比表明[7]：带有轻压下功能的 2 号机生产的连铸坯中心偏析类型基本是轻微的 C 级为主；而 1 号机生产的连铸坯则是以较严重的 B 级为主，其中心偏析的 B 级比率占到 78.9%。

2003 年 6 月，韩国浦项钢铁公司光阳厂两流板坯连铸机进行了动态轻压下功能改造。改造后板坯表面缺陷和冷轧带卷质量明显改善，特别是汽车面板废品率减少了 63%[8]。

2003 年 8 月，武钢三炼钢投产了 3 号宽板坯连铸机，采用了 VAI 的动态轻压下技术。2004 年 1 月和 2 月期间，将该铸机生产铸坯的中心偏析情况与本厂 1 号和 2 号常规板坯铸机进行对比：3 号连铸机消除了 A 级偏析，B 级和 C 级比例明显低于 1 号和 2 号铸机，其中 C 级 1.0 及低于 1.0 比例比 1 号铸机提高了 9.6%，比 2 号铸机提高了 6.1%[9]。

韩国浦项钢铁公司大方坯连铸机采用轻压下技术的实践表明[10]：合适的轻压下可以将高碳钢大方坯的中心碳偏析从 1.6 降低至 1.1，磷偏析从 3.7 降低至 1.8，锰偏析从 1.5 降低至 1.25；P70 线材的拉断率从 10% 降低至 4.3%。

中国台湾中钢公司在高碳钢大方坯生产过程采用轻压下技术研究表明[11]：

大方坯中心线上 V 型偏析明显减轻，碳偏析明显减小。P77（C 0.77%）钢和 P82（C 0.82%）钢铸坯平均中心碳偏析在过热度小于25℃时由 1.17 降至 1.12，过热度大于25℃时则由 1.19 降至 1.14，并明显改善了大方坯中心疏松。

日本住友金属小仓厂在大方坯（300mm × 400mm）铸机针对高碳钢（C 0.8%）进行对比实验，采用轻压下后生产的铸坯在轧制后性能得到明显改善。其中，P70 的棒、线材的偏析指数从 0.93 降低至 0.69，S82 从 1.19 降低至 0.85，SU2 从 0.9 降低至 0.2。对铸坯进行低倍硫印检验可以看出，采用轻压下后中心偏析线明显变弱，且极为分散[12,13]。

意大利皮翁比诺厂在铸坯断面 160mm × 160mm，钢中碳含量为 0.4% 的条件下轻压下实验表明：压下量大于 3% 时，铸坯缩孔和偏析有减小的趋势；压下量不变时，铸坯内部裂纹的数量随拉速提高而增加。铸坯断面为 140mm × 140mm 的轻压下实验表明：碳含量为 0.4% 的钢种，中心偏析由原来的 1.3 ~ 1.4 降至 1.1；碳含量为 0.6% 的钢种，中心偏析最大值由原来的 1.5 降至 1.1；碳含量为 0.8% 的钢种，中心偏析没有明显改善；以上所有情况下铸坯缩孔在采用轻压下技术后均明显改善[14]。

德国蒂森鲁尔奥特厂与曼内斯曼德马克公司合作，在其大方坯连铸机上安装了轻压下装置。轻压下实验表明，采用 3 个机架总压下量为 6mm 时，能够很好地消除中心偏析，减轻 V 型偏析，使中心带的化学成分更加均匀[15]。

为满足高速轨道用钢的需求，攀钢于 2003 年投产了国内第一条大方坯动态轻压下铸机[16,17]。在应用动态轻压下技术后，铸坯中心疏松减轻，2.0 级疏松比例由 10.53% 减至 4.07%，1.5 级疏松比例由 63.16% 减至 21.37%，1.0 级疏松比例则由 10.53% 增至 51.15%，0.5 级疏松比例则由 15.79% 增至 23.41%。铸坯中心碳偏析指数由 1.17 降至 1.05。解决了重轨钢连铸大方坯中心疏松和中心偏析较严重的技术难题。

包钢 280mm × 380mm 连铸机采用国产动态轻压下设备和工艺生产重轨钢 U71Mn 和 U75V 表明：在合理的工艺条件下，采用轻压下技术可显著改善重轨钢的中心碳偏析，横断面中心碳偏析指数不大于 1.08，铸坯纵向中心碳偏析指数波动明显减少，钢轨成分偏差也随之减少[18,19]。

武钢一炼钢全弧形 200mm × 200mm 连铸机生产 SWRH82B 钢在过热度为20 ± 4℃、拉速为 1.1m/min 情况下采用轻压下技术后，铸坯平均碳偏析指数比原来有明显降低，铸坯平均偏析指数基本能稳定控制在 1.06 水平，特别是偏析指数小于 1.1 水平的比例比原来提高 10%，基本能稳定在 70%[20]。

北满特钢 Concast 铸机采用静态轻压下生产 GCr15 轴承钢 240mm × 240mm 连铸坯，结果表明：在过热度为 20 ~ 30℃、拉速为 0.85m/min 情况下，总压下量为 7mm，铸坯中心疏松由未实施轻压下前的 2.0 ~ 2.5 级降至 1.0 ~ 1.5 级，V 型偏析和中心缩孔明显改善，铸坯中心平均碳偏析指数由 1.17 ~ 1.26 降至 1.07 ~ 1.13，铸坯质量得到明显改善[21]。

韩国浦项对 Concast 设计建造的 400mm × 500mm 大方坯连铸机进行了改造，将位于压下区间后部的内弧辊改造成凸形辊，采用前期平辊 + 后期凸形辊的压下模式后，在区下区间 $f_S = 0.2 \sim 0.8$，各辊压下量 2mm，总压下量 14mm 条件下，铸坯内部质量得到显著提升，中心偏析评级改善 87.5%[22]。

根据上述轻压下应用效果，可以综合认为，无论是板坯还是方坯，轻压下技术对改善铸坯内部质量都具有明显效果。此外，轻压下技术还带来了其他附加收益[23~26]：

（1）减少钢材氢致裂纹（HIC）约 50%；

（2）采用新的扇形段使换辊时间大大减少，提高了生产率；

（3）有利于结晶器与铸坯的厚度匹配，扩大了结晶器厚度的可选范围，增加了铸机的生产能力；

（4）提高拉速，增加产量（传统连铸中拉速增加，中心偏析和疏松加重）；

（5）一定的压下量在补偿中心疏松的同时会促进中心线裂纹的焊合，即达到增加铸坯中心致密度的效果。

正因如此，近十年来，国内新上或改造的连铸机已把轻压下功能作为一种标配来考虑。

2.2 轻压下技术发展及现状

20 世纪 70 年代末，轻压下技术是在收缩辊缝技术的基础上发展而来的。70 年代日本钢管公司（NKK）提出了在凝固末端两相区内至少采用两对铸辊对方坯表面进行压下，可增加铸坯中心致密度，减少中心偏析与疏松。但是该方法由于拉速、过热度、钢种的变化导致凝固末端两相区位置不能稳定在开浇前预设的轻压下铸辊范围内，从而造成铸坯中心质量不稳定。该方法为早期的静态轻压下方法，即调整浇铸条件（拉速、冷却等），使铸坯凝固末端两相区刚好位于固定的轻压下铸辊内，其使用受到了很大的限制。随后轻压下技术经历了由静态轻压下向更加智能化的动态轻压下转变，逐渐发展成为目前广泛应用的连铸技术。在整个轻压下技术的推广和应用过程中，特别是静态轻压下的提出、实现和改进，日本企业起到了举足轻重的作用。

对传统板坯连铸机而言，轻压下就是指凝固末端的压下，对中薄板和薄板坯连铸机而言，几乎是凝固进程中的全过程压下。20 世纪 90 年代初的概念认为，传统厚度板坯连铸机轻压下的目的在于消除板坯的中心偏析和中心疏松，而中薄板和薄板坯连铸机轻压下的目的在于减薄板坯厚度，提高连铸机的工艺操作性，并能与轧机更好匹配而取得最佳经济效益。

轻压下技术主要经历了静态轻压下和动态轻压下两个发展阶段，均有各自的技术特点，如表 2.2 所示[27]。

表 2.2 轻压下技术的发展

类 型	产生时间	技术内容	应 用
静态轻压下	20 世纪 70 年代末期	小辊径分节辊扇形段、末端收缩辊缝	日本 NKK、新日铁
	20 世纪 80 年代末期	人为鼓肚轻压下（ISBR）	日本 NKK
	20 世纪 90 年代初期	圆盘辊轻压下（DRSR）	新日铁
动态轻压下	20 世纪 90 年代	液压夹紧远程调节辊缝扇形段，在线凝固终点预测模型	奥钢联，西马克/德马克公司（SMSD），达涅利等

辊式和面式静态轻压下技术包括：

（1）小辊径分节辊扇形段。1974 年，日本 NKK 第一次提出了机械应力轻压下的概念，认为在铸坯的两相区末端，采用至少两对辊子，每对辊子将铸坯压下 2%，可以有效提高铸坯中心的致密度，并将其应用于大方坯生产过程中[28,29]。该方法为典型的静态轻压下方法，即按预先设计的固定值设定好连铸机辊缝。该方法只能在固定的拉速和浇铸温度下才能达到较稳定的工艺效果，因此其实际应用过程受到了很大的限制，但其为采用轻压下技术来改善铸坯内部质量提供了发展思路。与此同时，人们对轻压下的系统全面的实验和理论研究也陆续展开[30,31]。初期的辊式压下装置使用大辊径整体辊，辊间距大，铸坯坯壳在自重和钢液静压的双重作用下，容易在前后两对铸辊之间产生鼓肚，同时由于铸辊本身较长，压下过程容易产生挠曲，从而加剧铸坯两相区内浓缩钢液不规则流动，不能充分发挥轻压下改善中心偏析的效果。为此 NKK 提出了采用小辊径分节辊扇形段，如图 2.1 所示，从而有效地防止铸辊在轻压下作用时发生弯曲变形。该方法自从 1976 年安装投入使用，取得良好效果后迅速在世界范围内推广[32]。

（2）人为（有意）鼓肚轻压下（IBSR）。20 世纪 80 年代后期，NKK 提出了人为（有意）鼓肚轻压下技术[33]（Intended Bulging Soft Reduction）并在福山 6 号板坯连铸机上采用，如图 2.2 所示。该技术将轻压下辊上游的辊缝故意放大，使铸坯在轻压下前适当产生鼓肚，当铸坯进入轻压下区域后，中心部位比边部厚度大，使得轻压下辊不接触完全凝固的边角部，减少抵抗阻力，使宽度方向压下更均匀，而且还可以改善铸坯凝固终点的特性，使传统连铸凝固的“W”转变为“一”形状，如图 2.3 所示。

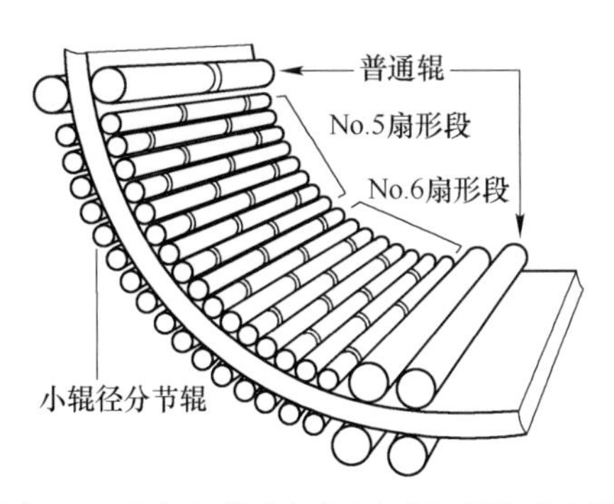

图 2.1 小辊径分节辊轻压下扇形段示意图

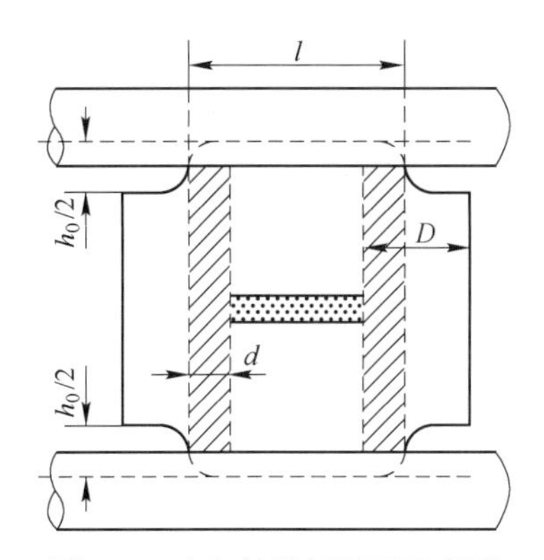

图 2.2 人为鼓肚轻压下示意图

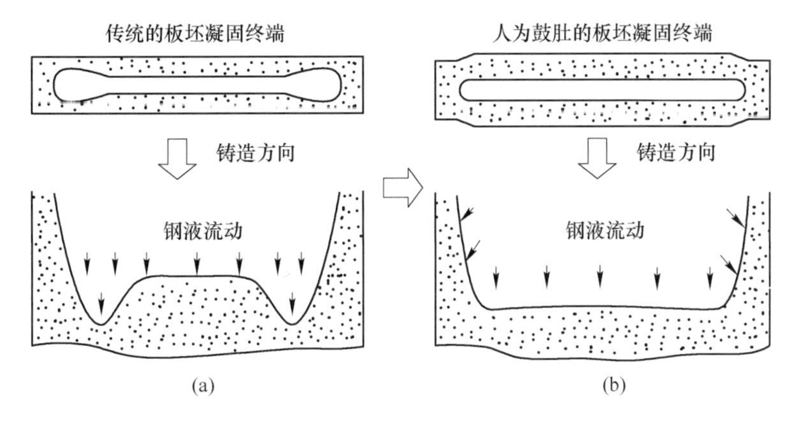

图 2.3 板坯凝固末端形状

（3）圆盘辊轻压下（DRSR）。采用人为鼓肚来减少压下阻力会受到坯壳厚度的限制，当坯壳较薄时，铸坯两侧附近容易产生内裂，同时还需要经常调整上游辊子以达到所需要的辊缝，使操作变得复杂。为克服人为鼓肚轻压下的缺点，20 世纪 90 年代初，日本新日铁提出了圆盘辊轻压下法（Disk Roll Soft Reduction），又称为凸形辊轻压下法[34]，如图 2.4 所示。将铸辊中间部分做成凸台，从而减少轻压下时铸坯边部对铸辊的压下阻力，有效改善铸坯中心偏析和疏松。图 2.5 示出了 IBSR 与 DRSR 的区别。

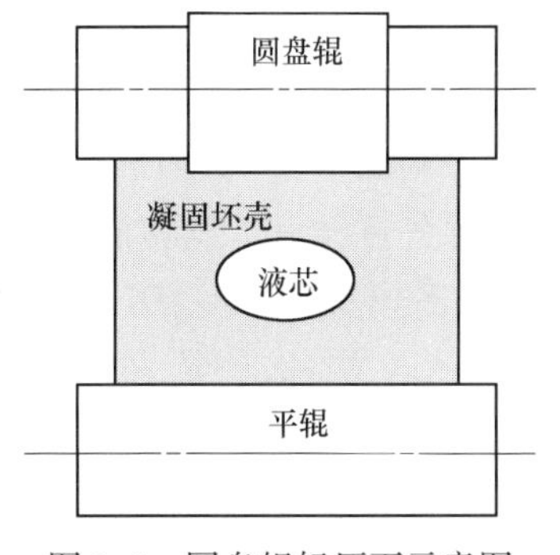

图 2.4 圆盘辊轻压下示意图

（4）控制面压下技术（CPR）。为消除采用传统辊式轻压下容易造成铸辊之间铸坯鼓肚的现象，20 世纪 90 年代末期，日本新日铁提出了采用控制面压下法[35]（Controlled Plane Reduction），如图

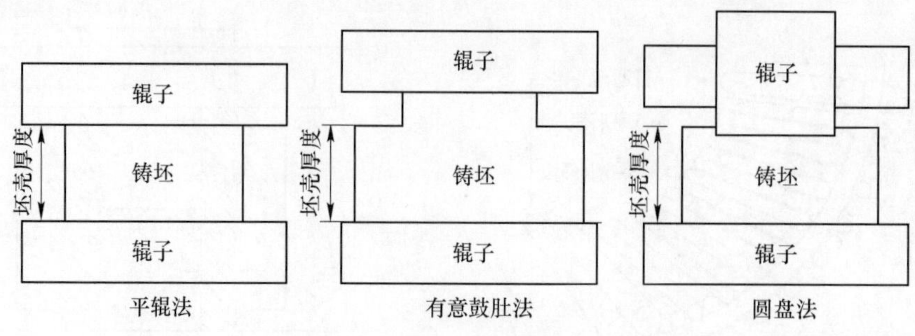

图 2.5 IBSR 与 DRSR 的对比

2.6 所示。该技术采用了两个移动的砧板（Bar）来支撑和压下未凝固铸坯，这样就能够很好地抑制凝固末端钢液的流动和补偿凝固收缩，防止了传统辊式轻压下容易产生鼓肚的缺点，从而有效地改善铸坯中心偏析和中心疏松。

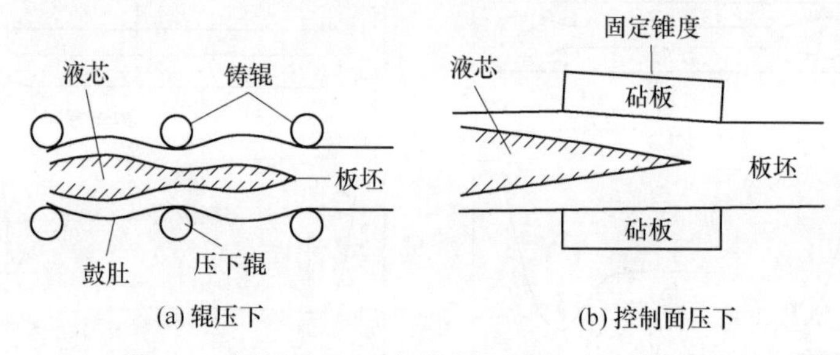

图 2.6 辊压下（a）与控制面压下（b）的区别

由以上为代表的辊式和面式轻压下工艺都没有摆脱轻压下固有的局限性：在浇铸前预先设定好辊缝，然后按照设定的工艺条件进行浇铸；静态轻压下工艺必须与拉速很好地配合才能达到轻压下的预期工艺效果。但实际生产过程中，浇铸工艺会随着生产节奏随时改变，凝固位置也会相应变化，使得静态轻压下技术难以很好地发挥作用。为此，20 世纪 90 年代末，出现了能够跟踪凝固终点并能根据凝固终点的变化实时调整辊缝和铸辊压下位置的动态轻压下方法。

目前，国际上成熟掌握动态轻压下技术的公司主要有德国的德马克/西马克公司（SMS/Demag，简称 SMSD）、西门子 - 奥钢联（SIEMENS - VAI）、意大利的达涅利戴维公司（Danieli Davy Distington，简称 DDD）和日本住友重机公司等，并各自推出了能够根据连铸工艺快速远程调节辊缝的智能扇形段，如 VAI 的 SMART®扇形段[36]、DDD 的 OPTIMUM®扇形段和 SMSD 的 CYBERLINK®扇形段[37]，以及在线预测铸坯凝固末端的热跟踪模型商业软件包，如 VAI 的 DYNACS®[38]、Danieli 的 LPC®[39]，从而保证了轻压下技术在连铸工艺上的成功实施。在薄板上应用动态轻压下以 SMSD 为代表[40]，在中薄板和方坯上应用动态轻压下以 VAI 为代表[41]。鉴于动态轻压下技术的智能化程度、可操作性和改善铸坯质量方面的优越性，当前各国钢铁企业纷纷采用动态轻压下技术，2005 年 VAI 连铸机在国内板坯连铸机的市场份额就达到了 60%[42]。1997 年，VAI 率先将动态轻压下技术应用于芬兰罗德洛基（Rautaruukki）的 6 号板坯连铸机上[43,44]。该铸机拉矫装置由 15 个具有辊缝远程可调能力的 SMART®（Single Minute Adjustment and Restranding Time）扇形段组成，并首次应用了动态二冷和在线热跟踪模型 DYNCOOL®[45] 和在线自动辊缝设定模型 ASTC®（Automatic Strand Taper/Thickness Control）[46]，其中 DYNCOOL®模型是 DYNACS®（Dynamic Strand Cooling Management System）模型的前身。

目前动态轻压下技术已经得到了广泛认可，但在使用过程中还存在一些不足，主要集中在凝固末端准确定位和轻压下工艺参数的有效在线实施两个方面：

（1）轻压下压下位置不准确主要表现为铸坯凝固前的无效压下和铸坯凝固后的过度压下，无法起到消除中心偏析和疏松的作用，反而会引起铸坯鼓肚，尤其是窄边鼓肚。动态轻压下过程中的窄边鼓肚现象较为常见，且不能完全避免，但在轻压下区间合理的前提下，随着铸坯逐渐凝固，大多能够自然消失，但随着轻压下位置前移，窄边鼓肚会变形随之增大，从而引起质量问题[47]。

铸坯在凝固末端存在一个裂纹敏感区，当过度压下引起的铸坯变形超过临界值时，铸坯凝固前沿柱状晶晶界会产生沿晶裂纹，从而导致铸坯中间裂纹增加。此外，过度压下还会引起扇形段分节辊磨损过快、扇形段框架变形等设备问题。

（2）轻压下工艺参数常因受设备和在线计算误差的限制而无法准确有效在线实施。从动态轻压下的工业应用而言，动态轻压下在线控制模型的稳定可靠是轻压下参数有效实施的前提条件，将直接决定轻压下实施效果的好坏。

基于上述原因，动态轻压下技术对改善铸坯内质的效果还不够稳定和可靠，需要在实际生产过程根据自身的工艺特点进行进一步的改进和完善。

2.3 动态轻压下的关键技术内容

动态轻压下技术是多种技术的集成，涉及凝固传热、弹性力学、塑性变形学、控制工程、机械液压等多方面内容。其关键技术主要包括远程辊缝可调节扇形段设计、凝固终点在线预测技术、合理压下参数的确定、动态轻压下在线控制模型设计及相应的过程控制系统架构。

2.3.1 远程辊缝可调扇形段/拉矫机

动态轻压下技术要求能够快速远程调整扇形段/拉矫机的辊缝值，以实现随着凝固末端位置变化的轻压下实施。因此，远程辊缝可调扇形段/拉矫机是凝固末端动态轻压下技术能够实施的设备保障。

板坯连铸生产过程中，动态轻压下的执行机构为远程辊缝可调扇形段。每个扇形段内包括多对铸辊（一般为5对或7对分节辊）。扇形段外框架固定在水泥基座上，通过调整内框架的4个角部液压缸使内、外框架形成锥度，即扇形段出口与入口间形成辊缝差，从而实现对铸坯的压下作用。内框架液压系统控制功能包括：扇形段压下力调节、扇形段压下位置控制、四个缸体的对称性监测、安全连锁功能、手动控制功能、校准功能、报警功能等。

由于大方坯的断面尺寸较大，其铸坯凝固末端大多位于空冷区内，因而在大方坯连铸生产过程中，大多通过调节空冷区内各拉矫机辊缝值，使铸坯受辊压力收缩变形，从而完成轻压下实施过程。一般情况下，空冷区大多布置有7~9个具有远程辊缝可调功能的拉矫机，各拉矫机间距为1.0~1.5m，拉矫机辊径为400~500mm，各拉矫机下辊（外弧辊）为固定辊，上辊（内弧辊）为压下辊，其中第一个拉矫机多用于辊缝检测，后继各机架可执行压坯动作。与远程辊缝可调扇形段相比，带液压夹紧功能的拉矫机结构较为简单，控制点单一。

远程辊缝可调扇形段/拉矫机是实现压下工艺准确、稳定实施的前提条件，与普通扇形段/拉矫机相比，其大多采用液压驱动系统进行辊缝调节，具有速度快、精度高的控制特点。与此同时，框架刚度也远高于普通扇形段/拉矫机设计要求，以避免压下过程中的框架变形。如大方坯拉矫机通过牌坊式大刚度整体框架和全封闭水冷结构设计，从而提高机械强度，降低高温环境下的机架变形量。

目前，国外铸机的扇形段大多能够实现液压夹紧和远程辊缝调节功能，动态轻压下技术已经被广泛地应用于连铸工艺设计之中，其中发展较为成熟已经并投入工业生产应用和商业推广的有VAI的SMART®扇形段，DDD的OPTIMUM®扇形段和SMSD的CYBERLINK®扇形段等。国内的中国重型机械研究院（西重所）、中冶赛迪、中冶京诚等企业也开发并应用了各自的动态轻压下扇形段或拉矫机装备，中国重型机械研究院设计的拉矫机驱动辊轻压下液压系统在攀钢2号大方坯连铸机投入生产应用，中冶集团设计的基于动态轻压下功能的板坯连铸扇形段也相继在柳钢、首钢等投入生产应用，较好地满足了国内铸机建设与改造升级的需求。

2.3.2 凝固末端位置的确定

只有在连铸坯凝固末端进行轻压下才能真正起到改善铸坯中心偏析与疏松缺陷的工艺目的，因此凝固末端位置的准确在线预测是凝固末端动态轻压下工艺有效实施的重要前提保障。

国内外常用的连铸坯凝固末端预测方法主要包括热跟踪计算、射钉法（或示踪剂法）、凝固末端坯壳压力反馈检测以及正在研究过程中的电磁超声（EMAT）检测法。

热跟踪模型计算方法要求模型计算结果准确，计算时间短（周期为秒级）。

如 Danieli 开发的 LPC 模型就能根据钢种、浇铸温度、拉速等变化因素在线计算铸坯的凝固末端位置[48,49]。VAI 的 DYNACS®也可根据不同的浇铸条件在线预测凝固终点位置[38]。

射钉法是通过向铸坯内射入含有硫化物的钢钉，并根据冷坯低倍照片上硫化物扩散轨迹判定射钉位置处坯壳厚度的方法。该方法可直接检测铸坯坯壳厚度，但由于需要对铸坯进行低倍分析，因此无法应用于在线检测过程。目前多采用该方法进行凝固传热模型的验证和完善。

目前采用凝固末端坯壳压力反馈判定液芯的方式有所差别，但均是在轻压下实施过程中通过对完全固态和带液芯铸坯的不同压力检测反馈信号进行处理，确定出凝固末端的位置。其技术原理为：连铸过程中坯壳和两相区的高温力学性能差异迥异，压下过程中压力－压下量特征关系随液芯厚度变化而各不相同。因此，各扇形段/拉矫机按不同压力压下可得到不同压下量，对比分析各扇形段/拉矫机压力－位移特征关系并将其与数值模拟计算结果进行对比分析可得出凝固末端位置。在具体技术实施方面，德国一家公司开发的传感器集成于 CasterCrown 中，可以预测出凝固终点位置[50]；CYBERLINK®扇形段通过上框架的周期性低幅（约 2mm）低频（约 2Hz）振动，可在线探测铸坯凝固终点位置[37]；2004 年，CYBERLINK®扇形段已经正式在德国 Salzgitter 新 3 号板坯连铸机投入使用；DDD 也开发了实际液相穴末端监测技术（ALCEM）应用于 OPTIMUM®扇形段，即通过压力反馈信号来判断压下位置是否准确。

超声波在铸坯内的传播速度随铸坯温度升高而降低，电磁超声检测方法（EMAT）就是根据这一原理检测铸坯液芯位置的。然而，由于高温下电磁超声测厚回波的差异性较大和可测定性较差，且随着铸坯厚度的增加，波形衰减严重，信噪比大大上升，检测难度倍增。目前虽已经开展了大量的实验室研究工作，但尚未开发形成较稳定准确的降噪与波形提取算法，且能与高温铸坯保持良好接触的传感器探头也有待开发。

综上所述，通过扇形段/拉矫机压力在线反馈检测、电磁超声检测等技术手段进行凝固末端直接定位的检测方法已成为连铸坯凝固末端动态轻压下技术的发展趋势，但采用热跟踪模型进行在线“软测量”仍然是必不可少的手段，例如 DDD 公司就采用了凝固及温度跟踪模型与压力检测相结合的技术。目前国内已引进的带有动态轻压下功能的连铸生产线大多不具备扇形段压力反馈检测功能，从系统升级和新产品开发角度考虑仍依靠热跟踪模型进行凝固末端定位。

此外，从铸坯质量控制角度分析，在线温度场实时计算是实现温度反馈二冷控制的前提条件，而稳定的二冷控制又是动态轻压下有效实施的重要保证，因此进一步提高在线热跟踪模型的计算精度，并结合压力在线检测等直接检测技术，开发形成高精准凝固末端预测方法将继续成为研究的热点和难点。

我们早些年也采用一维与二维传热凝固传热计算模型预测凝固末端位置，后来为提高模型计算的准确性，在此基础上又对高温物性参数预测与表面传热系数测定方面进行了深入研究工作。近年来，祭程在分析研究连铸坯凝固末端压力－压力－坯壳厚度等方面进行了大量试验研究，并提出了以热跟踪计算与压力检测复合的凝固末端预测方法。

2.3.3 轻压下工艺参数

连铸轻压下工艺参数是动态轻压下技术的工艺核心，主要包括压下区间、压下量、压下率、压下速率和压下效率，如图 2.7 所示。压下区间是指压下量的作用区域，一般在液相凝固终点与固相凝固终点之间，常用铸坯中心固相率（f_S）表示，在 0～1 内。压下量是指扇形段/拉矫机的压下量（单位：一般采用 mm）。对于扇形段而言，压下量指轻压下过程中扇形段入口处辊缝值与轻压下出口辊缝值之差；对于拉矫机而言，压下量指出、入拉矫机的压下变形量。此外，实施轻压下前后铸坯总的变形量一般称为压下总量（单位：mm）。压下率是指沿拉坯方向单位长度内实施的压下量（单位：mm/m）。压下速率常指单位时间内的压下量（单位：mm/min 或 mm/s），即由于轻压下引起的辊缝锥度使拉速在铸坯厚度方向产生的压坯速度。由于压下过程中的铸坯延展、宽展变形，因此铸坯表面压下量并不能代表液芯的受挤压变形程度，因此压下效率参数用于表征压下变形时压下量传递到液芯的效率。

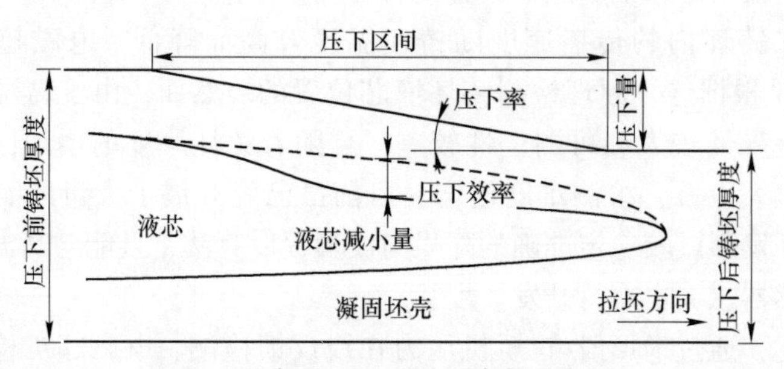

图 2.7 轻压下工艺关键参数示意图

板坯连铸机生产过程采用扇形段完成压坯动作，为典型的连续面压下，因此一般选取压下率与压下速率参数进行扇形段辊缝控制。方坯连铸生产过程中采用拉矫机进行压下，为典型的断续点压下，因此一般选取压下量参数进行拉矫机控制。因此，轻压下工艺参数中最为核心是压下区间、压下率或压下量的确定。即实际生产过程中的动态轻压下，对于板坯而言，控制压下区间与压下率；对于方坯而言，控制压下区间与压下量。

2.3.3.1 压下区间

连铸坯中心偏析和中心疏松内部缺陷发生在凝固末端两相区。轻压下要获得改善铸坯中心致密度和成分均匀性的效果，压下区间必须位于铸坯凝固末端两相区合理位置，过早和过后的压下将对铸坯的偏析和疏松的改善均不会产生实质性的效果。因此，确定合理的轻压下位置对于轻压下技术的成功实施至关重要。

目前，在理论上对压下区间选取的研究较少，主要是根据连铸坯凝固末端两相区钢液流动性提出的定性的压下区间选取模型。图2.8为连铸坯凝固末端两相区示意图，采用中心固相率f_S将两相区划分为具有不同流动性的区间。随着固相率f_S的增加（从$f_S=0$到$f_S=1.0$），枝晶不断生长并相互之间交错连接，形成复杂的网状结构，阻碍枝晶间剩余钢液的流动，从而使得两相区内剩余钢液的流动性越来越差，如果凝固末端得不到上游钢液的补充将会形成中心疏松。在枝晶生长过程中，溶质元素不断从枝晶向剩余钢液中排出，如果两相区内富集的钢液不能扩散到上游区域混合稀释，将会富集在铸坯中心形成中心偏析。q_2区内由于固相率小，流动阻力小，凝固收缩可以通过上游非浓化钢液的流动来补偿。q_1区内凝固收缩可得到q_2区内浓化钢液的补充，但由于在q_1内固相率较大，流动阻力变大，补充不充分。而在p区内残余浓缩钢液被枝晶网封闭起来，凝固收缩时将得不到q_1区钢液的补充。因此，q_2区流动将不会造成中心偏析的形成，反而均匀了该区内的溶质分布。q_1区的收缩形成的负压将导致富集杂质元素钢液的富集，从而形成中心偏析。p区的凝固收缩因没有钢液的补充将形成疏松。

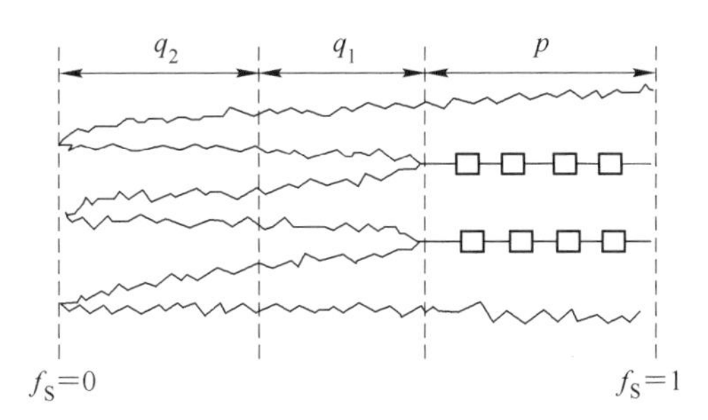

图2.8 铸坯凝固末端两相区示意图

Suzuki和Takahashi等[51,52]研究认为：q_2区与q_1区分界处固相率为$f_S=0.3\sim0.4$，q_1区与p区分界处固相率为$f_S=0.6\sim0.7$，并认为最佳轻压下压下区间为$f_S=0.3\sim0.7$。新日铁Ogibayashi等（美国专利4687047）揭示压下区间起始于铸坯中心固相率$f_S=0.1\sim0.3$，终止于铸坯中心固相率达到流动极限固相率f_{SC}处（f_{SC}是指钢液达到流动极限时的固相率，一般的经验，普通碳素钢的$f_{SC}=0.6$，低合金钢的$f_{SC}=0.65\sim0.75$；当$f_S>f_{SC}$时，钢液黏性很大，基本不会流动，若此时进行压下，很可能对内部质量产生有害影响。一般来说，对于轻压下压下区间的选取，中碳钢为$f_S=0.3\sim0.7$，高碳钢为$f_S=0.4\sim0.7$）。

从以上描述的铸坯中心两相区钢液流动性理论可看出：只是人为将铸坯凝固末端两相区划分为不同的区间，并没有具体给出钢液流动性好坏的定量判断标准，忽略了形成中心偏析基本原因的两相区内溶质再分配现象，且没有考虑轻压下作用时铸坯两相区内钢液的流动和溶质传输行为。因此，不同的研究者很难获得统一的压下区间。

由于缺乏合理的压下区间确定模型，所以到目前为止，几乎所有轻压下工艺的关键参数压下区间的确定都是根据现场工艺实验确定。Wang 等[53,54]在实验室采用一对辊轻压下，通过实验研究和数值模拟，考察了压下位置对中心偏析、中心疏松、元素均匀性以及等轴晶区面积的影响。研究表明：在固相率小于1.0处实施轻压下能够明显地改善铸坯内部质量，线棒材用钢100Cr6最优压下位置为固相率0.9处。

新日铁 Ogibayashi 等[31,55]实验研究得出：沿浇铸方向板坯中心线上周期性中心偏析变化是由铸辊弯曲引起。中心固相率小于0.25时，采用一体辊压下，中心偏析随着压下量的增加而恶化，中心偏析在拉坯方向的波动也加剧，这可能由一体辊弯曲造成，可采用小直径分节辊减小弯曲。当中心固相率大于0.25，轻压下能够很好地改善铸坯中心偏析。

中国台湾中钢公司大方坯连铸机轻压下表明[11]：最佳压下区间为 $f_S=0.55\sim0.75$。芬兰 Rautaruukki 公司[56]210mm×1250~1475mm 板坯连铸机生产微合金钢的最佳压下区间为 $f_S=0.3\sim0.9$，而 210mm×1825mm 板坯连铸的最佳压下区间为 $f_S=0.15\sim0.8$。日本 NKK 公司[57] Fukuyama 厂 4 号板坯连铸机在浇铸 220mm 厚铸坯时最佳压下区间为 $f_S=0.25\sim0.7$。浦项钢铁 Yim 等[58]研究指出 2 号宽板连铸机最优压下区间为 $f_S=0.4\sim0.8$。浦项钢铁公司[10]330mm×250mm 大方坯四流连铸机生产齿轮钢（SU2），低松弛预应力钢绞线用钢（S82）和轮胎帘线钢（P70）最佳压下区间为 $f_S=0.3\sim0.8$。包钢[59]280mm×325mm 和 280mm×380mm 大方坯连铸机生产重轨钢 U71Mn 和普碳 45 号钢最佳压下区间为 $f_S=0.4\sim0.7$。北满特钢[60]240mm×240mm 大方坯连铸机生产轴承钢 GCr15 最佳压下区间为 $f_S=0.2\sim0.8$。济钢[61]引进 VAI 的中厚板连铸机最佳轻压下区间为 $f_S=0.5\sim0.95$。郭亮亮[62]研究认为 170mm×950~1950mm 板坯连铸机生产超高强度钢（UHSS）的最佳压下区间为 $f_S=0.3\sim0.9$。龙木军[63]研究认为柳钢 4 号板坯连铸机生产 AH36 和 Q345 钢最佳压下区间为 $f_S=0.55\sim0.95$。崔立新[47]研究认为控制轻压下板坯窄面宽展和鼓肚趋势，且防止铸坯产生内部裂纹，最佳压下区间为 $f_S=0.6\sim0.85$。刘洋和王新华[64]通过现场工业试验研究认为高级别管线钢的最佳动态轻压下区间为 $f_S=0.5\sim0.8$。武汉钢铁公司[65]某厂直弧板坯连铸机，轻压下工业试验表明生产中碳钢最佳压下区间为 $f_S=0.5\sim0.95$。

我们一开始对压下区间的确定也主要依靠现场的试验和经验，近年来罗森分析研究了连铸坯凝固末端固液两相区溶质微观偏析、枝晶生长和轻压下铸坯变形规律，在此基础上建立了连铸坯凝固末端轻压下压下区间的理论模型，并根据铸辊压下前后连铸坯固液两相区溶质偏析率变化，提出了轻压下压下区间的选择准则。祭程进一步针对宽厚板连铸坯非均匀凝固的特点，提出了相应的压下区间优化方法，有效解决了宽厚板连铸坯宽向 1/4～1/8 区域偏析严重的问题。对此后面有专门章节进行介绍。

2.3.3.2 压下量

合理的压下量不仅要能够完全补偿压下区间内钢液在凝固过程中的体积收缩量防止凝固末端浓缩钢液被吸入，而且要防止由于压下量过大引起铸坯内部裂纹，并且还要防止轻压下产生的反作用力过大对扇形段的完整性、铸辊的疲劳寿命等带来的不利影响。压下量过小，对铸坯中心偏析和疏松的改善不够明显；压下量过大，铸坯挤压变形过大会造成未凝固且富集溶质元素的钢液流动到相邻的鼓肚区形成偏析，过度的铸坯变形会造成应力过大，导致铸坯内裂缺陷，并且还可能造成轻压下铸辊所受反作用力过大，造成设备损坏。压下量大小必须满足三个要求：（1）能够补偿压下区间内的凝固收缩，减少中心偏析和中心疏松；（2）避免铸坯产生内裂；（3）压下时产生的反作用力要在铸机扇形段许可载荷范围内。

Zeze 等[66]通过轻压下对未凝固钢锭的偏析和变形行为实验研究得出了液芯厚度与压下量对 V 型偏析的综合影响，如图 2.9 所示。在压下量小时，由于压下量不能充分补偿凝固收缩，仍有残存 V 型偏析。随着压下量增加，V 型偏析不断减少。当压下量过大时，发生白亮带，如果继续增大压下量，将会产生内裂。压下量与压下位置处液芯厚度有关，液芯厚度越大，所需压下量越大。然而当液芯厚度大于一定临界值后，不论采用多大的压下量均不能改善 V 型偏析，反而还会恶化内部质量，产生内裂。由图 2.10 可知，在压下速率小于 0.02mm/s 时，无论怎么增加压下量，也不能防止 V 型偏析，这是因为压下速率小于凝固收缩速率，来不及充分补充凝固收缩的缘故。同时，由于压下速率的增大导致应变率增加，相应的临界应变变小，从而上临界压下量减少。此外还可以看出，随着压下速率的增加，为防止 V 型偏析有必要增加压下量，相应的压下量区间变窄。

Isobe 等[67]提出了用凸形辊（Crown Roll）实施轻压下从而改善连铸大方坯中心线偏析，并建立了压下力与压下量关系数学模型、压下速率数学模型和压下效率数学模型，进而分析了压下辊布置与压下辊数量对压下力与压下量关系的影响以及轻压下扇形段载荷传递行为。

从实际生产来看，芬兰的 Rautaruukki 钢铁公司[68]在浇铸 210mm × 1450～1825mm 的低合金钢时最佳压下量为 1.5mm，而且得出在压下率小于 1.00mm/m 时，压下不会对铸坯表面质量产生负面影响。

浦项钢铁公司[10]通过实验研究 330mm × 250mm 大方坯四流连铸机在不同轻压下量时生产的低松弛预应力钢绞线用钢（S82）铸坯中心偏析和中心裂纹表明

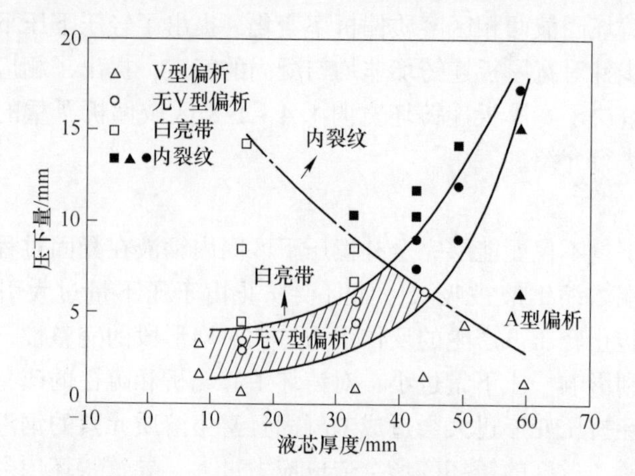

图 2.9 压下量和液芯厚度对 V 型偏析的影响[66]
（压下速率 0.35mm/s）

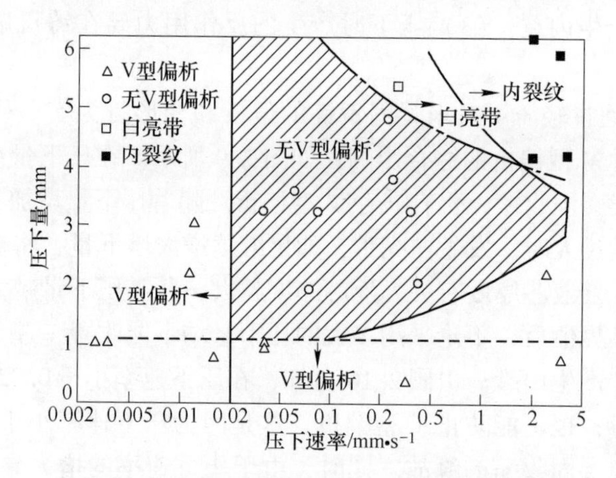

图 2.10 压下速率和压下量对 V 型偏析的影响[66]
（液芯厚度 32mm）

最佳压下量为 6mm。日本新日铁[67]室兰 3 号连铸机提出了采用凸形辊（Crown Roll）轻压下能够很好地改善大方坯中心偏析，实验研究表明：SC 高级棒线材的最佳压下量为 6 ~9mm。

中国台湾中钢公司[11]大方坯连铸机生产表明：轻压下总压下量为 4 ~5mm 能够保证降低碳偏析和减少裂纹。

理想条件下，铸坯凝固产生收缩，低固相区的钢液应不断补充至液芯完成凝固补缩作用。然而，由于枝晶搭桥等导致的凝固末端钢液流动性变差，钢液无法完成铸坯的凝固补缩，从而形成中心疏松与缩孔缺陷。因此，基于凝固补缩原理，祭程提出了大方坯连铸拉矫机压下量理论计算方法，即：

$$R_i = \frac{\Delta A_i}{\eta_i X_i} = \frac{\int_0^{Y_i}\int_0^{X_i}\rho(x,y,z_i)\,\mathrm{d}x\mathrm{d}y - \int_0^{Y_{i-1}}\int_0^{X_{i-1}}\rho(x,y,z_{i-1})\,\mathrm{d}x\mathrm{d}y}{\rho_1\eta_i X_i} \tag{2.1}$$

式中，R_i 为第 i 个拉矫机最小理论压下量；A_i 为凝固补缩面积；η_i 为压下效率；X_i 为第 i 个拉矫机下的铸坯宽度；$\rho(x, y, z)$ 为铸坯在（x，y，z）坐标下的密度；ρ_1 为钢液密度。

利用该模型，以典型高碳合金钢为具体研究对象，对液芯补缩钢液、液芯压下量、表面压下量进行了理论计算，并获得了满意的现场应用效果。详细内容在后面有专门章节进行介绍。

2.3.3.3 压下率/压下速率

合理的压下率/压下速率要能够充分补偿压下区域内的凝固收缩，从而防止凝固末端凝固收缩时吸入两相区内的浓缩钢液，从而形成中心偏析。如果压下率/压下速率小于凝固速率，压下不能及时补偿凝固收缩，仍然会出现中心偏析；若压下速率过大，则会造成铸坯两相区凝固前沿应变过大，引发铸坯内裂质量缺陷。Zeze 等[66]就压下速率和压下量对偏析的影响进行了研究，如图 2.10 所示。当压下速率较低（小于 0.02mm/s）时，无论采用多大的压下量均不能改善 V 型偏析；当压下速率较高时，应该合理控制压下量，从而防止轻压下造成白亮带和内裂的产生。Yokoyama 等[69]对钢液凝固时的体积收缩率进行了研究，得出体积收缩率为 4% 左右。

Miyazawa 等[70,71]理论解析了连铸坯凝固末端流动行为，分析了拉速对凝固收缩所引起的最大流速的影响，并依据压下过程促使因凝固收缩所引起的浓缩钢液停止流动，防止中心偏析形成，通过物质守恒原理提出了压下率理论模型。Ogibayashi 和 Mukai[72]根据单位时间内压下造成的体积减少量刚好能够补偿凝固收缩量提出了最优压下速率模型。Saeki 等[73,74]同样根据轻压下凝固末端钢液流速为零的原理提出了压下率的理论解析模型，并在名古屋 1 号连铸机生产的高级管线钢 X65 进行了轻压下实验，得到柱状晶组织最佳的压下速率为 0.75mm/min，等轴晶组织最佳的压下速率为 0.65m/min。

程常桂等[75]结合连铸坯凝固规律及轻压下技术改善铸坯中心偏析的冶金原理，建立了宽板坯压下率理论模型。分析了工艺操作参数（拉速、浇铸温度、坯壳凝固收缩特性）对铸坯轻压下率的影响。结果表明：在相同的拉速和浇铸温度条件下，铸坯轻压下率沿拉坯方向的分布总体呈减少趋势；拉速对压下率影响较大，且拉速与平均压下率呈线性递减关系，但过热度对压下率影响较小。

对于工业试验确定压下速率，冶金工作者也做了大量研究。Shumiya 等[76]在住友金属和歌山制铁所 2 号连铸机上进行了轻压下实验，该铸机为四点矫直四流弧形铸机，铸机半径为 15m，结晶器内采用电磁搅拌，实验钢种为高碳棒材用钢（C 0.4% ~0.6%，Si 0.1% ~0.25%，Mn 0.6% ~1.0%，P≤0.03%，S 0.01% ~

0.05%），大断面 410mm × 530mm，浇铸速度为 0.35 ~ 0.50m/min，过热度为 30℃左右。实验结果表明：压下率（压下量 R 与液相穴厚度 L 之比：R/L）大于 0.5 时，轻压下能够很好地消除铸坯内部疏松，铸坯组织良好。

新日铁 Yamada 等[77] 对君津 2 号板坯连铸机生产 X65 抗氢致裂纹（HIC）钢，板坯尺寸为 210mm × 1560 ~ 1900mm，拉速为 1.12 ~ 1.19m/min 范围内的轻压下实验表明：厚度为 210mm 的板坯最佳压下率为 0.75mm/m，最佳压下速率为 0.86mm/min。新日铁 Ogibayashi 等人[78] 对君津 1 号连铸机生产 SWRH72A（C 0.73%，Si 0.24%，Mn 0.46%，P 0.01%，S 0.04%，TAl 0.024%），大方坯尺寸为 300mm × 500mm，拉速为 0.6m/min，过热度为 20 ~ 27℃，二冷比水量为 0.53L/kg，最佳压下速率为 1.2mm/min。

日本部分大型钢铁公司[79] 报道：NKK 福山 4 号连铸机生产 220mm 厚板坯，拉速为 0.75m/min 时，最佳压下速率为 0.9mm/min；NSC 公司君津厂 2 号连铸机生产 210mm 厚板坯，拉速为 1.15m/min 时，最佳压下速率为 0.86mm/min；名古屋厂 1 号连铸机生产 245mm 厚板坯，拉速为 1.30m/min 时，最佳压下速率为 0.75mm/min；Ohita 厂 5 号连铸机生产 280mm 厚板坯，拉速为 1.2m/min 时，最佳压下速率为 1.02 ~ 1.28mm/min；住友金属公司 Kashima 厂生产 235mm 厚板坯，拉速为 0.8 ~ 0.9m/min 时，最佳压下速率为 0.8 ~ 0.9mm/min；Kobe 钢铁公司 Kakoguwa 厂生产 280mm 厚板坯，拉速为 0.8m/min 时，最佳压下速率为 0.8mm/min。

Wolf[80,81] 根据现场试验数据提出了压下速率的半经验公式：

$$v_{\mathrm{R}} = D\left|\frac{W}{D}\right|^{-0.25}(T_{\mathrm{L}} - T_{\mathrm{S}})^{0.5} \tag{2.2}$$

式中，v_{R} 为压下速率，mm/min；D 为铸坯厚度，mm；W 为铸坯宽度，mm；T_{L} 为液相线温度，℃；T_{S} 为固相线温度，℃。

林启勇通过对轻压下过程质量流量特征分析，从理论推导获得了连铸坯压下率理论模型，完整描述了任意铸坯断面内凝固收缩、热收缩、铸坯变形、钢种、拉速和铸坯尺寸对压下率的影响[82]，即：

$$v_{\mathrm{RG}} = \frac{\int_0^{Y_{\mathrm{suf}}}\int_0^{X_{\mathrm{suf}}}\frac{\partial\bar{\rho}}{\partial z}v_{\mathrm{SZ}}\mathrm{d}x\mathrm{d}y + \int_0^{Y_{\mathrm{suf}}}\int_0^{X_{\mathrm{suf}}}\bar{\rho}\frac{\partial v_{\mathrm{SZ}}}{\partial z}\mathrm{d}x\mathrm{d}y + \left(\frac{\mathrm{d}X_{\mathrm{suf}}}{\mathrm{d}z}\right)\int_0^{Y_{\mathrm{suf}}}(\bar{\rho}\,v_{\mathrm{SZ}})\Big|_{x=X_{\mathrm{suf}}}\mathrm{d}y}{v_{\mathrm{SZ}}\int_0^{X_{\mathrm{suf}}}\bar{\rho}\,\Big|_{y=Y_{\mathrm{suf}}}\mathrm{d}x} \tag{2.3}$$

式中，v_{RG}为压下率；v_{SZ}为拉速；X_{suf}为铸坯宽度；Y_{suf}为铸坯厚度；x 为沿宽度方向的坐标；y 为沿厚度方向的坐标；z 为沿拉坯方向的坐标；$\bar{\rho}$ 为等效密度，由 $\rho_{\mathrm{L}}f_{\mathrm{L}} + \rho_{\mathrm{S}}(1 - f_{\mathrm{L}})$ 表示；ρ_{L}，ρ_{S} 分别为钢液相、固相密度；f_{L} 为液相率。

从以上压下速率理论研究可以看出，压下速率模型提出的基础都是基于压下速率应该完全能够补偿压下区间的凝固收缩，从而防止凝固末端吸入浓缩钢液形成中心偏析。现有压下速率模型的理论能够很好地根据不同钢种和工艺操作条件（拉速、铸坯断面、压下位置）提供合理的压下速率参数，并成功运用连铸轻压下过程。

2.3.3.4 压下效率

压下效率为铸坯压下变形时传递到铸坯凝固前沿压下量的效率，压下效率用来衡量轻压下时凝固坯壳对铸坯表面压下的消耗程度。压下效率对于制定合理的压下量来补充凝固前沿的凝固收缩至关重要。Hayashida 等[83]提出了轻压下作用时固液界面位移量与铸坯表面位移量之比为压下效率，并采用简化的变形模型分析了拉速 1.2m/min 时，210mm×800mm 板坯距离铸坯凝固终点不同位置压下效率的变化规律。Ito 等人[84]提出了轻压下时铸坯液相穴减少量与铸坯表面的压下量之比为压下效率 η，并采用三维有限元的方法以及实验分析了辊径和铸坯尺寸对压下效率的影响，回归得到了压下效率经验公式：

$$\eta = \exp(2.36\lambda + 3.73) \times \left(\frac{R}{420}\right)^{0.587} \tag{2.4}$$

式中，R 为压下辊的辊径，mm；λ 为铸坯形状指数。

从以上 Hayashida 等人[83]和 Ito 等人[84]提出的压下效率模型可看出，两个模型都只考虑轻压下作用时铸坯厚度方向压下量的传递，不能充分地反映轻压下时液相穴凝固前沿的变化规律。林启勇和朱苗勇[82,85]提出了采用轻压下作用时铸坯表面二维变形量传递到凝固前沿的效率来表示压下效率，从本质上描述了轻压下作用时传递到液相穴真正用于补充凝固收缩的压下量的效率。压下效率的计算公式如下：

$$\eta = \frac{\Delta A_i}{\Delta A_s} \tag{2.5}$$

式中，ΔA_i 为轻压下时铸坯凝固前沿液芯变形面积，mm^2；ΔA_s 为轻压下时铸坯表面的变形面积，mm^2。

2.3.4 动态轻压下在线控制模型与过程控制系统

实际生产中的动态轻压下实施过程，除了准确的轻压下工艺参数之外，还需要结合具体铸机设备条件开发动态轻压下在线控制模型以确定各工作条件下的实施方式，如扇形段作用方式、液压缸动作次数限定保护、最大压下率限定保护、辊缝工作范围保护等。VAI、DDD 等国外公司都推出了各自的动态轻压下过程控制系统，并投入了商业应用。国内的设计院所也开发了相应的过程控制系统。我们在宝钢梅钢、河北邢钢、鞍钢攀钢等企业开发应用了动态轻压下在线控制模型及过程控制系统，其框架如图 2.11 所示。后面的章节将专门对其进行介绍。

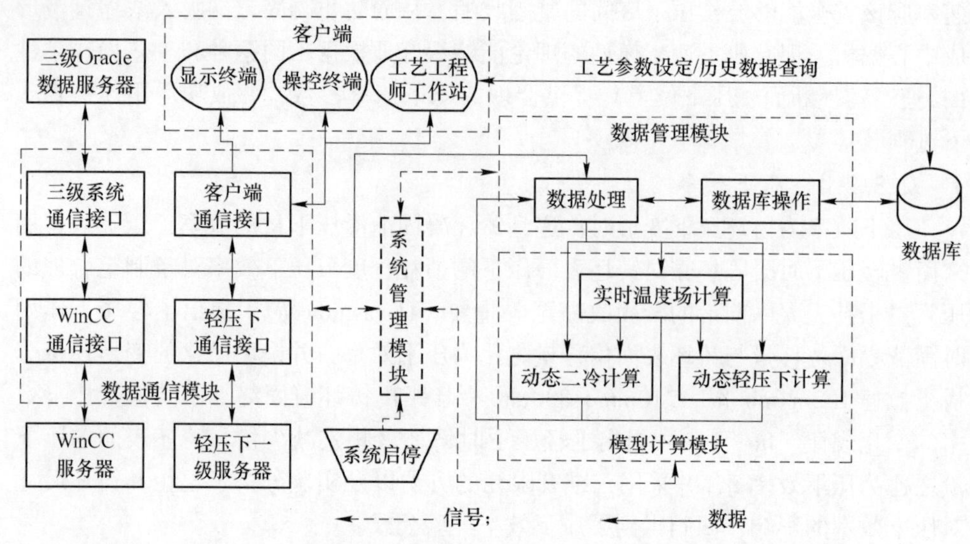

图 2.11 MsNeu_L2 凝固末端动态轻压下控制系统的主要功能模块及数据流

国内真正关注连铸坯压下技术应该是本世纪初，侧重于工艺过程研究、工业应用研究和动态轻压下扇形段设备开发等方面。

从 2002 年开始，我国新引进的带有动态轻压下功能的连铸机先后在梅钢、济钢、武钢、攀钢、南钢、湘钢、涟钢等企业投入生产，其中，攀钢为六机六流的大方坯连铸机，南钢当时是国内断面最大宽厚板坯连铸机。随着引进设备的陆续投用，动态轻压下及相关技术的消化吸收及动态轻压下工业应用效果成为研究热点，这为动态轻压下工艺机理的研究提供了大量生产实践和应用效果数据，也为解决动态轻压下使用过程中的各种问题提供了研究基础。

采用先进的机械、液压设备和控制系统，应用准确有效的轻压下工艺参数、稳定可靠的在线控制模型是发挥动态轻压下功能的核心和关键。目前国内对动态轻压下的工艺机理和应用效果开展了大量工作，但对扇形段设备的研究还需开展更多深入的工作。国内所引进带有动态轻压下技术的连铸机，常因保密原因只能按原引进时的状态进行生产，很难对原系统进行完善和二次开发，从而限制了其功能发挥和应用效果。因此，深入研究轻压下机械、液压设备和过程控制工艺，自主开发动态轻压下相关控制系统，是发展我国高端钢铁产品的客观需要，也是实现我国由依赖整套技术装备引进向自主开发、设计、创新转变的现实需要。

参 考 文 献

[1] Byrne C, Tercelli C. Mechanical soft reduction in billet casting [J]. Steel Times International, 2002, October: 33－35.

[2] Sivesson P, Raihle C M, Konttinen J. Thermal soft reduction in continuously cast slabs [J]. Ma-

terials Science & Engineering A, 1993, 173 (1 - 2): 299 - 304.
[3] Sivesson P, Ortlund T, Widell B. Improvement of inner quality in continuously cast billets through thermal soft reduction and use of multivariate analysis of saved process variable [J]. Ironmaking and Steelmaking, 1996, 23 (6): 504 - 511.
[4] Kojima Shinji, Matsukawa Toshitane, Mizota Hisakazu, et al. Improvement in center segregation of continuously cast bloom by continuous forging at unsolidified state [J]. Transactions ISIJ, 1987, 27 (8): 203 - 205.
[5] 马长文，沈厚发，黄天佑. 连铸轻压下技术的机理比较 [J]. 上海金属，2003，25 (6): 1 - 5.
[6] Fash R, Vielkind P, Bederka D, 等. 美国 ISG 雀点厂 1 号连铸机的动态辊缝控制 - 技术创新和操作成果 [A]. 2004 年 6 月奥钢联连铸热轧会议论文集 [C]，第 2.5 篇，2004.
[7] 程乃良，陈志平. 应用动态轻压下改善板坯内部质量的实践 [J]. 炼钢，2005 (5): 29 - 32.
[8] Reynolds T, Harvey A. Innovation in slab casting [A]. Steelmaking Conference Proceedings [C], ISS - AIME, 2002: 41 - 61.
[9] 余志祥，郑万，杨运超. 武钢三炼钢新宽板坯连铸机的投产及近半年的试生产情况[A]. 2004 年 6 月奥钢联连铸热轧会议论文集 [C]，第 8.7 篇，2004.
[10] Oh K S, Park J K, Change S H. Development of soft reduction technology for the bloom caster at Pohang Works of POSCO [A]. Steelmaking Conference Proceedings [C], 1995, 178: 301 - 308.
[11] 董珍，译. 关于高碳大方坯中心偏析的改善 [J]. 冶金译丛，1998，1: 44 - 48.
[12] Tamura A, Suzuki M, Kazunari K, et al. Application of a soft reduction process with the bloom continuous caster in Kokura Steel Works [J]. Sumitomo Metals, 1994, 45 (3): 103 - 109.
[13] 岑永权. 连铸坯液芯压下技术 [J]. 上海金属，1997，19 (5): 42 - 48.
[14] Cristallini A, Ferretti A, Moretti R, et al. Improvements of billet internal quality by means of soft reduction [A]. Steelmaking Conference Proceedings [C], 1994: 309 - 315.
[15] 谢娟，译. 杜伊斯堡森钢铁公司大方坯连铸机的现代化改造 [J]. 武钢技术，1996，34 (2): 25 - 30.
[16] 陈永. 重轨钢连铸的质量控制 [J]. 钢铁研究，2004，39 (3): 23 - 26.
[17] 杨素波，陈永，李桂军. 大方坯连铸动态轻压下技术应用研究 [J]. 钢铁，2005，40 (6): 24 - 26.
[18] 李峰，刘平，白月琴，等. 轻压下改善重轨钢铸坯成分均匀性的生产试验 [J]. 特殊钢，2009，30 (3): 28 - 30.
[19] 云霞，庞智杰，董珍. 5 号连铸机平辊轻压下技术在 U71Mn 钢上的应用 [J]. 包钢科技，2008，34 (2): 34 - 36.
[20] 何金平，吴健鹏，王国平. SWRH82B 连铸坯中心偏析的改善 [J]. 炼钢，2005，21 (3): 5 - 8.
[21] 刘伟，吴巍，刘浏，等. 静态轻压下技术在 GCr15 轴承钢连铸生产中的应用 [J]. 特殊钢，2009，30 (1): 44 - 45.

[22] Chang H M, Kyung S O, Joo D L, et al. Effect of the roll surface profile on centerline segregation in soft reduction process [J] . ISIJ International, 2012, 52 (7): 1266 - 1272.

[23] Yamada M, Ogibayashi S, Tezuka M, et al. Production of hydrogen induced cracking (HIC) resistant steel by CC soft reduction [A]. 71st Steelmaking Conference Proceedings [C], 1998: 71 - 85.

[24] Okuda Y. Reduction of center cavity by forging with liquid core in round billet [J]. Ironmaking and Steelmaking, 1999, 26 (1): 64 - 68.

[25] Kropf A. Economic benefits of automatic strand taper control [J]. Metallurgical Plant and Technology International, 2004, 5: 60 - 62.

[26] Morwald K, Thalhammer M, Federspiel C, et al. SMART®/ASTC 技术在连铸冶金操作和经济诸方面的效益 [J]. 连铸, 2004, 3: 7 - 10, 16.

[27] Birat J P. Innovation in steel continuous casting: past, present and future [J]. Revue de Metallurgie. Cahiers D'Informations Techniques, 1999, 19 (11): 1390 - 1399.

[28] Miyagawa O. Progress of iron and steel technologies in Japan in the past decade [J]. Trans. ISIJ, 1985, 25: 539.

[29] Kenichi Miyazama. Continuous casting of steels in Japan [J]. Science and Technology of Advanced Materials, 2001, (2): 59 - 65.

[30] Tsuchida Y. Behavior of semi - macroscopic segregation in continuously cast slabs and technique for reduction the segregation [J]. Trans ISIJ, 1984, 24 (11): 899 - 906.

[31] Ogibayashi S, Kobayashi M. Influence of reduction with One - piece Rolls on center segregation in continuously cast slabs [J]. ISIJ Inter. , 1991, 31 (12): 1400 - 1407.

[32] Masaoka T, Mizuoka S, Kobyashi H, et al. Improvement of center segregation in continuously cast slab with soft reduction technique [A]. Steelmaking Conference Proceedings [C], 1989: 63 - 69.

[33] Okimori M, Nishihara R, Fukunaga S, et al. Development of soft reduction techniques for preventing center porosity occurrence in large size bloom [J]. Tetsu - to - Hagane, 1994, 80 (8): T120 - T123.

[34] Okamoto R, Okimori M, Kaneko N, et al. Roll shape of soft reduction for bloom [J]. CAMP - ISIJ, 1990, 3 (4): 1174.

[35] Zeze M, Misumi H, Nagata S, et al. Improvement of semi - macro segregation in continuously cast slabs by controlled plane reduction [J]. Tesu - to - Hagne, 2001, 87 (2): 77 - 84.

[36] Morwald K, Thalhammer M, Federspiel C, et al. Benefits of SMART segment technology and ASTC strand taper control in continuous casting [J]. Steel Times International, 2003, 27 (1): 17 - 19.

[37] 冯科. 板坯连铸机轻压下扇形段的设计特点 [J]. 炼钢, 2006, 22 (2): 50 - 56.

[38] Danilo G, Gustavo M, Rubens R, et al. Design features and start - up of the high - productivity 2-strand slab caster at Cosipa [J]. Metallurgical Plant and Technology International, 2004, 27 (4): 46 - 48.

[39] Luigi M. Technological packages for the effective control of slab casting [J]. Metallurgical Plant

and Technology International, 2003, 26 (2): 44 - 51.

[40] Peter Heinrich. Productivity, quality and resource efficiency of CSP technology [J]. Metallurgical Plant and Technology International, 2003 (3): 88 - 96.

[41] Richard. Dynamic gap control at Bethlehem's Sparrows point caster No. 1 - technology and operational results [A]. Steelmaking Conference Proceedings [C], 2002: 195 - 198.

[42] Jungbauer A, Flick A, Willeit H. 奥钢联 (VAI) 连铸机在不断发展的中国钢铁市场中的表现 [J]. 连铸, 2005, (6): 312 - 317.

[43] Mörwald K, Pirner K, Jauhola M, Konttinen J. Basic design features and start - up of Rautaruukki's CC No. 6# [J]. 3rd ECCC [C], Madrid, Spain, 1998.

[44] 雅赫拉 M, 康廷恩 J, 赫都 H, 等. 罗德洛基钢铁公司 6 号板坯连铸机特点及实践[J]. 钢铁, 1999, 34 (10): 16 - 19.

[45] Dittenberger K, Morwald K, Hohenbichler G, et al. DYNACS® cooling model - features and operational results [J]. Ironmaking and Steelmaking, 1998, 25 (4): 323 - 327.

[46] Thalhammer M, Federspiel C, Morwald K, et al. Operational and economic benefits of SMART®/ASTC technology in continuous casting [A]. AISE Annual Convention 2002 [C], Nashville, USA, 2002.

[47] 崔立新. 板坯连铸动态轻压下工艺的三维热 - 力学模型研究 [D]. 北京: 北京科技大学, 2006.

[48] Luigi Morsut. Technological packages for the effective control of slab casting [J]. Metallurgical Plant and Technology International, 2003 (2): 44 - 51.

[49] 宋东飞. LPC 模型在动态轻压下控制中的应用 [J]. 冶金自动化, 2005 (3): 57 - 59.

[50] Watanabe T, Yamashita M. Influence of liquid flow at the final solidification stage on centerline segregation in continuously cast slab [J]. Sumiyomo Metals, 1993, 45 (3): 26 - 39.

[51] 高橋 忠義. 凝固中に攪拌を与えた鋳塊の凝固および偏析に関する研究 [J]. 日本金屬學會誌, 1965, 29 (12): 1152 - 1159.

[52] Takahashi T. Solidification and segregation of steel ingot [J]. Iron and Steel, 1982, 17 (3): 57 - 61.

[53] Wang W J, Hu X G, Ning L X, et al. Improvement of center segregation in high - carbon steel billets using soft reduction [J]. Journal of University of Science and Technology Beijing, 2006, 13 (6): 490 - 496.

[54] Bleck W, Wang W J, Butle R. Influence of soft reduction on internal quality of high carbon steel billets [J]. Steel Research International, 2006, 77 (7): 485 - 491.

[55] Ogibayashi S, Kobayshi M, Yamada M, et al. Influence of roll bending on center segregation in continuously cast slabs [J]. ISIJ International, 1991, 31 (12): 1408 - 1415.

[56] Jauhola M, Haapala M. The latest result of dynamic soft reduction in slab CC machine [A]. Steelmaking Conference Proceedings [C], 2000: 201 - 206.

[57] 苏平旺. 连铸轻压下技术 [J]. 钢铁研究, 1991, 5: 60 - 61.

[58] Yim C H, Park J K, You B D, et al. The effect of soft reduction on center segregation in C. C. slab [J]. ISIJ International, 1996, 36: S231 - S234.

[59] 赵劲松. 大方坯连铸动态轻压下位置的确定 [D]. 包头：内蒙古科技大学，2007.
[60] 刘伟. 大方坯轻压下工艺与动态控制研究 [D]. 北京：钢铁研究总院，2009.
[61] 赵培建，韩洪龙. 轻压下技术在济钢新板坯连铸机上的应用 [J]. 连铸，2002，(6)：11 - 12.
[62] 郭亮亮. 板坯连铸动态二冷与轻压下建模及控制的研究 [D]. 大连：大连理工大学，2009.
[63] 龙木军. 板坯连铸二冷动态轻压下辊缝收缩模型研究及软件开发 [D]. 重庆：重庆大学，2007.
[64] 刘洋，王新华. 高级别管线钢板坯动态轻压下最佳压下位置研究 [A]. 第七届中国钢铁年会 [C]，2009：2 - 811 - 812 - 817.
[65] 陈子宏，高文芳，王建民，等. 动态轻压下在中碳钢铸坯中心偏析控制中的应用 [J]. 钢铁研究，2009，37 (5)：40 - 42.
[66] Zeze M，Misumi H，Nagata S，et al. Segregation behavior and deformation behavior during soft reduction of unsolidified steel ingot [J]. Tetsu - to - Hagane，2001，87 (2)：71 - 76.
[67] Isobe K，Maede H，Syukuri K，et al. Development of soft reduction technology using crown rolls for improvement of centerline segregation of continuously cast bloom [J]. Tetsu - to - Hagane，1994，80 (1)：42 - 47.
[68] Markus Jauhola (武金波译). 板坯连铸机动态轻压下的最新成果 [J]. 世界钢铁，2001，6：5 - 7，18.
[69] Yokoyama T，Ueshima Y，Mizukami Y，et al. Effect of Cr，P and Ti on density and solidification shrinkage of iron [J]. Tetsu - to - Hagane，1997，83：557 - 562.
[70] Miyazawa K，Matsumiya T，Ohashi T，et al. Theoretical analysis of the fluid flow in the mushy zone of continuously cast steel slab：analytical studies on the fluid flow during the late stage of solidification in the continuous casting of steel Ⅰ [J]. Tetsu - to - Hagane，1985，71 (4)：S213.
[71] Miyazawa K，Ohashi T. Theoretical analysis of squeezing conditions to suppress the interdendritic fluid flow due to solidification shrinkage in continuously cast steel strand：analytical studies on the fluid flow during the late stage of solidification in continuous casting of steel Ⅲ [J]. Tetsu - to - Hagane，1986，72 (4)：S192.
[72] Ogibayashi S，Mukai T. Optimum reduction rate for preventing liquid flow due to solidification shrinkage：study on countermeasures for preventing centerline segregation of continuously cast slab Ⅵ [J]. Tetsu - to - Hagane，1986，72 (12)：S1090.
[73] Saeki T，Niwa H，Niimi H，et al. Theoretical analysis of adequate roll slope in order to hold liquid flow at end zone of crater of continuously cast slab [J]. Tetsu - to - Hagane，1986，72 (12)：S1093.
[74] Saeki T，Niwa H，Niimi H，et al. Adequate reduction rate in order to decrease center segregation of continuously cast slab [J]. Tetsu - to - Hagane，1986，72 (12)：S1094.
[75] 程常桂，帅静，余乐，等. 宽板坯凝固前沿轻压下率模型的研究 [J]. 武汉科技大学学报，2011，34 (2)：81 - 85.

[76] Shumiya T, Miki H, Iwata K, et al. Improvement of internal quality of large section concast bloom with soft reduction [J]. Sumitomo Metals, 1990, 42 (2): 23－30.

[77] Yamada M, Tezuka M, Mukai T, et al. Optimum rate of soft reduction of continuously cast slab: Study on countermeasures for centerline segregation of continuously cast slab Ⅲ [J]. Tetsu－to－Hagane, 1986, 72 (4): S193.

[78] Ogibayashi S, Uchimura M, Hirai M, et al. Influence of soft reduction in the last stage of solidification on center segregation of continuously cast bloom: Improvement of center segregation of continuously cast bloom by soft reduction I [J]. Tetsu－to－Hagane, 1987, 73 (4): S207.

[79] 张彩军，译．板坯中心偏析形成机理及轻压下技术的改善效果 [A]. 2001 中国钢铁年会论文集 [C], 2001: 624－630.

[80] Wolf M. Center segregation versus casting speed [J]. CAMP－ISIJ, 1996, 9: 844.

[81] Wolf M. Center segregation versus casting speed [J]. CAMP－ISIJ, 1998, 11: 787.

[82] 林启勇．连铸过程铸坯动态轻压下压下模型的研究与应用 [D]. 沈阳：东北大学，2008.

[83] Hayashida M, Yasuda K, Ogibayashi S, et al. Soft reduction efficiency of the strand near the crater end: Study on countermeasures for preventing centerline segregation of continuously cast slab Ⅶ [J]. Tetsu－to－Hagane, 1986, 72 (12): S1091.

[84] Ito Y, Yamanaka A, Watanabe T. Internal reduction efficiency of continuously cast strand with liquid core [J]. La Revue de Metallurgie, 2000, 10: 1171－1177.

[85] 林启勇，朱苗勇．连铸板坯轻压下过程压下效率分析 [J]. 金属学报，2007, 43 (12): 1301－1304.

3 连铸过程电磁搅拌的冶金机理与模式

3.1 连铸过程电磁搅拌技术的发展与应用

磁场作为一种无污染、无接触和易于控制的外场，可以有效地驱动液态金属流动，具有对凝固组织的形态、传热和传质条件进行控制的作用。连铸电磁搅拌技术是指在连铸过程中，通过在连铸机的不同位置处安装不同类型的电磁搅拌装置，利用所产生的电磁力强化铸坯内钢液的流动，从而改善凝固过程的流动、传热和传质过程，产生抑制柱状晶发展、促进成分均匀与夹杂物上浮细化的热力学和动力学条件，进而控制铸坯凝固组织，改善铸坯质量的一项冶金技术。

连铸电磁搅拌技术是人们最早研究与开发的电磁冶金技术之一，然而实现其在冶金中的应用却经历了较长的时间。早在1917年就有人提出过在金属凝固过程中进行电磁搅拌的设想[1]。1922年，美国的J. D. Mcneill获得了采用电磁搅拌技术以控制凝固过程的专利[2]，他发现了金属液的流动对凝固组织致密性、偏析度和夹杂物分布有很大的影响。1933年，D. A. Shtanko首先进行了电磁搅拌对金属凝固过程影响的实验[3]，他把盛有钢液的砂型放在异步电机锭子里，让钢液在旋转磁场作用下凝固，然后观察凝固后的试样，发现组织细化、气体及夹杂物含量减少。然而，由于历史条件的限制，电磁搅拌对金属凝固过程的这些积极作用并没有被很快应用于液态金属成形与凝固工艺中。20世纪40年代，连铸工艺试验成功，人们立刻想到电磁搅拌对改善连铸坯质量的作用，但首例试验却是在1952年进行，由S. Junghans和O. Schaaber设计的第一台电磁搅拌装置，安装于德国Huckingen钢厂的半工业化连铸机的结晶器下方，进行了沸腾钢连铸电磁搅拌的首次试验。1961年，Poppmeier等在奥地利Kapfenberg的Bohler工厂进行了合金钢连铸的结晶器电磁搅拌的工业试验，发现电磁搅拌对连铸坯提高等轴晶率，减轻中心偏析、缩孔等缺陷均有显著效果[1,4]。到20世纪60年代末，在世界范围内特别是法国、日本、德国、英国、苏联等同时开发了方坯二冷区电磁搅拌技术[5]。

20世纪70年代可以说是连铸电磁搅拌技术逐步工业化的时代。在此期间，作为先导者的法国科学家在这方面取得了重要的进展。1973 年，法国 Hagondange 的 Safe 钢厂首先在四流方坯连铸机的所有铸流上采用了二冷区电磁搅拌技术，并取得了良好的冶金效果，从而奠定了连铸电磁搅拌技术工业应用的基础[1]。1977 年，法国的 Rotelec 将所开发的方坯结晶器电磁搅拌器以 Magnetogyr - Process 为注册商标，将其商品化[6]。1978 年，法国钢铁研究院在德国的 Dillinger 钢厂，对板坯连铸结晶器线性电磁搅拌进行了工业化试验[7]。自此，连铸用电磁搅拌技术的工业应用阶段拉开了序幕，随后，日本和欧洲各国炼钢厂的连铸机上相继采用了电磁搅拌技术。日本的神户制钢公司在弧形板坯连铸结晶器内安装并使用了直线型电磁搅拌器。在此期间，芬兰、美国、联邦德国和英国的许多钢铁公司也都进行了连铸机上应用电磁搅拌的工业化基础研究，主要研究了圆坯、方坯及板坯连铸机的结晶器和二冷区应用电磁搅拌技术的工艺问题[8]，并由此开发了多种电磁搅拌器和电磁搅拌工艺，如传导式电磁搅拌器、旋转型电磁搅拌器、线性电磁搅拌器等，使铸坯质量得到了极大的提高。

到 20 世纪 80 年代，随着连铸比的不断提高及用户对材料质量要求日益严格，电磁搅拌技术及搅拌装置的研制得到了迅速的发展，其突出特点在于增加了工业应用。在这个时期，方坯、板坯的二冷区电磁搅拌及方坯结晶器电磁搅拌较为成熟，板坯结晶器电磁搅拌也处于试验阶段。日本是较早应用电磁铸造技术的国家之一，到 1982 年底，仅新日铁一家公司就有 23 台板坯电磁搅拌器和 26 台方坯电磁搅拌器。日本神户钢铁公司还首创了一流铸坯安装多个搅拌器的组合电磁搅拌技术[9]。日本住友金属工业公司又提出了采用旋转永磁体电磁搅拌器，用以作为结晶器和二冷区的电磁搅拌[10]。欧洲的法国、联邦德国、意大利等国的钢铁企业也有相当一部分连铸机采用了电磁搅拌技术。此间，连铸结晶器、二冷区和凝固末端电磁搅拌相结合的技术也得到了研究、应用和发展。

到了 20 世纪 90 年代，电磁搅拌技术日趋成熟，其应用也日益广泛，在小方坯、大方坯、圆坯和板坯的连铸工艺中均得到应用。同时新的电磁搅拌技术也不断地被开发、研制和应用。1994 年，加拿大的 Ispat Sidbec 公司首次采用双线圈电磁搅拌系统，以提高连铸坯特别是高碳钢和合金钢的内部质量[11,12]。1995 年，日本神户制钢公司的研究人员提出了一种新型的电磁搅拌技术，即对中间包到结晶器之间的铸流进行电磁搅拌，解决了长水口的堵塞问题，并实现了整个连铸过程的低过热度浇铸[13,14]。1996 年，德国学者将传统交流搅拌器的三相绕组的每一组线圈通以两个或多个具有高低不同频率和不同方向的叠加电流，来加强液穴内钢液的流动，可以起到均匀钢液温度和溶质分布的作用[15]。1991 年日本钢管公司（NKK）开发了两类新的结晶器电磁控流技术，即电磁水平稳定器（EMLS）和电磁水平加速器（EMLA），并根据浇铸速度的变化分别使用 EMLS 或 EMLA，达到改善铸坯表面和内部质量的目的。本世纪初，由 NKK 和 Rotelec

在 EMLS/EMLA 基础上开发了多模式结晶器电磁控流技术 MM－EMS（MultiMode EMS，即 EMLS、EMLA 和 EMRS）。利用这项先进技术，可根据需要以不同的方式搅动结晶器内的钢液，显著减少板坯铸造缺陷。2002 年 1 月，该技术开始在韩国 POSCO 浦项厂 3 号板坯连铸机上应用；2003 年 7 月应用于 POSCO 光阳厂的 1～3 号连铸机[16,17]。

我国自 20 世纪 70 年代末开始对电磁搅拌技术的应用进行摸索和研究。到 80 年代中期，我国引进了一批特殊钢连铸机，都配有进口的电磁搅拌装置，这对于提高我国连铸电磁搅拌技术起到了积极作用，同时也证明了连铸机应用电磁搅拌技术的重要性。在此期间，重钢三厂、天津二钢、成都无缝钢管厂及首钢试验厂等少数厂进行了电磁搅拌的工业性试验，而且主要应用在二冷区。与国外相比，这个时期内我国连铸电磁搅拌的品种及规格范围较窄，说明我国还不具备高性能电磁搅拌装置的制造能力。

20 世纪 80 年代后期，连铸电磁搅拌技术得到了国家的高度重视，并连续被列为"七五"、"八五"、"九五"计划中的重点攻关项目，经过十多年的努力发展，我国电磁搅拌技术有了重大的发展和突破。截至 1995 年底，我国已有连铸机 344 台，应用方坯和板坯电磁搅拌器约 100 多台，但多为电炉连铸，且绝大部分是引进的外国设备，仅重庆特钢，长城特钢，大冶特钢、武钢、宝钢、首钢、成都无缝钢管厂以及涟源钢厂等厂家采用了少量的国产电磁搅拌装置[18]。1996 年以来，国产电磁搅拌装置的研制和应用得到了迅速的发展，1996 年 5 月，舞钢首次在大型厚板坯连铸机上成功使用了国内自行设计研制的连铸二冷区电磁搅拌成套装置，这标志着我国结束了完全依靠进口电磁搅拌装置的历史。1997 年，宝钢与其他单位合作，成功研制了宝钢大板坯连铸二冷区电磁搅拌装置。1998 年，宝钢电炉钢厂连铸结晶器电磁搅拌器的国产化研制也取得了成功。在 1998 年 10 月宝钢第二届全国连铸电磁搅拌技术研讨会上，宝钢二冷区电磁搅拌的研制成功标志着我国已经具有研制高性能电磁搅拌装置的能力，具备了出口竞争的能力[16,18]。

目前，由于连铸电磁搅拌技术在国内的基础理论和应用研究还不够充分，对不同形式的电磁搅拌装置的技术特点还不够明确，所以不少厂家的电磁搅拌装置运行和顺行程度还不尽如人意。具体存在的问题主要包括四个方面：

（1）工艺试验研究不够充分，未对电磁搅拌工艺参数进行充分的优化试验；

（2）国内引进的电磁搅拌装置多为早期产品，存在输入功率偏低的问题，功率不足，使用效果不够理想；

（3）冷却水质的处理问题，由于电磁搅拌装置输入功率大，电磁线圈多采用水内冷却，对水质要求很高，而国内厂家水质处理多达不到标准，造成线圈及接线处绝缘损坏；

（4）钢种不合适，连铸电磁搅拌对高碳钢、不锈钢、厚板等特殊钢种的作用比较明显，而对普通钢，其搅拌效果有限，例如船板钢和某些低合金钢经电磁搅拌后，在铸坯内电磁搅拌的起始点处易产生白亮带和负偏析。

自 20 世纪 70 年代以来，国内很多科研单位在连铸电磁搅拌技术的应用和基础理论等方面进行了大量的研究工作。北京钢铁研究总院、中科院力学研究所、东北大学、北京科技大学、上海大学、内蒙古科技大学、武汉科技大学和大连理工大学等多家科研单位和高校，以及国内的企业均对连铸电磁搅拌的应用和基础理论等方面进行了大量的实验研究工作，也有不少单位研制了各种不同类型的电磁搅拌装置，积累了不少宝贵的理论经验，但与工业发达国家相比，无论是理论研究还是工业生产应用研究，尤其是电磁搅拌装置的制造规模，都还存在很大差距。因此，我们必须引起广泛重视并加大研究投入力度，促进我国连铸电磁搅拌技术得到更好与更快的发展。

3.2 电磁搅拌作用机理

电磁搅拌的工作原理，基于两个基本定律：一是导电钢液与磁场相互作用产生感应电流，二是载流钢液与磁场相互作用产生电磁力，电磁力作用在钢液体积单元上，从而驱动钢液流动。

（1）电磁感应。当搅拌器接通两相或三相交流电时，将激发出绕轴旋转的旋转磁场。该磁场不仅有一定的旋转速度而且还有方向的交替变化，在钢液中产生感应电流，即：

$$\boldsymbol{j} = \sigma \boldsymbol{V} \times \boldsymbol{B} \tag{3.1}$$

式中，$\boldsymbol{j}$ 为感应电流密度；σ 为钢水电导率；$\boldsymbol{V}$ 为磁场和钢水相对运动速度；$\boldsymbol{B}$ 为磁感应强度。它们之间的关系由法拉第右手定则确定。

磁感应强度与磁场强度的关系：

$$\boldsymbol{B} = \mu \boldsymbol{H} \tag{3.2}$$

式中，μ 为磁导率。钢在常温下是导磁体，当温度超过居里点 760℃时就失去磁性，其磁导率与真空磁导率 μ_0 相当。

（2）电磁相互作用。感应电流与当地磁场相互作用产生电磁力：

$$\boldsymbol{F} = \boldsymbol{j} \times \boldsymbol{B} \tag{3.3}$$

式中，$\boldsymbol{F}$ 为电磁力。

连铸过程中，旋转电磁搅拌装置通常安装在连铸结晶器的主体内，其工作原理类似于普通的异步电动机[19]，如图 3.1 所示。旋转搅拌器类似于异步电机的定子，而钢液类似于电机的转子。电机的定子由硅钢片叠成的圆环形铁芯和嵌在其中的绕组构成。当定子通入多相（两相或三相）交流电时，就激发产生以同步速度旋转的磁场，当它切割转子中的导条时产生感应电流，其与磁场相互作用产生电磁力，从而驱使转子旋转。同理，当电磁搅拌器通入两相或三相交流电时，在其中也产生以一定同步速度旋转的磁场，当它切割钢液时感应产生电流，其同样与磁场相互作用产生电磁力，从而推动钢液作水平旋转流动，起到搅拌钢液的作用。

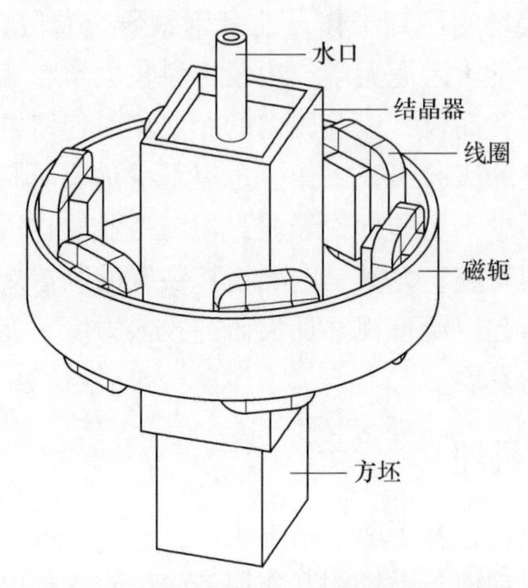

图 3.1 方坯连铸结晶器电磁搅拌示意图

连铸电磁搅拌工作时，体现了以下几个基本特点[20]：

(1) 借助电磁感应实现能量的无接触转换，因而不和钢液接触就将电磁能直接转换为钢液的动能。

(2) 无论是交变磁场还是恒定磁场都可以人为控制，进而可以人为控制钢液的流动形态。电磁搅拌参数易于调节，且有较宽的调节范围，可以适用于不同断面和钢种的需要。

(3) 由于电磁气隙大，漏磁严重，感应激发的磁场只有极小部分对钢液起搅拌作用，因此搅拌器的效率和功率均远比电机低。

3.3 电磁搅拌器种类

按产生的磁场形态，电磁搅拌器可分为以下种类[6,21,22]：

(1) 旋转型电磁搅拌器。旋转电磁搅拌器的工作原理如前节所述，搅拌器相当于电机的定子，而金属熔体相当于电机的转子，如图 3.2 (a) 所示。当搅拌器通入两相或三相交流电时，其磁极间产生一个旋转磁场。变化的磁场诱导金属熔体中产生感应电流，载流金属熔体与磁场相互作用产生作用于熔体单元上的电磁体积力，从而推动金属熔体作水平旋转运动。这种搅拌器一般用于圆坯、方坯和宽厚比较小的矩形坯的生产，结晶器和末端电磁搅拌器所采用的即此种搅拌器。其优点是搅拌器易于设计和安装，与铸坯间的安装空隙小，且没有端部损失，耗电量小。

（2）直线型电磁搅拌器。直线型电磁搅拌器又称线性电磁搅拌器，它是按照直线电机的原理设计的，结构上可认为是一个圆柱形电感器的变形，即将电感器一边切开并拆装成扁平的装置，如图3.2（b）所示。当搅拌器通入两相或三相交流电时，可以在铸坯中产生一个行波磁场。直线型电磁搅拌器就是利用行波磁场切割铸坯，使铸坯内产生指向磁场移动方向的电磁力，从而驱动金属熔体的流动，达到搅拌的目的。这种搅拌器使用于板坯二冷区的电磁搅拌。与旋转型电磁搅拌相比，直线型电磁搅拌的优点是强化金属熔体内的自然对流，使金属熔体的高温区与低温区充分混合，有利于钢液中过热度的耗散和等轴晶的形成，但设计和安装较困难，而且有端部磁能损失。

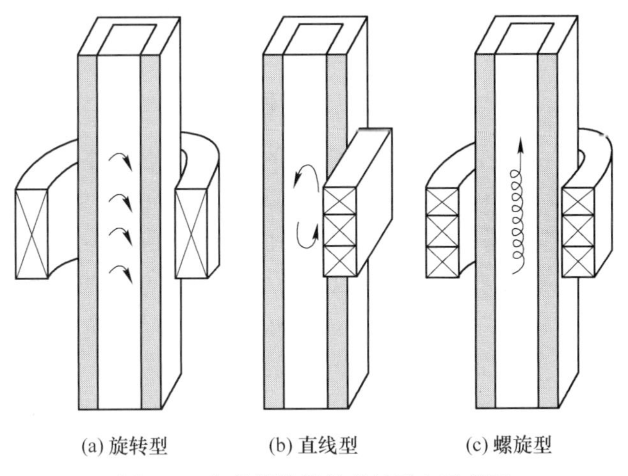

图3.2 各种搅拌器的磁场形态示意图

（3）螺旋型电磁搅拌器。螺旋型电磁搅拌器实质上是以上两种搅拌器的结合，如图3.2（c）所示。它可以同时实现金属熔体的水平旋转和上下直线搅动，主要用于二冷区的搅拌。这种搅拌能够提供一个具有长螺距的螺旋式运动，可以使金属熔体在较长范围内流动，有助于钢液内非金属夹杂物的去除，得到质量较好的铸坯。但是这种搅拌器结构复杂，造价高，因此应用不广泛。

按在连铸机上的安装位置，电磁搅拌器可分为以下种类[3,5,19,21]：

（1）中间包加热用电磁搅拌器（Heating Electromagnetic Stirring，H－EMS）。中间包加热用电磁搅拌器安装在中间包位置处，如图3.3（a）所示。它可使连铸过程中的钢液过热度在中间包内始终保持在一定范围内，搅拌器产生的电磁力可促进中间包钢液温度的均匀分布。目前该搅拌器正被推广应用，其投资和运行成本均比等离子加热要小。

（2）结晶器电磁搅拌器（Mold Electromagnetic Stirring，M－EMS）。该种电磁搅拌器安装在结晶器位置处，如图3.3（b）所示。M－EMS是目前各种连铸

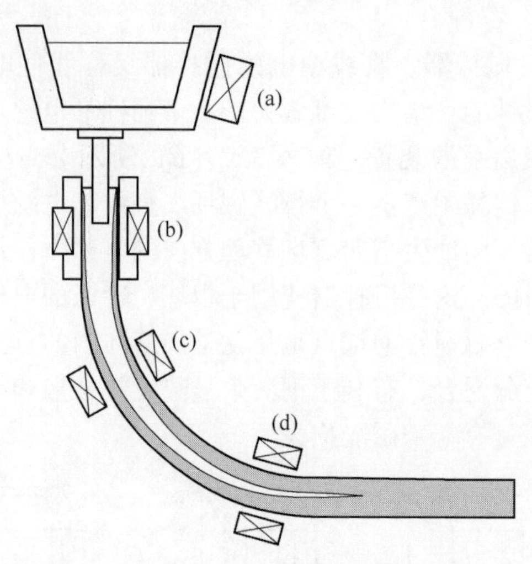

图 3.3 连铸机安装电磁搅拌器示意图

机普遍使用的装置，由于它在钢液凝固初期，通过电磁搅拌的作用，使初凝坯壳趋于均匀并促进夹杂物上浮，对于改善连铸坯的表面质量、细化晶粒和减少铸坯内部夹杂及中心疏松和偏析等均有着良好的作用，所以各企业特别推崇选用。M－EMS 一般安装在结晶器的下部，以便不引起液面的剧烈波动及不影响液面测量装置的使用。M－EMS 根据其在结晶器内的相对位置不同可分为内置式和外置式电磁搅拌器两种。内置式搅拌器的感应线圈紧靠铸坯铜套与水套，具有较好的搅拌效果，用结晶器冷却水冷却，不另配冷却水系统。外置式搅拌器安装于结晶器的外部，方便更换结晶器，但能耗较大，运行费用高。

(3) 二冷区电磁搅拌器（Strand Electromagnetic Stirring，S－EMS）。S－EMS 即安装在结晶器下方，铸坯二冷区内的搅拌器，如图 3.3（c）所示。这种搅拌器既有旋转型的又有线型的，既有单面安装的又有双面安装的。S－EMS 又可分为冷却一段电磁搅拌器（S_1－EMS）和冷却二段电磁搅拌器（S_2－EMS）。S－EMS 可有效阻断铸坯内柱状晶的形成，扩大等轴晶区和减轻铸坯中心偏析。但由于搅拌是在凝固前沿的两相区进行，在铸坯搅拌部位易出现负偏析带，即白亮带。此外，当电磁力处于垂直于铸坯轴线的平面内时，铸坯将会出现 V 型偏析。

(4) 凝固末端电磁搅拌器（Final Electromagnetic Stirring，F－EMS）。凝固末端电磁搅拌器如图 3.3（d）所示。所谓凝固末端电磁搅拌器，顾名思义，应该是安装在连铸坯的凝固末端，其实不然。连铸坯凝固末端，液态金属很少，且黏度很大，用电磁力驱动液态金属基本是不可能。因此，凝固末端电磁搅拌一定要安装在二冷区的末端，铸坯中心有一定比例液相时才能发挥电磁搅拌作用（一般认为固相分率不超过 0.4）。F－EMS 能够通过搅动凝固末端的液体，打断生长过快的柱状晶间产生的“搭桥”，消除因选分结晶造成的钢液中各成分浓度不均匀现象，是进一步减轻铸坯中心偏析、中心疏松和V型偏析的有效措施。

组合形式的电磁搅拌一般有结晶器和二冷区一段组合搅拌 $M+S_1$、二冷区分段搅拌 S_1+S_2、结晶器和凝固末端组合搅拌 M+F、二冷区一段与凝固末端组合搅拌 S_1+F 及结晶器、二冷区一段和凝固末端组合搅拌 $M+S_1+F$，如图3.4所示。组合形式电磁搅拌能综合单一搅拌的优点，增大搅拌的有效作用范围，产生宽且晶粒较细的等轴区，同时可避免白亮带的恶化。据日本神户制钢厂的经验，对一些质量有特殊要求的钢种，特别是高碳钢和合金钢，在采用组合搅拌条件下，不但等轴晶比率较高，偏析度较小，而且还可以消除因搅拌而产生的白亮带。从经济上来说，组合搅拌系统的投资成本大，仅适用于那些难于铸造的合金钢和高碳钢连铸工艺。

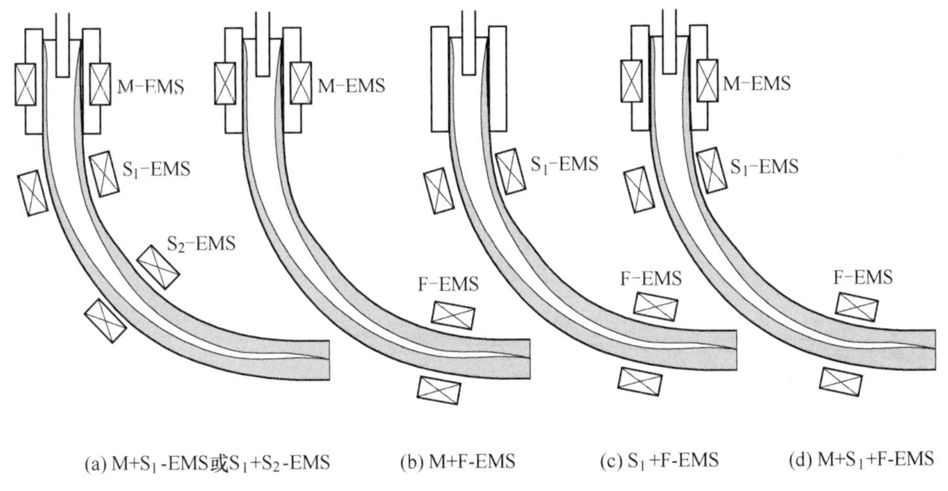

图3.4 各种组合式电磁搅拌

按线圈的绕线方式，电磁搅拌器的绕组可分为[3,5,19,21]：

（1）集中绕组。搅拌器的线圈集中安装在铁芯的齿上，且搅拌器铁芯上是齿与槽交替排布，如图3.5（a）所示，每个齿上安装一个线圈，称为集中式绕组，此种线圈分布产生的磁场不均匀，产生的电磁力有一定的波动。

（2）分散绕组。这种搅拌器铁芯上一个线圈要跨两个或多个齿和槽，如图3.5（b）所示，其U相线圈和V相线圈呈重叠状配置，两相之间有交叉的部分，称为分散式绕组。此种线圈绕组可以得到较均匀的磁场，但衔铁的凿头磁通密度容易出现饱和现象。

（3）克兰姆绕组。这种搅拌器铁芯本体的齿和槽不在一侧，如图3.5（c）所示，而是在整个周向上，每个槽上安装一个线圈，因此磁场强度在整个铁芯周向非常均匀地分布，且感应磁场比较集中，此种搅拌器适合安装在辊内或圆筒内。

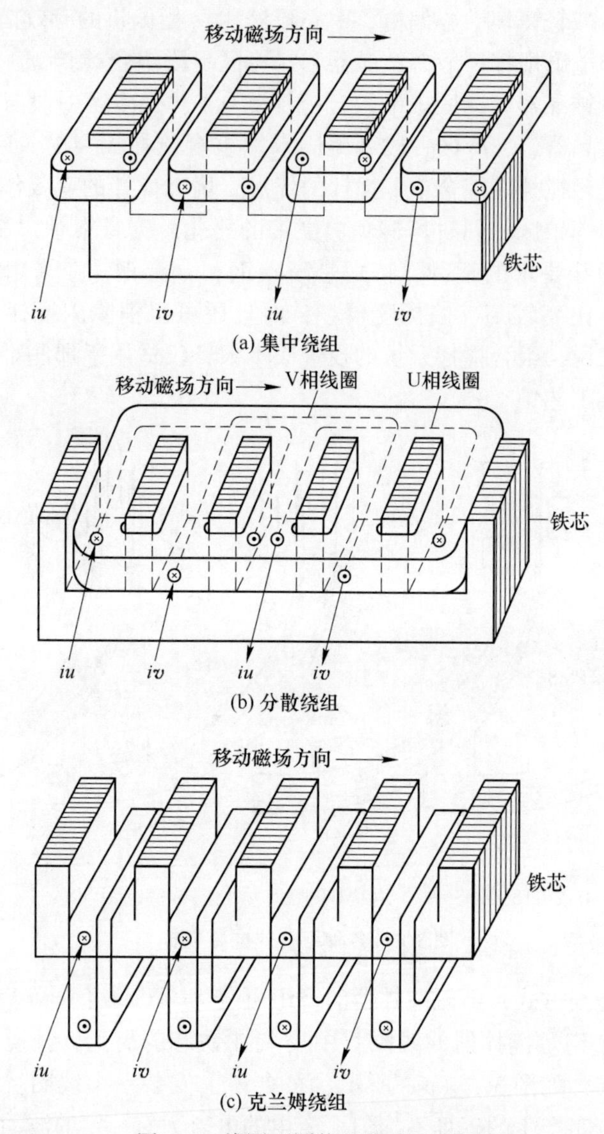

(a) 集中绕组

(b) 分散绕组

(c) 克兰姆绕组

图 3.5 线圈不同绕组形式示意图

3.4 电磁搅拌冶金效果

电磁搅拌在连铸工艺中的冶金效果主要体现为改善铸坯质量、优化生产工艺流程和提高产品性能等（见表 3.1）。电磁搅拌促进铸坯质量提高的主要标志有[1~24]：

（1）减少铸坯中夹杂物及气体的含量，提高洁净度。采用结晶器旋转电磁搅拌时，金属熔体旋转运动产生离心力，其冲刷凝固前沿产生剪切力，离心力促进了密度较小物质如夹杂物和气泡等向中心集中、上浮而分离；剪切力将被凝固前沿捕获的夹杂物和气泡清洗出来。两者共同作用的结果防止了非金属夹杂物和气泡在初始凝固时的皮下聚集；同时，由于结晶器内金属熔体的流动，可以使与之接触的保护渣得以经常更换，这样可以使夹杂物更易上浮而被保护渣吸收去除，从而可明显改善铸坯的表面及皮下质量，减少了伴生的其他缺陷。另外，结晶器电磁搅拌产生的搅拌作用可使结晶器内的金属熔体流动充分，促进结晶器内熔体温度的均匀分布，使凝固坯壳的厚度及成分更加均匀，从而有利于减少铸坯表面及皮下裂纹的生成和铸坯拉漏的危险，可在铸坯表层得到无缺陷的凝固组织。

（2）扩大等轴晶区，提高等轴晶率。电磁搅拌引起的强迫对流切断了柱状晶的前端，抑制了柱状晶的生长，并促进了等轴晶的形成与长大，从而有利于大量等轴晶凝固组织的形成，扩大铸坯内部等轴晶所占的比率，改善铸坯的凝固组织。电磁场产生的搅拌作用促进铸坯凝固组织中等轴晶形成的途径概括起来主要有：促进金属熔体内过热的耗散，使凝固前沿的钢液过冷，有利于等轴晶核的形成；电磁力搅拌所引起的湍流流动迫使柱状晶的生长方式发生改变，促进纤维状和蜂窝状凝固组织的形成；电磁力的搅拌作用引起的强制流动所产生的切应力，使柱状晶的尖端被切断、打碎或重熔，促进了晶粒的增殖。一般认为过热度为10～50℃时，电磁搅拌可使等轴晶区宽度从17%增加到47%，但浇铸钢种不同，获得的等轴晶率不同。

（3）改善中心偏析，减少铸坯内部裂纹、疏松和缩孔。金属熔体凝固收缩时出现的“搭桥”可能在铸坯中心产生管状的连续缩孔，而电磁搅拌可使柱状晶的生长得到有效控制，也就消除了柱状晶的搭桥现象，从而可以减轻或避免铸坯的中心缩孔和疏松等缺陷，提高铸坯内部致密度，有效防止内部裂纹的产生。同时，电磁搅拌使金属熔体内溶质的分布更均匀，也可明显降低中心偏析和V型偏析。实践证明，采用合适的电磁搅拌方式，铸坯中心碳和硫的偏析程度都会显著减轻。中心偏析与搅拌形式有关，通常组合搅拌的效果更好[25]。

表3.1 连铸电磁搅拌的冶金效果

搅拌方式	冶金效果
M－EMS	冲刷凝固界面，降低过热度，打断柱状晶晶梢，表面和皮下夹杂物减少，表面和皮下气孔和针孔减少，坯壳生长均匀，皮下裂纹减少，细小等轴晶增加，等轴晶区扩大，中心偏析和疏松改善；减少表面精整工作量，增加铸坯热送量，提高拉速，减少拉漏率
S_1－EMS	打断柱状晶，等轴晶区扩大，中心偏析改善，中心疏松和缩孔减小，皮下夹杂物及皮下气孔和针孔减少
S_2－EMS	热流与机械作用打断柱状晶，加速搅拌区的混合，增加等轴晶率，改善中心偏析和疏松，减少中心裂纹
F－EMS	打断柱状晶“搭桥”，等轴晶区扩大，中心偏析和裂纹改善，中心疏松和缩孔减少

电磁搅拌尤其是结晶器电磁搅拌对钢液过热耗散的良好作用已被理论和实验所证明。图 3.6 形象地表示了有、无 M－EMS 作用下，过热钢液的液相区（L）、温度介于液相和固相的糊状区（M）及固相区（S）之间的关系[26]。由图可见，在不搅拌工况下，钢液过热度高、糊状区短、等轴晶少，有利于柱状晶的生长，导致枝晶搭桥而形成小钢锭凝固组织。而在 M－EMS 作用下，钢液过热度低、糊状区长、等轴晶多。这是由于搅拌运动改善了从铸坯中心向表面的传热，加速了钢液过热的耗散。只有在过热耗散并冷却到液相线与固相线之间的温度后，细小等轴晶才能在液相穴存在并与液相共存。在进一步冷却后，等轴晶继续增殖、沉降并充满液相穴，从而避免凝固搭桥、小钢锭结构、中心缩孔和中心偏析等问题。这也是结晶器电磁搅拌能产生上述冶金作用的本质原因。

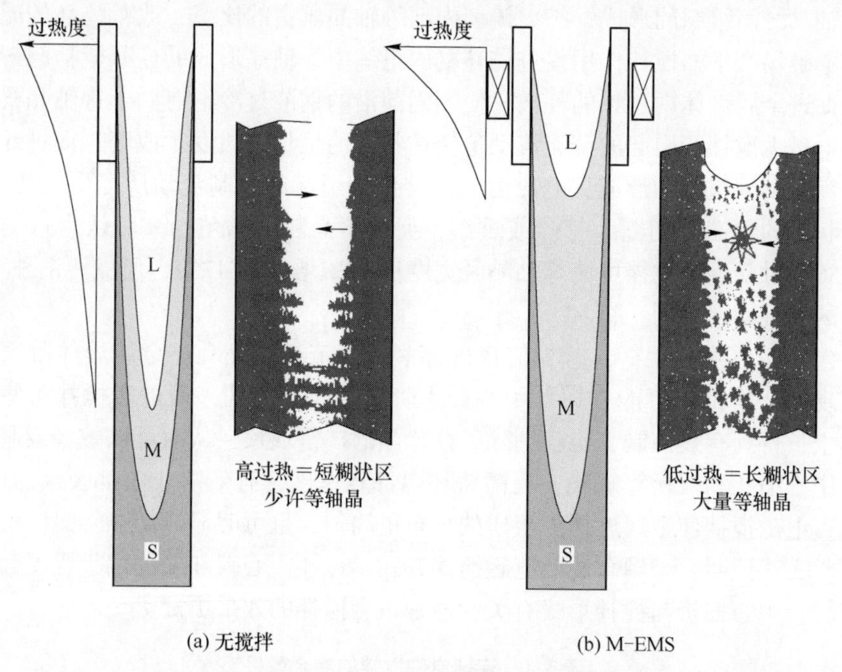

图 3.6 M－EMS 下的冷却效果示意图[26]

结晶器电磁搅拌主要是在钢液凝固初期，通过电磁搅拌的作用，使初始凝固壳趋于均匀并促进夹杂物上浮，对于铸坯表面及皮下质量有着良好的作用。在结晶器电磁搅拌条件下，钢液的凝固过程发生了改变，具体表现为[3]：

（1）电磁搅拌强化钢液流动，有利于钢液中的夹杂物和气泡的排除。经浸入式水口随钢液进入结晶器的夹杂物和气泡在离心力的作用下流向结晶器中心，集中上浮被结晶器保护渣吸收。此外，由于电磁离心力作用，夹杂物和气泡被凝固前沿捕获的可能性也大大降低，防止了非金属夹杂物和气泡在初始凝固时的皮下聚集，这就有效地提高了钢液和铸坯的洁净度。

（2）在电磁搅拌条件下，钢液的强制运动改变了凝固前沿的温度与成分条件，促进了凝固组织柱状晶向等轴晶的过渡。

（3）电磁搅拌的效果不仅限于结晶器内，已影响到结晶器以下钢液的凝固过程。电磁搅拌可以增加等轴晶比例，减少中心疏松和中心偏析，改善铸坯内部致密度。而钢液对凝固前沿的冲刷程度与钢液的流动速度有关，速度越高，冲刷程度越大。

图3.7概述了M－EMS的冶金机理和效果[23]。因此，在连铸过程中，需要优化结晶器电磁搅拌器的结构与工艺参数，加强电磁搅拌过程的理论研究，以求不断改善电磁搅拌提高铸坯质量的效果。

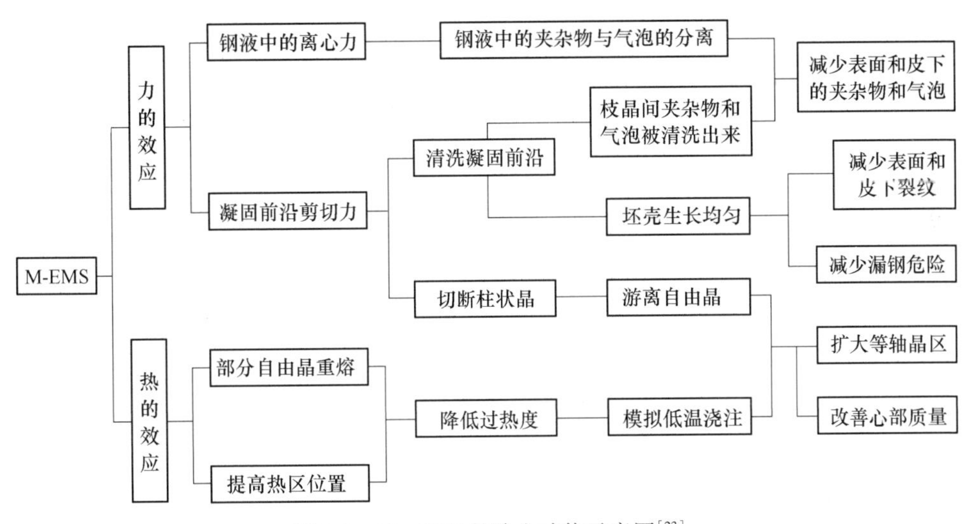

图3.7　M－EMS的冶金功能示意图[23]

对于方/圆坯连铸而言，由于结晶器电磁搅拌涵盖了二冷区电磁搅拌的冶金功能，因此，目前几乎见不到单独使用二冷电磁搅拌（S－EMS）的连铸机。但对于一些特殊用途钢种如高强度厚板、不锈钢板、电工钢板生产的板坯连铸机，近年在国内兴起了二冷区电磁搅拌，其冶金机理和效果主要体现在：

（1）促进了凝固前沿较冷钢液与心部过热钢液的混合，有利于进一步降低或消除过热度，扩大等轴晶区；

（2）电磁力驱动凝固前沿钢液流动产生剪切力，折断或熔断枝晶梢，促进形核，扩大等轴晶区并细化等轴晶；

（3）促进二冷区液相穴内夹杂物和气泡的细化和分布均匀。

总体上，提高了连铸坯的等轴晶率，改善了中心偏析和成品的质量。

对于高碳钢和高合金钢而言，因其液相线与固相线间的温度区间扩大，凝固区间的温度变化较大，凝固过程的糊状区加宽，加剧了凝固过程铸坯的中心偏析和中心缩孔，从而对产品的力学性能和腐蚀性能产生不利影响，如冷拔过程的内裂、断裂等。因此，此类钢的连铸，需要在M－EMS的基础上，通过在连铸坯凝固末端安装电磁搅拌装置，进行电磁搅拌（F－EMS），其目的在于：

（1）促使凝固末端液相穴内浓缩钢液流动，改善其流动性及温度和成分的均匀性，阻碍钢液在枝晶间的渗透和偏析槽的形成，消除微观偏析（枝晶间偏析）和宏观偏析（区域偏析）。

（2）打断枝晶，促使等轴晶形核，扩大等轴晶区，防止枝晶搭桥。

要实现F－EMS的最佳冶金工艺效果，电磁搅拌器的安装位置以及与浇铸工艺相匹配的搅拌工艺参数的确定显得至关重要。

实践表明，电磁搅拌的冶金效果因连铸机和连铸工艺不同而有所不同，也因电磁搅拌器性能和电磁搅拌工艺参数不同而有所不同。不同的连铸机机型、不同的钢种和不同的铸坯断面，不同的电磁搅拌形式对改善铸坯质量的效果也不同。从目前的电磁搅拌技术应用现状看，对于不同连铸机和连铸工艺，采用什么样的电磁搅拌工艺参数，能获得什么样的冶金效果，还很难作定量预测。对于现场生产而言，重要的是应根据自身连铸机状况和连铸工艺条件，采用不同的电磁搅拌工艺参数相匹配，通过大量铸坯低倍组织或枝晶腐蚀等检验手段，获得大量的冶金效果数据，经过综合分析，建立在不同连铸工艺条件和不同电磁搅拌工艺参数下的良好冶金效果的定量规律，即在电磁搅拌条件下优化的连铸工艺，并依此在生产中可根据具体钢种和条件选择合适的搅拌形式和搅拌参数。

3.5 影响电磁搅拌作用的因素

电磁搅拌作为改善铸坯质量的有效手段已得到公认，其作用机理涉及磁流体力学过程和冶金学过程。如果搅拌参数控制不当，就会产生不希望的结果，如白亮带，这种负偏析缺陷会影响铸坯质量。因此，要使电磁搅拌应用达到预期的冶金效果，有赖于对电磁搅拌基本过程了解的基础上，正确选择和调控电磁搅拌系统。所谓选择电磁搅拌系统指的是根据连铸工艺条件，确定电磁搅拌器安装位置和运行参数，以实现搅拌区内钢液具有一定的流速，在搅拌区的上下两侧具有足够大的主影响区，从而保证优良的冶金效果。电磁搅拌的运行调节和控制与电源频率、搅拌强度及结晶器厚度、材质、搅拌器的基本结构参数等有关。而电磁搅拌器选用的电源频率与安装位置有关。结晶器电磁搅拌的电源频率必须足够低，以弥补其磁场在铜结晶器中的衰减；二冷区电磁搅拌的电源频率可以高一些。电磁搅拌器磁通密度的确定，应以充分搅动钢液为标准。如果磁通密度选择过大，则会使铸坯负偏析白亮带缺陷发展严重，且加大了搅拌设备的负荷；若选择过小，则铸坯液芯不能被有效搅动，不能促进柱状晶向等轴晶转变。

一般来说，在连铸机不同的位置采用不同类型的搅拌方式，对改善铸坯质量都会有一定的效果。电磁搅拌系统的选择决定于影响电磁搅拌效果的众多因素。

在实际应用中决定搅拌效果的主要因素有[20,22,24~27]：

（1）钢种。不同钢种对于磁场搅拌强度的要求不同。例如，用于生产不锈钢连铸坯的电磁搅拌，由于不锈钢中含有较多的合金元素，不锈钢的柱状晶比普碳钢发达，折断不锈钢的枝晶就需要较大的电磁力。为得到相同的搅拌钢液流速，搅拌不锈钢的磁感强度比普碳钢要高一些。

（2）产品质量。应根据铸坯存在的主要缺陷类型来确定选择哪种形式的电磁搅拌。例如，中厚板主要是中心疏松、偏析，应该选择二冷区和凝固末端电磁搅拌；而薄板主要是皮下气孔和夹杂物，应在结晶器处安装搅拌装置。电磁搅拌对改善铸坯缺陷的有效性见表3.2[20,22]。

表3.2 电磁搅拌对改善铸坯缺陷的有效性[20,22]

缺陷类型	表面夹渣	针孔	皮下夹杂	气孔	表面裂纹	柱状晶体	内部裂纹	中心偏析	中心疏松	V型偏析
M－EMS	√	√	√	√	√	√	√	√	√	
S_1－EMS	√	√	√	√	√	√	√	√	√	
S_2－EMS						√	√	√	√	
F－EMS								√	√	√

（3）铸坯断面。铸坯断面大小决定了拉速和液相穴长度，因而就影响到搅拌器的安装位置，其安装位置直接决定钢液的有效搅拌范围和搅拌效果。

（4）搅拌方式。根据连铸工艺特点和产品质量要求等综合指标，以确定搅拌器的搅拌方式。不同形式电磁搅拌器的适用情况是不同的。

（5）搅拌器参数，主要包括搅拌方式、电源频率和电流强度。实际生产中应根据钢种和工艺参数（如钢液过热度、拉速）来确定搅拌器形式，并结合现场生产条件和铸坯实际质量检验结果等因素来最终确定搅拌器的最佳搅拌工艺参数。

电磁搅拌的冶金效果是众多影响因素综合作用的结果，如何能充分发挥电磁搅拌改善铸坯质量的作用仍是目前困扰冶金界的共性问题。所以，对于确定的连铸机和钢种，如何确定并提供最佳的电磁搅拌工艺参数以最大限度地发挥电磁搅拌作用将是我们共同努力追求的目标。

3.6 电磁搅拌控制的关键技术及解决的主要难题

电磁搅拌作用机理涉及磁流体力学过程和冶金学过程。如果搅拌工艺控制不当，不仅影响铸坯的洁净度，而且对铸坯的凝固产生不利影响，进而影响铸坯质量。因此，要使电磁搅拌应用达到预期的冶金效果，需正确选择和调控电磁搅拌系统，即根据连铸工艺条件确定电磁搅拌器安装部位和搅拌参数，以实现搅拌区内钢液具有较大的流速，在搅拌区的上下两侧具有足够大的主影响区，从而保证优良的冶金效果[28]。因此，合理电磁搅拌参数的确定需要解决以下几个难点问题[24]：

（1）连铸电磁搅拌过程中，结晶器内钢液的感应电流会影响其磁场的分布，但磁场分布以及在电磁场作用下结晶器内钢液流动状态的准确测量较困难，需利用理论解析和模拟计算来解决。

（2）电磁场的分析与计算一直是棘手而热点的问题。在连铸过程中，磁通密度、磁力线、电磁力及其他相关参数计算是至关重要的。由于电磁场是一个张量，连铸电磁搅拌装置结构复杂，因而各种电磁参数的计算较困难。因此，采用电磁矢势位和标量位作为节点的自由度，简化了平面对称或轴对称时的计算，可以完成平面和轴对称磁场（谐波磁场或瞬态磁场）的分析，获得磁通密度、磁场强度、电磁力、涡流等电磁参数，从而揭示电磁搅拌装置内的电流和磁场的空间和时间分布规律，分析电磁场分布的各种影响因素。

（3）电磁搅拌下连铸的冶金过程属于一个复杂多场耦合，即应力场、流场、温度场、电磁场，因此需要解决温度—应力、电磁—热、热—流动、感应—流动等耦合计算的难题[29]。

（4）要准确分析连铸的冶金过程，包括瞬态热分析、相变分析、流动和溶质元素传输分析，需要相互耦合并采用合理的边界条件。

参考文献

[1] Birat J P, Chone J. Electromagnetic stirring on billet, bloom, and slab continuous casters: state of the art in 1982 [J]. Ironmaking Steelmaking, 1983, 10 (6): 269 - 281.

[2] Tzavaras A. Solidification control by electromagnetic stirring—State of the art [A]. Steelmaking Conference Proceedings [C], 1983, 66: 89 - 109.

[3] 贾光霖，庞维成．电磁冶金原理与工艺 [M]．沈阳：东北大学出版社，2003：75 - 299.

[4] Glaws P C, Fryan R V, Keener D M. The influence of electromagnetic stirring on inclusion distribution as measured by ultrasonic inspection [A]. Steelmaking Conference Proceedings [C], 1991, 74: 247 - 264.

[5] 毛斌，张桂芳，李爱武．连续铸钢用电磁搅拌的理论与技术 [M]．北京：冶金工业出版社，2012：1.

[6] Kunstreich S. 连铸电磁搅拌（郑军译）[J]．武钢技术，1997，(10)：33 - 38.

[7] 刘薇，胡林，解茂昭．连铸工艺中的电磁搅拌技术 [J]．炼钢，2009，15 (1)：54 - 56.

[8] 姚留枋，倪满森，卢静轩．连铸用电磁搅拌概况 [J]．钢铁，1981，16 (8)：64 - 69.

[9] 陈雷．连铸电磁搅拌的现状和展望 [J]．炼钢，1985，(2)：26 - 38.

[10] Vives C. Elaboration of semisolid alloys by means of new electromagnetic rheocasting process [J]. Metallurgical and Materials Transactions B, 1992, 23B (4): 189 - 206.

[11] Limoges J, Beitelman L. Continuous casting of high carbon and alloy steel billets with in - mold dual - coil electromagnetic stirring system [J]. Iron Steelmaker, 1997, 24 (11): 49 - 57.

[12] Beitelman L. Effect of mold EMS design on billet casting productivity and product quality [J].

Canadian Metallurgical Quarterly, 1999, 38 (5): 301 -309.

[13] Ayata K, Mori H, Taniguchi K, et al. Low superheat teeming with electromagnetic stirring [J]. ISIJ International, 1995, 35 (6): 680 -685.

[14] 陈崇峰. 一种新型的连铸电磁搅拌技术 [J]. 钢铁研究, 1997, (3): 53 -56.

[15] Spitzer K H, Reiter G, Schwerdtfeger K. Multi - frequency electromagnetic stirring of liquid metals [J]. ISIJ International, 1996, 36 (5): 487 -492.

[16] 潘秀兰, 王艳红, 梁慧智. 国内外电磁搅拌技术的发展与展望 [J]. 鞍钢技术, 2005, (4): 9 -15.

[17] Kunstreich S, Dauby P H. Electromagnetic stirring in slab caster molds before and after year 2000 [A]. 2003 China Annual Meeting of Iron and Steel [C], 2003, 653 -657.

[18] 夏晓东, 史华明, 李爱武. 电磁搅拌技术在连铸的应用 [J]. 宝钢技术, 1999, (3): 9 -13.

[19] 韩至成. 电磁冶金学 [M]. 北京: 冶金工业出版社, 2001: 1 -372.

[20] 吴扣根. 圆坯连铸结晶器电磁搅拌过程数学模拟与实验研究 [D]. 上海: 上海大学, 2001.

[21] 韩至成. 电磁冶金技术及装备 [M]. 北京: 冶金工业出版社, 2008: 1 -430.

[22] Kunstreich S. Electromagnetic stirring for continuous casting - Part Ⅱ [J]. La Revue de Métallurgie - CIT, 2003, 100 (11): 1043 -1061.

[23] 毛斌. 连铸电磁搅拌技术, 第三讲: 方坯连铸电磁搅拌技术的若干问题 [J]. 连铸, 1999, (5): 36 -42.

[24] 于海岐. 电磁连铸结晶器内钢 - 渣 - 气多相传输行为研究 [D]. 沈阳: 东北大学, 2010.

[25] Ayata K, Mori T, Fujimoto T, et al. Improvement of macrosegregation in continuously cast bloom and billet by electromagnetic stirring [J]. Transactions ISIJ, 1984, 24: 931 -939.

[26] 贺道中, 肖鸿光. 电磁搅拌对水平连铸圆坯质量的影响 [J]. 冶金设备, 2006, (2): 22 -25.

[27] Moreault J, Limoges J, Beitelman L. EMS intensity as a critical factor in controlling segregation in high carbon steel billets [A]. AISTech 2005 Volumes Ⅰ & Ⅱ and ICS 2005 Conference Proceedings [C], 2005, 1 -2: 75 -85.

[28] 蔡开科. 连铸电磁搅拌理论 [J]. 炼钢, 1988, (3): 30 -35.

[29] 毛斌. 连铸电磁搅拌技术, 第五讲: 板坯连铸结晶器电磁搅拌技术 [J]. 连铸, 2000, (1): 41 -44.

连铸坯轻压下工艺模型及其分析

正如第 2 章图 2.7 所示，连铸凝固末端轻压下关键工艺参数主要包括压下区间、压下量、压下率和压下效率，这些参数的合理确立是实现压下效果的关键。实际应用中，方坯连铸大多采用压下量进行控制，而板坯连铸大多采用压下率进行控制。除此之外，还有压下效率和压下区间这两个关键工艺参数，压下效率表征铸坯表面变形量向液芯变形的传递效率。本章将介绍这些重要工艺参数的确定方法。首先是根据冶金学、凝固理论等方面的知识建立各压下参数的理论计算模型，然后进行求解，确定各压下工艺参数与浇铸参数及操作参数之间的定量关系，以此来分析不同工艺操作条件下各压下工艺参数的变化规律及合理范围。

4.1 压下率

板坯连铸过程采用扇形段完成凝固末端轻压下，在一个扇形段的长度内，压下率，即单位长度上的压下量（如图 4.1 所示的 SRA/SRL）是不变的，因此常用压下率参数控制板坯连铸凝固末端轻压下。对应压下率的研究大多通过工业试验方法进行优化，其研究结论具有较大的局限性。鉴于此，根据连铸坯的凝固补缩原理，建立相应的理论模型[1]。

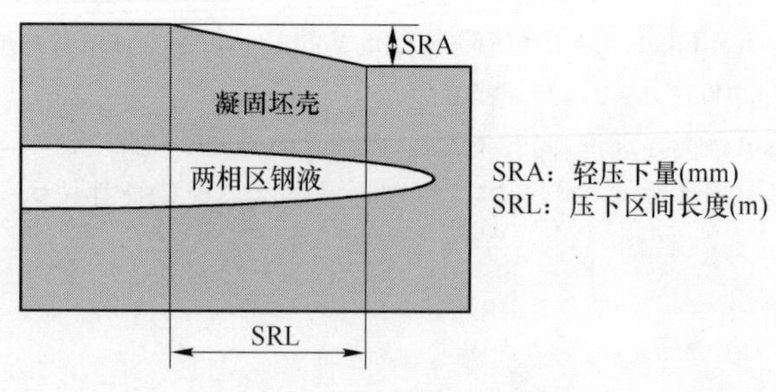

图 4.1　压下率示意图

4.1.1 板坯压下率理论计算模型

由于钢的液态密度较固态的小，凝固末端两相区内钢液的凝固收缩导致液相体积的减小，从而形成局部压降。凝固末端两相区示意图如图4.2所示。

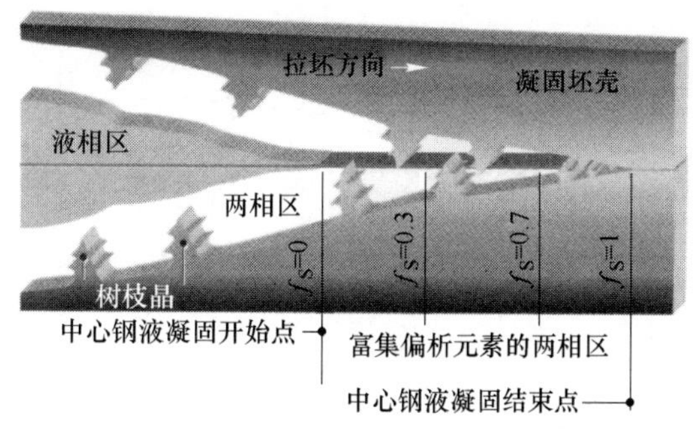

图4.2 连铸坯凝固末端两相区示意图

当两相区内固相率较小（如$f_S<0.3$）时，上游钢液在其静压力的作用下向下游流动，以补偿因凝固收缩形成的局部压降；当两相区内固相率较大时（如$0.3<f_S<0.7$），钢液在类似多孔介质的两相区中流动，因阻力增加，流动速度减慢，钢液凝固收缩形成的局部压降将得不到充分补偿，这样将导致铸坯中心附近枝晶间的富含溶质偏析元素钢液向中心流动、汇集并最终凝固，从而形成中心宏观偏析；当两相区内固相率太大时（如$f_S>0.7$），由于枝晶相互搭桥或固相率太大导致上游钢液向下流动的阻力太大，凝固收缩时形成的体积减少将不能被有效补偿。

同时，凝固收缩时形成的体积减少量如果没有被补偿或被补偿不充分，在相应位置将会出现空洞或孔隙，即中心疏松。

钢液在凝固前后的密度差是导致局部压降的根本原因。轻压下的目的就是补充该局部压降，防止由局部压降引起的枝晶间钢液向中心流动，从而防止中心偏析的形成。

连铸坯横截面内凝固区域分布如图4.3所示。铸坯横截面由液相区A_1、两相区A_2、固相区A_3组成。在铸坯横截面内的质量流量（M）用下式表示。

$$M = \iint_{A1} \rho_L f_L v_{Lz} \mathrm{d}A + \iint_{A3} \rho_S f_S v_{Sz} \mathrm{d}A + \iint_{A2} (\rho_L f_L v_{Lz} + \rho_S f_S v_{Sz}) \mathrm{d}A \tag{4.1}$$

式中，x为宽度方向坐标；y为厚度方向坐标；z为拉坯方向坐标，垂直于纸面；M为质量流量，关于坐标z的函数；ρ_L为液相密度，关于温度的函数；ρ_S为固相密度，关于温度的函数；f_S为固相率，关于温度的函数；f_L为液相率，关于温度的函数；v_{Sz}为固相沿z方向的速度；v_{Lz}为液相沿z方向的速度。

其中f_L、f_S满足$f_S+f_L=1$，f_L用下式表示：

$$f_L = \frac{T - T_S}{T_L - T_S} \tag{4.2}$$

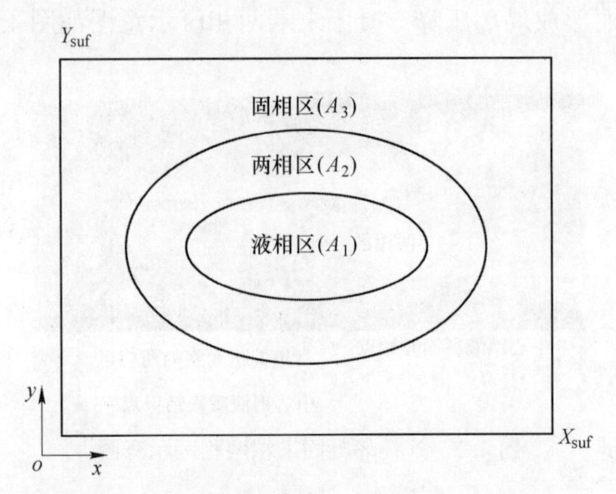

图 4.3 连铸坯横截面内凝固区域分布示意图

式中，T 为钢液温度；T_S 为钢液固相线温度；T_L 为钢液液相线温度。

理想的轻压下过程中，两相区内凝固收缩导致的体积减少量刚好被来自铸坯的轻压下所补偿，消除了局部压降。没有局部压降的一个重要特征是液相速度（v_{Lz}）和固相速度（v_{Sz}）相等。于是，令式（4.1）中 $v_{Lz}=v_{Sz}$，这样得到一个在理想轻压下过程中铸坯断面质量流量的特征方程，即：

$$M = \iint_{A1}\rho_L f_L v_{Sz}\mathrm{d}A + \iint_{A3}\rho_S f_S v_{Sz}\mathrm{d}A + \iint_{A2}(\rho_L f_L v_{Sz} + \rho_S f_S v_{Sz})\mathrm{d}A \tag{4.3}$$

由于凝固前沿曲线形状未知，式（4.3）在积分域展开困难。为了将式（4.3）在积分域展开，特补充如下部分：

$$M = \iint_{A1}\rho_L f_L v_{Sz}\mathrm{d}A + \underline{\iint_{A1}\rho_S f_S v_{Sz}\mathrm{d}A} + \iint_{A3}\rho_S f_S v_{Sz}\mathrm{d}A + \underline{\iint_{A3}\rho_L f_L v_{Sz}\mathrm{d}A} + \iint_{A2}(\rho_L f_L v_{Sz} + \rho_S f_S v_{Sz})\mathrm{d}A \tag{4.4}$$

其中，带下划线的积分部分为补充部分。由于在 A_1 积分域内 f_S 值为 0，在 A_3 积分域内 f_L 值为 0，所以补充部分的积分部分值为 0，满足等号两边相等。于是，式（4.4）内相同积分域合并后如下式：

$$M = \iint_{A1}(\rho_L f_L v_{Sz} + \rho_S f_S v_{Sz})\mathrm{d}A + \iint_{A3}(\rho_S f_S v_{Sz} + \rho_L f_L v_{Sz})\mathrm{d}A + \iint_{A2}(\rho_L f_L v_{Sz} + \rho_S f_S v_{Sz})\mathrm{d}A \tag{4.5}$$

由于式（4.5）内不同域内的被积分函数一样，合并积分域后如下式：

$$M = \iint_{A_1+A_2+A_3}(\rho_L f_L v_{Sz} + \rho_S f_S v_{Sz})\mathrm{d}A \tag{4.6}$$

于是理想轻压下过程中铸坯断面质量流量的特征方程式（4.3）变化为式（4.6）后可以不用考虑凝固前沿具体位置，在整个断面范围内进行积分，如下式：

$$M = \int_0^{X_{suf}}\int_0^{Y_{suf}} (\rho_L f_L + \rho_S f_S) v_{Sz} \mathrm{d}x\mathrm{d}y \tag{4.7}$$

式中，X_{suf}为铸坯宽度；Y_{suf}为铸坯厚度（如图4.3所示）。

在铸坯凝固过程中，铸坯横截面内总的质量流量在 z 方向保持不变，即 $\mathrm{d}M/\mathrm{d}z=0$。于是对式（4.8）两边对 z 求导数，得下式：

$$0 = \int_0^{Y_{suf}}\int_0^{X_{suf}} \left(v_{Sz} \frac{\partial\bar{\rho}}{\partial z} + \bar{\rho}\frac{\partial v_{Sz}}{\partial z} \right)\mathrm{d}x\mathrm{d}y + \left(\frac{\mathrm{d}X_{suf}}{\mathrm{d}z}\right)\int_0^{Y_{suf}} (\bar{\rho} v_{Sz})\big|_{x=X_{suf}}\mathrm{d}y + \left(\frac{\mathrm{d}Y_{suf}}{\mathrm{d}z}\right)\int_0^{X_{suf}} (\bar{\rho} v_{Sz})\big|_{y=Y_{suf}}\mathrm{d}x \tag{4.8}$$

其中，$\bar{\rho}$、$\partial\bar{\rho}/\partial z$ 分别由下式表示：

$$\bar{\rho} = \rho_L f_L + \rho_S f_S \tag{4.9}$$

$$\frac{\partial\bar{\rho}}{\partial z} = (\rho_L - \rho_S)\frac{\partial f_L}{\partial z} + \left(f_S \frac{\mathrm{d}\rho_S}{\mathrm{d}T} + f_L \frac{\mathrm{d}\rho_L}{\mathrm{d}T}\right)\frac{\partial T}{\partial z} \tag{4.10}$$

式（4.8）中 $\mathrm{d}Y_{suf}/\mathrm{d}z$ 就相当于压下率（定义为 v_{RG}），于是令 $v_{RG} = -\mathrm{d}Y_{suf}/\mathrm{d}z$，整理可得下式：

$$v_{RG} = \frac{\int_0^{Y_{suf}}\int_0^{X_{suf}} \frac{\partial\bar{\rho}}{\partial z} v_{Sz}\mathrm{d}x\mathrm{d}y + \int_0^{Y_{suf}}\int_0^{X_{suf}} \bar{\rho}\frac{\partial v_{Sz}}{\partial z}\mathrm{d}x\mathrm{d}y + \left(\frac{\mathrm{d}X_{suf}}{\mathrm{d}z}\right)\int_0^{Y_{suf}} (\bar{\rho} v_{Sz})\big|_{x=X_{suf}}\mathrm{d}y}{v_{Sz}\int_0^{X_{suf}} \bar{\rho}\big|_{y=Y_{suf}}\mathrm{d}x} \tag{4.11}$$

式（4.11）为完整的压下率表达式，分子第一部分的 $\partial\bar{\rho}/\partial z$ 体现了凝固过程密度变化对压下率的影响，由式（4.10）可知，密度变化指固相、液相密度随温度的变化（$\mathrm{d}\rho_S/\mathrm{d}T$，$\mathrm{d}\rho_L/\mathrm{d}T$），以及液相部分所占比率的影响（$\partial f_L/\partial z$）；分子的第二部分 $\partial v_{Sz}/\partial z$、$\mathrm{d}X_{suf}/\mathrm{d}z$ 体现了轻压下过程铸坯沿拉坯方向延伸和宽展变化的影响，是铸坯变形对压下率的影响。

要用解析方法完整求解式（4.11）非常困难。由于该方程涉及凝固过程的传热与断面变形，而且式（4.11）中的分子是以相加的形式存在，故可以单独求解热变化对压下率的影响，以及变形对压下率的影响。

忽略变形对压下率的影响，即令 $\partial v_{Sz}/\partial z=0$、$\mathrm{d}X_{suf}/\mathrm{d}z=0$。于是，可将式（4.11）转化为只受密度变化影响的压下率表达式：

$$v_{RG} = \frac{\int_0^{Y_{suf}}\int_0^{X_{suf}} \frac{\partial\bar{\rho}}{\partial z}\mathrm{d}x\mathrm{d}y}{\int_0^{X_{suf}} \bar{\rho}\big|_{y=Y_{suf}}\mathrm{d}x} \tag{4.12}$$

变形对压下率的影响可通过压下效率来体现，关于压下效率将在4.3节中做详细分析。

4.1.2 板坯压下率的求解与分析

由式（4.12）可知，要获得压下率就必须知道f_S、f_L、ρ_S 和ρ_L 在图4.3所示截面上的分布，它们与连铸坯内的温度场密切相关。连铸坯的温度可以通过数值方法求解其凝固传热模型获得。

4.1.2.1 凝固传热模型

对于凝固传热中涉及的导热、对流等数值模拟通常采用一组描写守恒原理的偏微分方程组作为控制方程进行求解。如图 4.4 所示，对连铸坯建立坐标系。若从结晶器内钢水弯月面处沿铸坯中心取一高度为 dz、厚度为 dx、宽度为 dy 的微元体，与铸坯一起向下运动。微元体热平衡为：微元体的热量 = 接收热量 - 支出热量。由于连铸坯在拉坯方向的传热只占传热总量的 3%，忽略拉坯方向传热对最终的铸坯温度场计算精度没有较大影响[2,3]。因此，当微元体以相同拉速和铸坯一起向下运动，则微元体的相对速度为零，所以对于连铸坯的凝固二维传热微分方程为：

$$\rho(T)c(T)\frac{\partial T}{\partial t}=\frac{\partial}{\partial x}\left(\lambda(T)\frac{\partial T}{\partial x}\right)+\frac{\partial}{\partial y}\left(\lambda(T)\frac{\partial T}{\partial y}\right) \tag{4.13}$$

式中，T，t 分别为温度和时间，单位分别为℃和 s；$\rho(T)$，$c(T)$，$\lambda(T)$ 分别为密度、比热和导入系数，单位分别为 kg/m^3、J/(kg · ℃) 和 W/(m · ℃)。

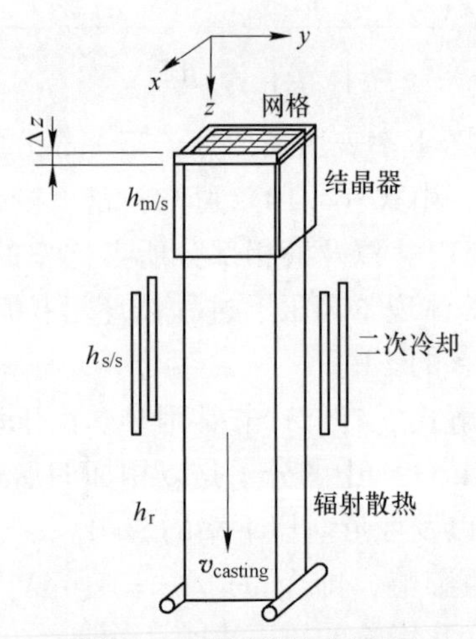

图 4.4 凝固传热坐标系

目前对于凝固传热方程的离散及求解方法已经十分成熟，主要有有限差分法（Finite Difference Method，FDM），有限容积法（Finite Volume Method，FVM），有限元法（Finite Element Method，FEM），边界元法（Boundary Element Method，BEM）等多种方法。其中最为常用的为有限差分和有限元方法[2,4]。除了通过开发求解程序外，也可直接利用有限元商业计算软件如 ANSYS、MARC 等直接求解。随着数值计算和计算机软、硬件的发展，数值模拟的计算速度（在线模型）和计算精度的要求越来越高，其研究热点更多的集中在边界条件、液芯对流对传热的影响、凝固潜热处理、凝固终点在线准确预测等方面。目前，凝固传热数值模拟方法本身已经十分成熟，铸坯凝固传热计算所采用的边界条件及相关参数是影响数值计算结果的关键所在。由于凝固传热求解方法已经十分成熟，本书只着重介绍边界条件与高温物性参数的获取方法。

A 初始条件与边界条件

假设弯月面处初始温度为浇铸温度，即式（4.13）的初始条件为：

$$T(t=0)=T_{\text{tundish}} \tag{4.14}$$

式中，T_{tundish}为浇铸温度，℃。

连铸生产过程中，钢液注入结晶器后依次经历一次冷却（结晶器冷却）、二次冷却（冷却水喷淋冷却）与三次冷却（空冷）而完成凝固成坯的过程，因此在每个冷却区域中的边界条件特点均不相同。

a 结晶器

在结晶器内一般采用第二类边界条件的形式处理结晶器与铸坯的热交换，即将结晶器铜板与铸坯间的热通量 q 为边界条件。由于初生坯壳的凝固收缩，结晶器内连铸坯表面热流从中心到角部逐渐衰减，尤其在角部由于凝固收缩形成的气隙，增加了坯壳与结晶器间的热阻，导致热流密度的大幅衰减[5]。我们课题组的蔡兆镇博士采用热力耦合有限元计算方法准确描述了结晶器与坯壳间的渣道宽度及热流密度分布，具体研究结果详见相关学术论文[6,7]。出于对计算速度等方面的考虑，我们将其研究得出的热流密度分布进行了简化处理，以适用于后续凝固传热在线计算模型的使用。

结晶器中的铸坯传热如式（4.15）所示：

$$-\lambda(T)\frac{\partial T}{\partial n}=q_{\text{mold}} \tag{4.15}$$

式中，∂n 代表维度（∂x 为铸坯窄面，∂y 为铸坯宽面）；q_{mold}为结晶器热流密度，MW/m^2。考虑到铸坯角部收缩引起的热流密度衰减，采用式（4.16）计算热流密度：

$$q_{\text{mold}}=q_{\text{center}}(1-\exp(a_1x-a_2)) \tag{4.16}$$

式中，a_1，a_2 为根据结晶器高度设置的热流密度计算参数，沿结晶器高度采用分段设置，具体数值由前述得到铸坯表面热流密度分布回归得出；x 为铸坯中心至角部的距离，m；q_{center}为铸坯表面中心线热流密度，MW/m^2。q_{center}表示如下：

$$q_{\text{center}}=A-B\sqrt{t} \tag{4.17}$$

该式是 Savage 与 Pritchard 根据实验研究得出的热流密度分布经典公式[8]。其中，A，B 为系数，也由前述得到的铸坯表面热流密度分布回归得出；t 为铸坯在结晶器内的停留时间。

b 二冷区

二冷过程中铸坯表面热量主要通过辐射（约占 25%）、水滴蒸发（约占

33%)、喷淋水滴浸渍(约占25%)、辊坯接触(17%)向外释放。为了简化计算，一般采用二冷区综合换热系数，即第三类边界条件的形式处理二冷区内的传热。

二冷区内的传热由式(4.18)计算得出。

$$-\lambda(T)\frac{\partial T}{\partial n}=q_{sec}=h_{sec}(T_{surf}-T_{amb}) \tag{4.18}$$

式中，T_{surf}，T_{amb}分别为铸坯表面温度和环境温度；h_{sec}为二冷区综合换热系数，可表示为：

$$h_{sec}=h_{rad}+h_{ec}^{i}+h_{w}^{i} \tag{4.19}$$

式中，h_{w}^{i}，h_{ec}^{i}，h_{rad}分别为二冷水、辊接触和辐射传热的等效换热系数。

根据Nozaki等人的研究经验[9]，第i区的h_{w}^{i}可表示为：

$$h_{w}^{i}=a_{i}W_{i}(x)^{0.55}(1-0.0075T_{w}) \tag{4.20}$$

式中，a_i为根据铸机类型决定的第i区修正系数；T_w为二冷水温；$W_i(x)$为第i区的水流密度分布，L/(m²·min)。

为准确描述连铸坯在二冷区内的凝固传热行为，采用实测的水流密度分布计算得到二冷区边界条件[10]。图4.5给出了某宽厚板连铸机二冷喷嘴的水流密度测试结果。图4.5中(a)~(d)分别为第5~8二冷区选用喷嘴水流密度测试结果，(e)为新选型的90°喷嘴水流密度测试结果。从图中可以看出，水流密度峰值在喷嘴正下方位置处，随着气压与水压的增大，峰值逐渐增大；从中间向两侧水流密度逐渐减小，呈正态分布趋势。(f)为采用不同喷嘴组合条件下的水流密度分布，可以看出在多喷嘴条件下，也呈现出中心区域水流密度较大，角部逐渐减小的趋势，以避免铸坯角部过冷。

连铸生产过程中铸辊表面温度远低于连铸坯表面温度，因此铸坯与铸辊的接触传热也是不可忽视的。根据h_{ec}^{i}计算公式如下：

$$h_{ec}^{i}=\frac{h_{c}^{i}N_{R}^{i}R_{L}^{i}}{Z_{L}^{i}} \tag{4.21}$$

式中，N_{R}^{i}为第i区内弧辊总数；R_{L}^{i}为第i区内每个辊的辊-坯接触长度，m；Z_{L}^{i}为第i区的长度。根据前人研究经验[11~13]，h_{c}^{i}设为0.4~1.4kW/(m²·℃)，R_{L}^{i}设为0.02m。

实际处理过程中，为提高计算速度，一般将辊-坯接触传热折算为等效传热的一部分，即将全部辊-坯接触传热折算为平均值叠加至等效传热系数上。图4.6给出了某宽厚板连铸机2100mm×250mm断面，1.2m/min拉速条件下，采用实际辊-坯接触与折算后平均两种不同边界条件处理方式下的Q345钢连铸坯表面温度曲线。

可以看出，由于辊坯接触作用，在辊坯接触位置处易产生温度低点，两种不

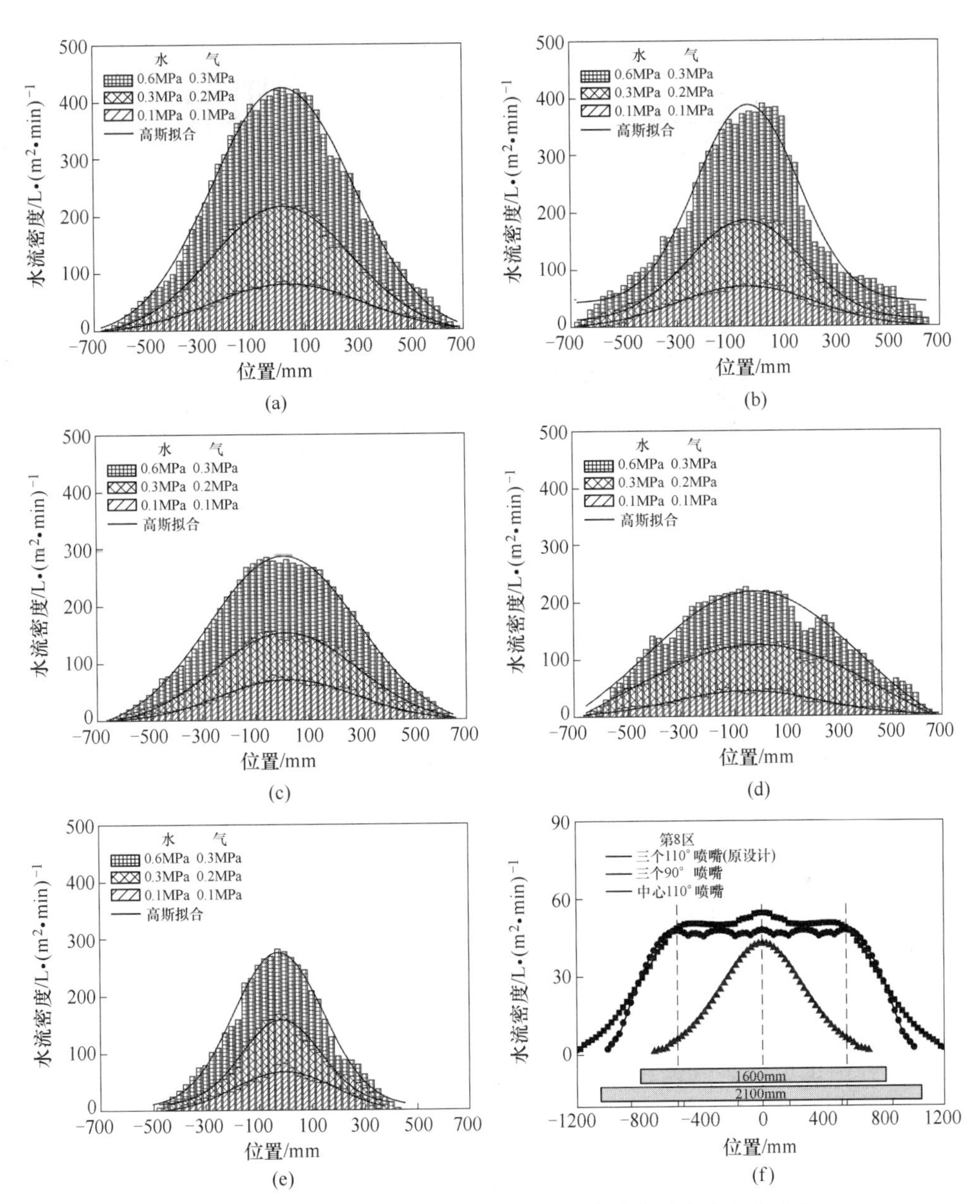

图 4.5 不同喷嘴的水流密度分布以及组合喷嘴的水流密度分布

同边界条件下温度差值约为 25℃。

辐射传热所折算的等效对流传热系数 h_{rad} 计算公式如下：

$$h_{rad} = \sigma\varepsilon(T_{surf} + T_{amb})(T_{surf}^2 + T_{amb}^2) \tag{4.22}$$

式中，σ 为斯忒藩－玻耳兹曼常数，$5.67\times10^{-8}\,W/(m^2\cdot K^4)$；$\varepsilon$ 为辐射率，采用 Touloukian[14] 等人提出的辐射率公式：

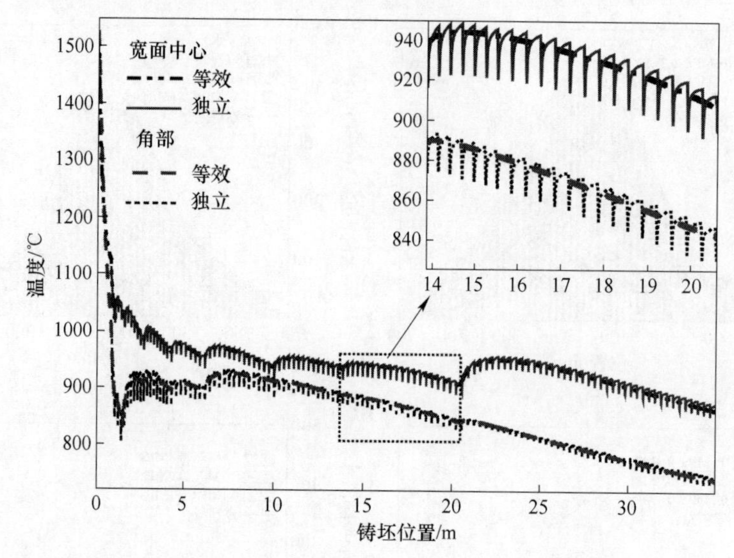

图 4.6 两种不同辊－坯接触条件下的铸坯表面温度计算结果

$$\varepsilon = \frac{0.85}{1 + \exp(42.68 - 0.0268T_{surf})^{0.0115}} \tag{4.23}$$

c 空冷区

在空冷区，仅依靠辐射和辊接触散热，因此空冷区的等效对流传热系数可表达为：

$$-\lambda(T)\frac{\partial T}{\partial n} = q_{air}^{i} = (h_{ec}^{i} + h_{rad})(T_{surf} - T_{amb}) \tag{4.24}$$

为进一步确保模型计算的准确性，采用红外热成像仪测定铸坯横向温度分布为目标值，进一步反算修正二冷传热系数 h_{w}^{i}。

以 1600mm×180mm 连铸板坯为例，采用红外热成像进行铸坯表面温度测定主要步骤包括：

（1）图 4.7（a）为两相邻扇形段间隙处连铸坯的热成像照片，对该区域进行连续测温，取至少 300 帧连续测温图像；

（2）如图 4.7（a）所示，在热成像界面上沿铸坯宽度方向选取三条紧密相邻的线，每条线均代表铸坯宽向不同位置处的测温结果，如图 4.7（b）所示。为减小水蒸气、氧化铁皮、摄像机颤抖等引起的测温误差，对于每一帧图像而言，将相同铸坯宽度位置上的三条线测温结果的最大值作为该位置处的铸坯表面温度。按此方法，可提取出每一帧的铸坯宽向温度分布。

（3）在稳态浇铸条件下铸坯表面温度变化很小，因此为进一步降低测温误差，提取测温全过程铸坯宽向每个位置处的最大测温值，将其作为该位置处的最终测温值。

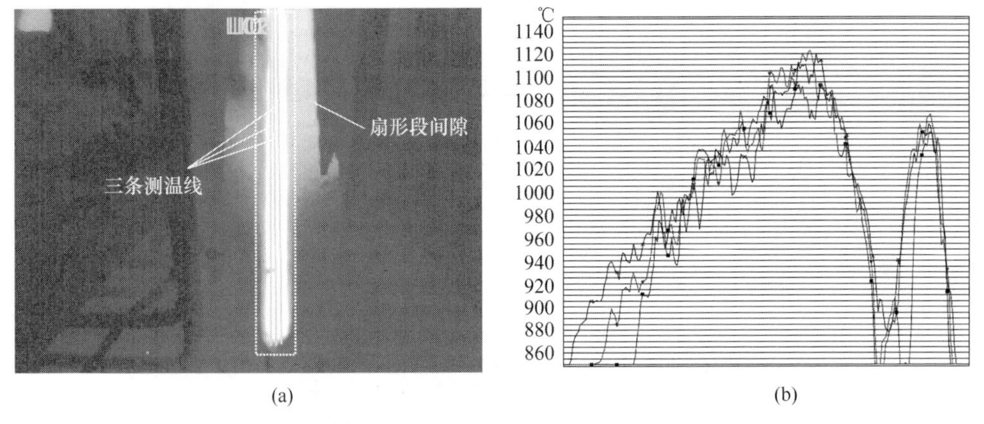

图 4.7 红外热成像及测温结果

图 4.8 给出了以 1.2m/min 拉速、25℃ 过热度生产 1600mm × 180mm 断面 AH36 连铸板坯时，在距结晶器液面 18.34m 位置处的测温结果，其中方点为红外热成像实测值，曲线为温度计算值。可以看出实测值与计算值吻合较好，而在靠近铸坯中部区域由于受水汽干扰过大，从而出现了较大偏差。

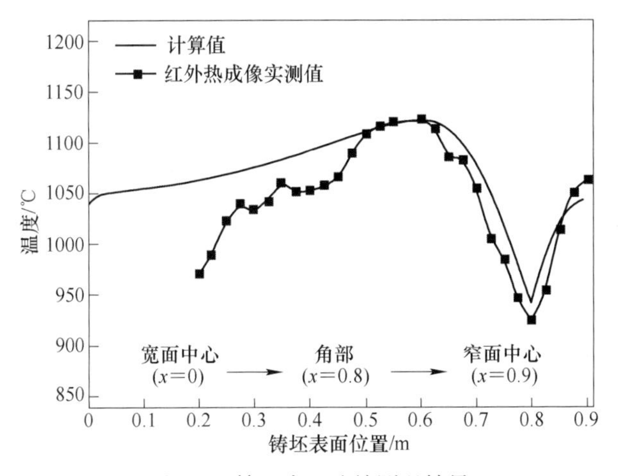

图 4.8 铸坯表面连续测温结果

由于板坯几乎全部被扇形段所包裹，且二冷区域较长，其测温难度与误差较大。相对而言，方坯二冷区较短，且裸露区域较多，因此更易于实现红外热成像的测定。

基于二冷区目标温度的铸坯与冷却水之间传热系数的二分法模型如图 4.9 所示。采用红外热成像结果校正铸坯二冷水对流传热系数的具体步骤为：采用红外热成像仪（ThermaCAM™ Researcher）测量各区出口铸坯表面温度分布，并提取监测点处实测温度。计算铸坯温度场。根据二分法的基本原理迭代求解各区铸坯

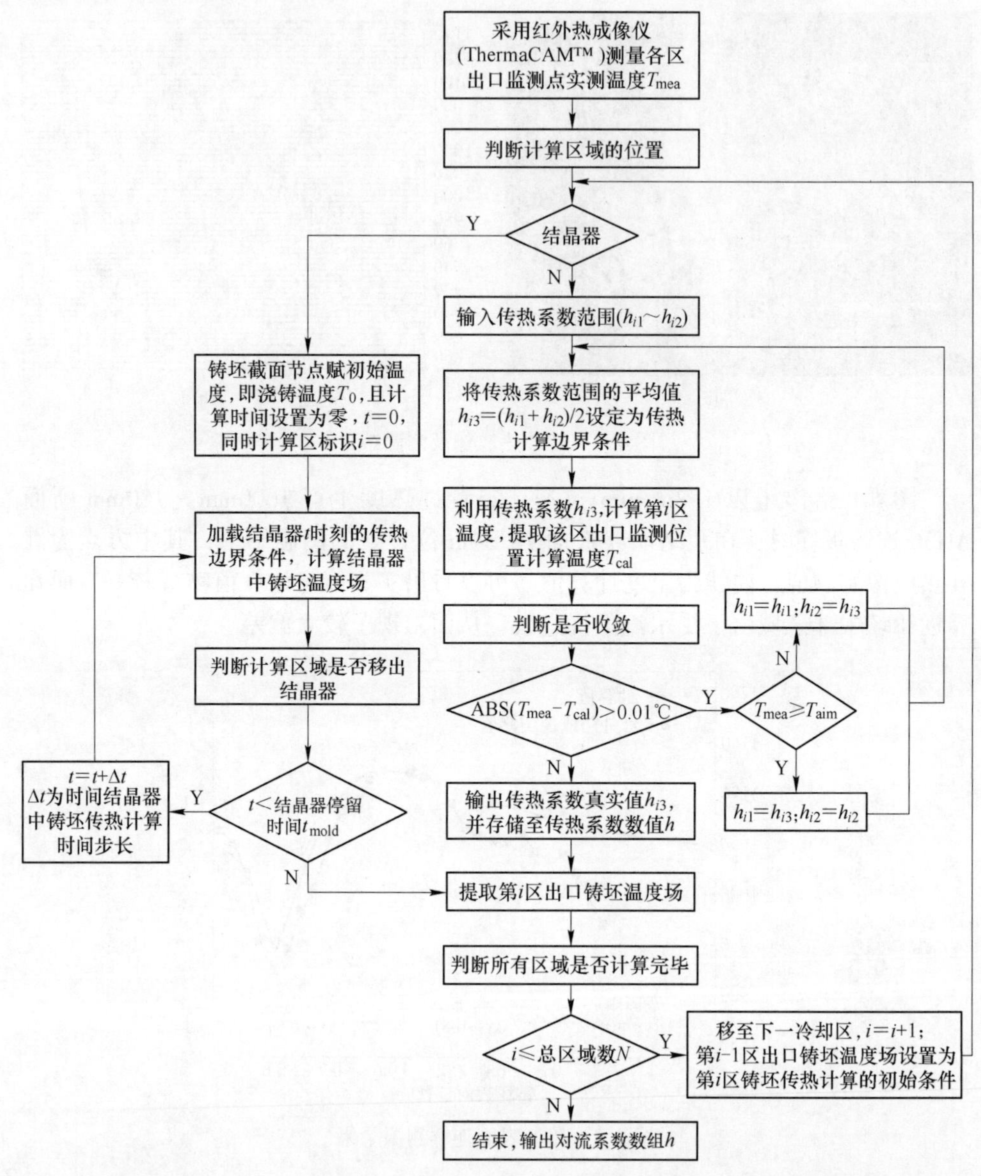

图 4.9　基于二冷区目标温度的铸坯与冷却水之间传热系数的二分法模型示意图

与冷却水之间的传热系数。首先，确定铸坯与冷却水之间的传热系数初始范围($h_{i1}\sim h_{i2}$)，选取h_{i1}与h_{i2}的平均值h_{i3}作为凝固传热数学模型求解的边界条件。当第i区的温度场求解完毕后，提取该区出口温度，并与目标温度值进行比较。若二者之差的绝对值小于1℃，则迭代结束，将h_{i3}作为该区实际传热系数。反之，判断计算温度T_{mea}与目标温度T_{aim}之间的大小关系。若$T_{cal}\geqslant T_{mea}$，则h_{i2}取值不变，并将h_{i3}赋给h_{i1}。反之，h_{i1}取值不变，并将h_{i3}赋给h_{i2}。此时，将h_{i3}作为凝固传热数学模型求解的边界条件重新求解该区温度场。依次迭代，直至传热系数的范围缩小至实际传热系数。当 i 区迭代完毕后，提取铸坯 i 区出口温度场作为 $i+1$ 区初始条件，并将传热模型移至 $i+1$ 区，进行 $i+1$ 区传热系数的迭代计算，直至传热模型移出二冷区。

B 高温物性参数

连铸坯的凝固传热数值模拟计算过程中，导热系数、密度、焓等高温物性参数的准确与否直接关系到计算结果的准确性甚至计算过程的收敛性。不同钢种的高温物性参数差异较大，一般均将其作为温度的函数进行处理。目前，常用的物性参数选取方法有三种：一是查阅手册；二是进行专门的实测；三是实验和数学处理相结合。由于铸坯凝固过程的高温特性，在1200℃以上的物性参数很难查到，特别是在液相向固相转变过程中的物性参数的直接测试成本较高，且难度较大。鉴于此，我们在 Ueshima 等提出的正六边形枝晶横截面模型的基础之上，建立了考虑 MnS 夹杂物析出的枝晶生长过程溶质偏析计算模型，进一步所求得的钢凝固过程各相分率与温度的关系为纽带，计算得到连铸坯凝固过程高温物性参数与温度间的定量关系[6,10,15]。

根据 Harste 的研究，导热系数的计算公式如下[16]：

$$K(\mathrm{W/(m\cdot K)}) = K_\alpha f_\alpha + K_\gamma f_\gamma + K_\delta f_\delta + K_1 f_1 \tag{4.25}$$

式中，f_α，f_γ，f_δ，f_1 分别为铸坯凝固过程中相分率；K_α，K_γ，K_δ，K_1 分别为相应的各相加权系数。

$$\begin{aligned}
K_\alpha &= (80.91 - 9.9269\times10^{-2}T(℃) + 4.613\times10^{-5}T(℃)^2)(1 - a_1(\mathrm{pctC})^{a_2})\\
K_\gamma &= 21.6 - 8.35\times10^{-3}T(℃)\\
K_\delta &= (20.14 - 9.313\times10^{-3}T(℃))(1 - a_1(\mathrm{pctC})^{a_2})\\
K_1 &= 39.0
\end{aligned} \tag{4.26}$$

$$\begin{aligned}
a_1 &= 0.425 - 4.385\times10^{-4}T(℃)\\
a_2 &= 0.209 + 1.09\times10^{-3}T(℃)
\end{aligned} \tag{4.27}$$

由于结晶器内钢液流动剧烈，不仅有传导引起的传热，还有由于对流而引起的热量传递，为了简化计算，导热系数用相当于静止钢液导热系数的倍数来综合考虑对流的作用，一般称之为等效导热系数。目前对等效导热系数的选取仍存在争议，例如 Seppo Louhenkilpi 等人认为板坯一般取1.5倍，方坯一般取2.0倍[11]，而 Brian G. Thomas 等人认为板坯应该取6.5倍[17]。包燕平等人对比分析了不同等效导热系数计算方法对铸坯坯壳厚度与温度分布的影响作用[18]。根据上述研究分析，我们在实际过程中根据距离弯月面位置分区域选取不同的等效导热系数。

根据 Harste 的研究，热焓的计算公式如下[16]：

$$H(\mathrm{kJ/kg}) = H_\alpha f_\alpha + H_\gamma f_\gamma + H_\delta f_\delta + H_1 f_1 \tag{4.28}$$

其中：

$$H_\alpha = \begin{cases} 5188T(K)^{-1} - 86 + 0.505T(K) - 6.55\times10^{-5}T(K)^2 + 1.5\times10^{-7}T(K)^3 & T(K) \leqslant 800 \\ -1.11\times10^{-6}T(K)^{-1} - 4.72T(K) + 2.292\times10^{-3}T(K)^2 + 4056 & 800 < T(K) \leqslant 1000 \\ -11.5T(K) + 6.238\times10^{-3}T(K)^2 + 5780 & 1000 < T(K) \leqslant 1042 \\ 34.87T(K) - 0.016013T(K)^2 - 18379 & 1042 < T(K) \leqslant 1060 \\ -10.068T(K) + 2.9934\times10^{-3}T(K)^2 - 5.21766\times10^{6}T(K)^{-1} + 12822 & 1060 < T(K) \leqslant 1184 \end{cases} \tag{4.29}$$

$$\begin{aligned} H_\gamma &= 0.43T(K) + 7.5\times10^{-5}T(K)^2 + 93 + a_\gamma \\ H_\delta &= 0.441T(K) + 8.87\times10^{-5}T(K)^2 + 51 + a_\delta \\ H_l &= 0.825T(K) - 105 \\ a_\gamma &= \frac{37(\text{pctC}) + 1.9\times10^3(\text{pctC})^2}{44(\text{pctC}) + 1200} \\ a_\delta &= \frac{18(\text{pctC}) + 2.0\times10^3(\text{pctC})^2}{44(\text{pctC}) + 1200} \end{aligned} \tag{4.30}$$

密度的计算公式如下：

$$\rho(\text{kg/m}^3) = \rho_\alpha f_\alpha + \rho_\gamma f_\gamma + \rho_\delta f_\delta + \rho_l f_l \tag{4.31}$$

$$\begin{aligned} \rho_\alpha &= 7881 - 0.324T(℃) - 3\times10^{-5}T(℃)^2 \\ \rho_\gamma &= \frac{100(8106 - 0.51T(℃))}{(100 - (\text{pctC}))(1 + 0.008(\text{pctC}))^3} \\ \rho_\delta &= \frac{100(8011 - 0.47T(℃))}{(100 - (\text{pctC}))(1 + 0.013(\text{pctC}))^3} \end{aligned} \tag{4.32}$$

$$\rho_l = 7100 - 73(\text{pctC}) - (0.8 - 0.09(\text{pctC}))(T(℃) - 1150)$$

4.1.2.2 拉速对板坯压下率的影响

首先研究相同钢种、相同板坯尺寸下，不同拉速对板坯压下率的影响。成品断面尺寸为 210mm × 1000mm，浇铸过热度为 30℃，拉速分别为 0.8m/min、1.0m/min、1.2m/min、1.4m/min 和 1.6m/min。钢种为包晶钢。

图 4.10 为不同拉速下的板坯压下率沿铸机的分布图。这里讨论的板坯压下区间为中心固相率为 0.3 ~ 0.7。从图可以看出，0.8m/min 拉速时，压下率从轻压下入口处最大值 0.44mm/m 减少至轻压下出口处最小值 0.28mm/m；在 1.0m/min 拉速时，压下率从轻压下入口处最大值 0.35mm/m 减少至轻压下出口处最小值 0.23mm/m；在 1.2m/min 拉速时，压下率从轻压下入口处最大值 0.30mm/m

减少至轻压下出口处最小值 0.19mm/m；在 1.4m/min 拉速时，压下率从轻压下入口处最大值 0.26mm/m 减少至轻压下出口处最小值 0.16mm/m；在 1.6m/min 拉速时，压下率从轻压下入口处最大值 0.22mm/m 减少至轻压下出口处最小值 0.14mm/m。

总体上看，同一拉速下压下率沿拉坯方向呈近似线性减少。究其原因是在外表冷却条件变化不大的条件下，由于凝固末端两相区内横断面（如图 4.2 所示）的液相面积逐渐减少，这样就会导致拉坯方向单位长度内钢液的凝固收缩量减少，从而导致在压下区间内的压下率不断下降。拉速较低时压下率的最大值和最小值都大于较高拉速对应的压下率最大值和最小值，这是因为当拉速较低时，铸坯表面热流较大，铸坯凝固速度较快，从而导致两相区长度较小；同时由于凝固速度较快，导致沿拉坯方向的单位长度的凝固收缩量增加，进而导致了压下率的增加。

图 4.11 为板坯平均压下率与拉速的分布图。平均压下率用压下总量除以压下区间长度表示。在工程实际应用中，板坯的辊缝控制不是基于单对铸辊，而是基于段（多对铸辊），所以平均压下率有重要的参考意义。从该图可知平均压下率与拉速呈线性减少关系，拉速每增加 0.2m/min，平均压下率减少约 0.04mm/m。

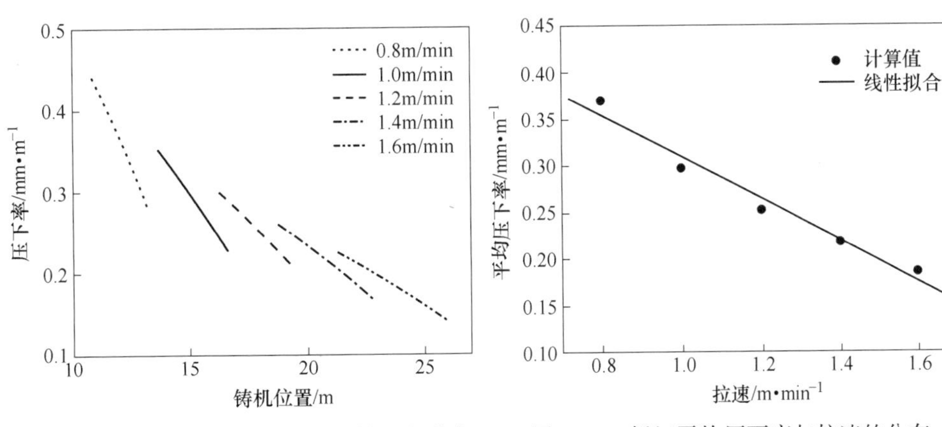

图 4.10 不同拉速下板坯压下率沿铸机的分布　　图 4.11 板坯平均压下率与拉速的分布

图 4.11 中计算的压下率范围为 0.18 ~ 0.37mm/m，而实际应用中铸坯取得良好中心质量的压下率范围为 0.75 ~ 1.4mm/m，也就是说计算值较实际应用值要小，这是因为计算过程中只考虑了凝固收缩对压下率的影响，而没有考虑热收缩以及轻压下时铸坯在宽面和拉坯方向上的变形影响。在压下区间内，热收缩相对于凝固收缩是很小的，可以忽略不计，但压下时的铸坯变形则影响大。压下效率可以作为衡量铸坯变形对轻压下的影响，压下效率体现了铸坯表面压下量传递到凝固前沿实际压下量的效率，在压下区间内板坯压下效率在 20% ~ 50% 之间

(见4.2节的阐述)，而计算值与工厂实际应用值的比值，恰好位于这个20%～50%之间，这说明计算过程是可行可靠的。

图4.12为不同拉速下压下速率（v_{RR}）与铸机位置的分布图。压下速率定义为单位时间内的压下量，由下式计算：

$$v_{RR} = v_{RG} v_{casting} \tag{4.33}$$

式中，$v_{casting}$为拉速。从图4.12可以看出，不同拉速下板坯压下速率沿拉坯方向近似线性减少，这是由凝固坯壳导热热阻引起的。当铸坯表面冷却条件一样时，坯壳越薄，凝固前沿的热量通过凝固坯壳的热传导至铸坯表面越容易，即凝固前沿钢液热量的导出与铸坯坯壳厚度成反比。沿拉坯方向坯壳越来越厚，这样就导致压下速率沿拉坯方向近似线性减少。而且可以发现，不同拉速情况下，板坯压下速率取值范围基本相同，最大值为0.36mm/min，最小值为0.22mm/min。

图4.13为不同拉速下轻压下入口、出口处板坯1/4横截面内的液相面积。从计算结果可知，轻压下入口处的板坯横截面内的液相面积在不同拉速下均为5080mm²；轻压下出口处的板坯横截面内的液相面积在不同拉速下也几乎相等，为955mm²。这意味着不同拉速下板坯压下区间内未凝固钢液的总量是一定的。

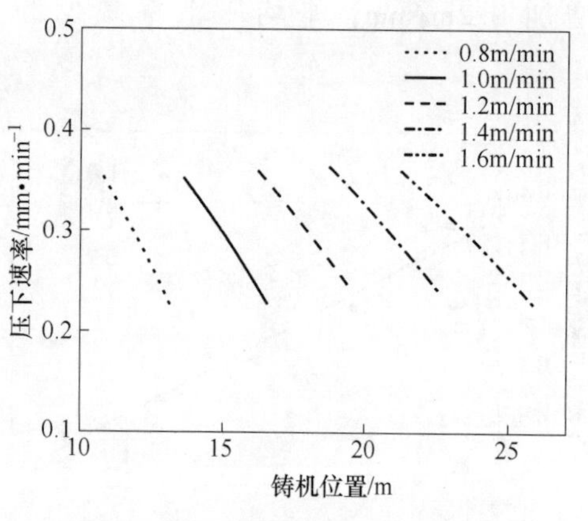

图4.12 不同拉速下板坯压下速率与铸机位置的分布

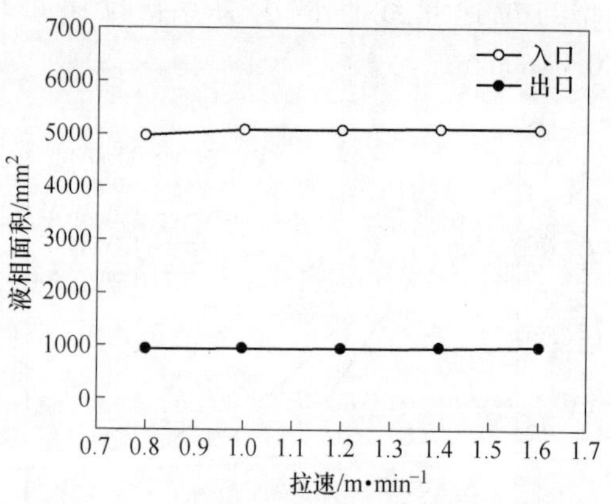

图4.13 不同拉速下轻压下入口、出口处板坯1/4横截面内液相面积

图4.14为不同拉速下板坯压下区间长度的分布。从计算结果可以看出，压下区间长度和拉速呈线性正比关系，拉速每增加0.2m/min，压下区间长度增加0.6m。也就是说，压下区间长度与拉速的比为定值2.9min，这表示在不同拉速下，轻压下作用时间是不变的。

图4.15为板坯平均压下速率与拉速的分布图。平均压下速率定义为铸坯厚度方向的压下总量除以压下时间。可以看出，平均压下速率不随拉速的变化而变化，保持定值0.29mm/min。因为压下速率的开始、结束值一样，所以平均值也相同。

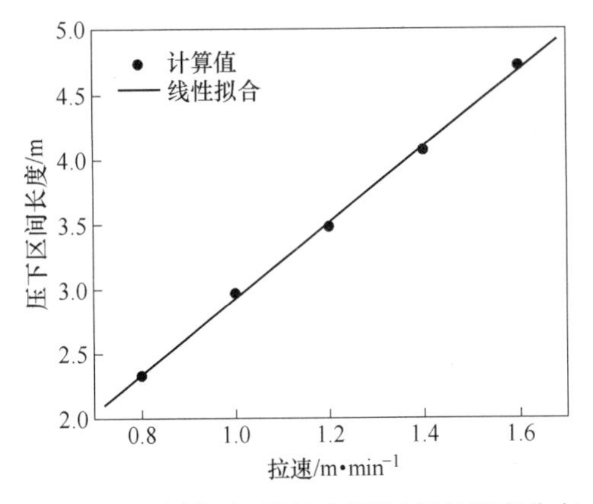

图 4.14 不同拉速下板坯压下区间的长度分布

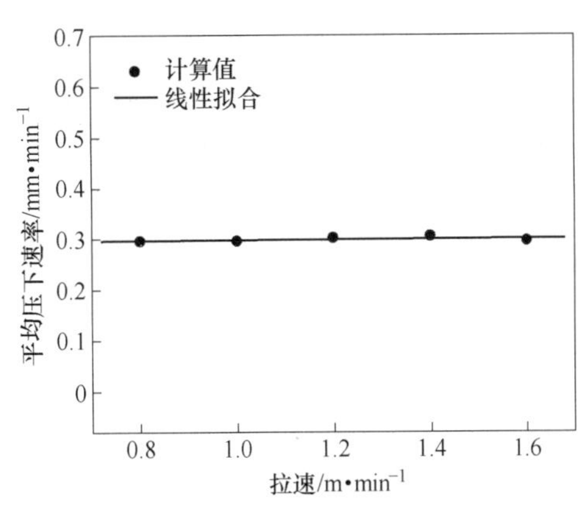

图 4.15 板坯平均压下速率与拉速分布

结合图 4.14 和图 4.15 可知，在压下区间内，不同拉速下的凝固钢液总量是一定的，而且凝固时间也相同。沿铸机方向线性减少的压下速率的开始与结束值必须相同才能同时满足图 4.14 和图 4.15。

而总的轻压下压下量等于压下时间与平均压下速率的乘积，结合图 4.14 和图 4.15，可以得出：在钢种、铸坯断面尺寸与压下区间一定的条件下，板坯总的轻压下压下量是一定的，不随拉速变化而变化。

4.1.2.3 钢种对板坯压下率的影响

考察相同铸坯断面、相同拉速下，不同钢种下板坯压下率的变化规律。浇铸过热度为 30℃，拉速为 1.4m/min，铸坯断面尺寸为 210mm×1150mm。计算钢种为低碳钢（LC）、低碳包晶钢（LCP）、包晶钢（P）、中碳钢（MC）。

图 4.16 为不同钢种下的板坯压下率沿铸机分布图，压下率多用于控制实际生产时铸辊辊缝。可以看出，各钢种的轻压下率作用长度和位置有所不同，但压下率都沿铸机近似线性减少。

为了便于比较，将压下区间位置对应的中心固相率作为横坐标，如图 4.17 所示。可以看出：压下率随着固相率的增加而线性减少；低碳钢压下率变化范围为 0.225 ~ 0.168mm/m；低碳包晶钢压下率的变化范围为 0.233 ~ 0.163mm/m；包晶钢压下率的变化范围为 0.263 ~ 0.167mm/m；中碳钢压下率的变化范围为 0.256 ~ 0.159mm/m。从这些数据可知，钢种对压下率的影响很小，压下率的变化范围大致在 0.26 ~ 0.16mm/m 之内。

由式（4.12）可以看出，压下率是由铸坯内固相面积沿拉坯方向单位长度增量决定的，而固相面积的增量是由钢种导热系数、比热容、结晶潜热以及铸坯表面传热条件决定的。由于各钢种的传热物性参数差别很小，因此在压下区间内各钢种铸坯表面传热条件也很接近，故压下率变化也很小。

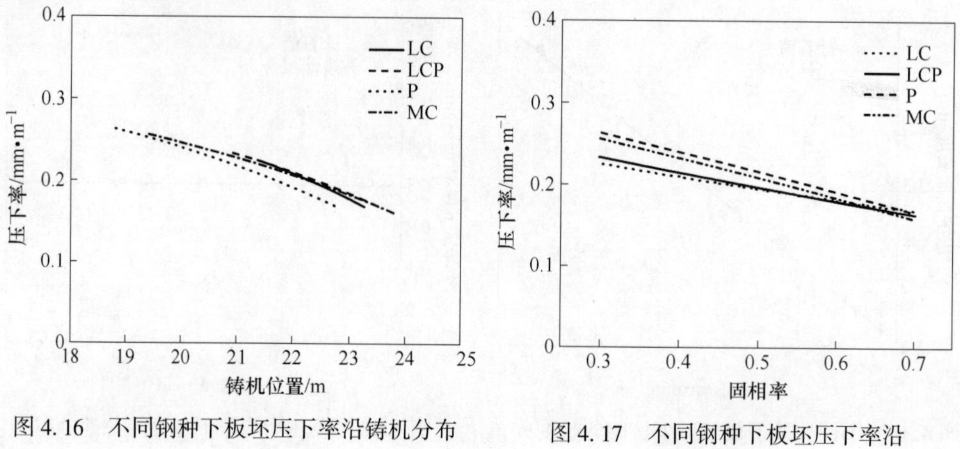

图 4. 16 不同钢种下板坯压下率沿铸机分布

图 4. 17 不同钢种下板坯压下率沿中心固相率分布

压下速率与时间直接相关，因此便于分析轻压下的实质。图 4. 18 为不同钢种下板坯压下速率沿铸机分布图，与其相对应的压下速率沿中心固相率分布如图 4. 19 所示。可以看出，压下速率沿中心固相率线性减小。低碳钢的压下速率变化范围为 0. 315 ~ 0. 236mm/min；低碳包晶钢的压下速率变化范围为 0. 327 ~ 0. 230mm/min；包晶钢的压下速率变化范围为 0. 368 ~ 0. 233mm/min；中碳钢的压下速率变化范围为 0. 358 ~ 0. 222mm/min。

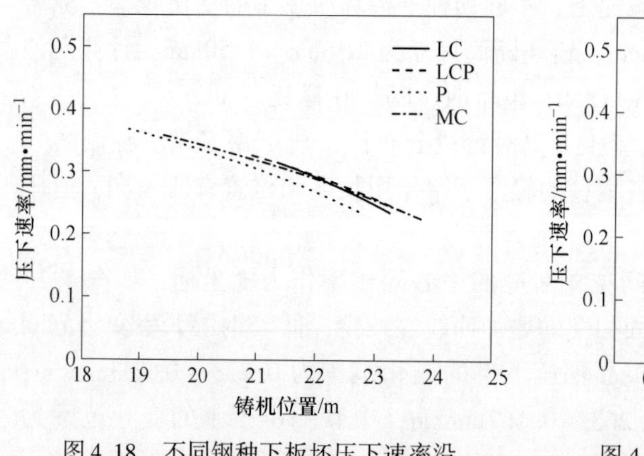

图 4. 18 不同钢种下板坯压下速率沿铸机分布图

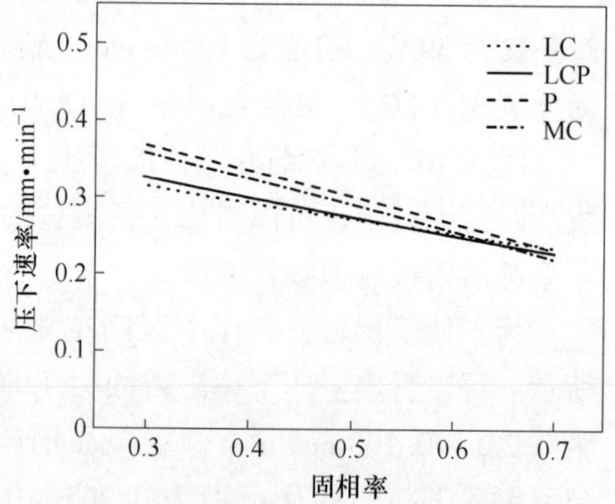

图 4. 19 不同钢种板坯压下速率沿中心固相率分布图

尽管钢种不同，但该断面下的板坯压下速率范围约为 0. 37 ~ 0. 22mm/min。产生此结果的原因与钢种对压下率影响小的原因类似，即压下速率是由铸坯内固相面积单位时间的增量决定的。各钢种高温热物性参数差别很小，表面传热条件差别也很小，这就决定了固相面积的增加速度很接近，故压下速率变化也很小。

工程实际应用中，板坯连铸机往往5～7对铸辊组成扇形段，这样组合优点多，但控制辊缝只能成段控制，没有单辊控制方便。于是对平均压下率或平均压下速率的变化规律的了解显得更有实际意义。图4.20和图4.21分别为不同钢种下板坯平均压下率与板坯平均压下速率的关系。从图4.20可以看出，板坯平均压下率随钢种变化小，基本上保持在0.21mm/m。同样，从图4.21可知，板坯平均压下速率基本保持不变，平均压下速率为0.29mm/min。

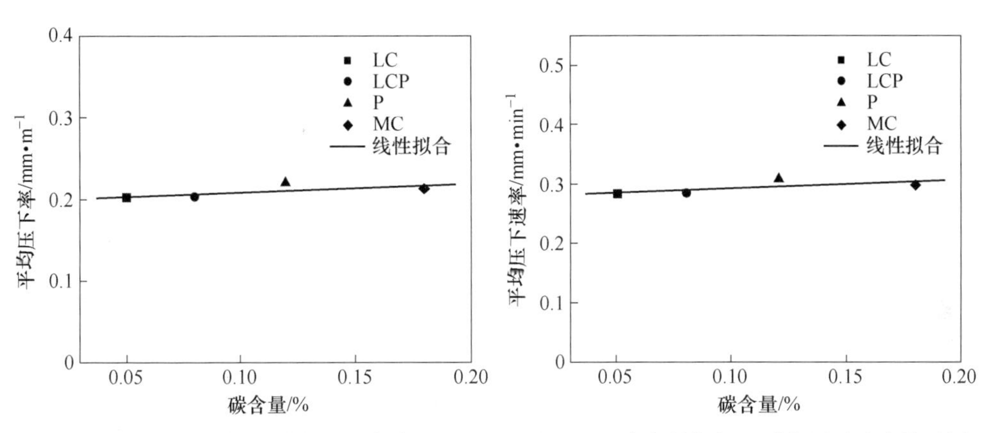

图4.20 碳含量与板坯平均压下率关系图　　图4.21 碳含量与板坯平均压下速率关系图

实际生产过程中压下量的情况是碳含量较高钢种的压下量大于碳含量较低钢种。这是因为虽然钢种对压下率或压下速率影响不大，但是钢种对压下区间的影响大，如图4.22所示。可以看出压下区间长度与钢种对应的两相区温度宽度ΔT（液相线温度与固相线温度之差）成正比。压下量等于平均压下率与压下区间长度之积。所以两相区温度宽度较宽的钢种所对应的压下量较大。

4.1.2.4 断面形状对板坯压下率的影响

考察在相同钢种、相同拉速，不同铸坯断面尺寸对板坯压下率的影响。计算铸坯厚度分别为210mm、230mm、250mm，铸坯宽度分别为1000mm、1150mm、1300mm，共计算9个组合断面尺寸，浇铸过热度为30℃。

计算中不同断面尺寸的板坯均采用相同的目标表面温度。图4.23为210mm厚度下不同宽度对中心固相率的影响图。从该图可以看出，不同宽度（1000mm、1150mm和1300mm）下的中心固相率分布的曲线相重合。从计算结果看，对230mm和250mm厚的不同宽度下的中心固相率分布的曲线也相重合。这是因为板坯的凝固主要受宽面冷却的影响，板坯中心处的坯壳凝固速度与凝固时间并不会因为宽度的增加而改变。所以对板坯而言，宽度不影响凝固终点位置与中心固相率的分布。

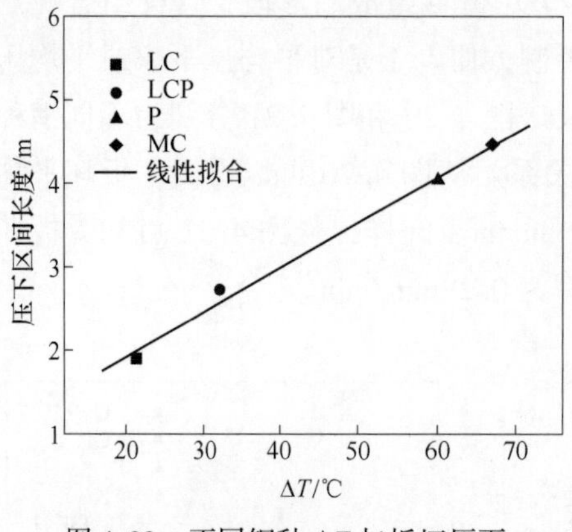

图 4.22 不同钢种 ΔT 与板坯压下区间长度关系图

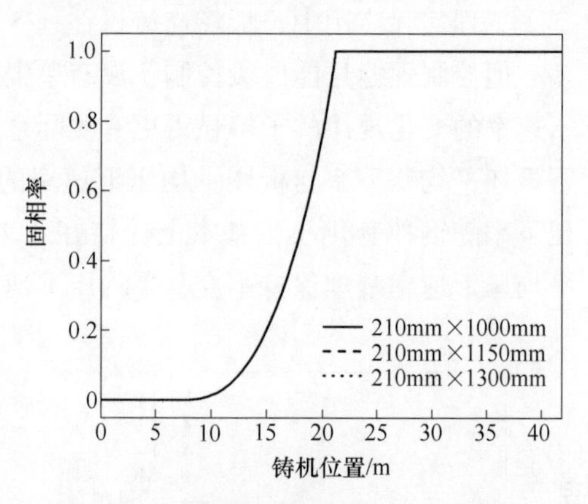

图 4.23 不同板坯宽度下的中心固相率分布图（210mm 厚）

图 4.24 为在 1000mm 宽度下，不同厚度（210mm、230mm 和 250mm）对中心固相率沿铸机流线分布的影响图。可以看出厚度从 210mm 增加到 230mm 时，凝固终点位置后移 3.94m，中心开始凝固点位置后移 1.80m，两相区长度增加 2.14m；厚度从 230mm 增加到 250mm 时，凝固终点位置后移 5.32m，中心开始凝固点位置后移 2.01m，两相区长度增加 2.31m。从计算结果统计结果看，在宽度 1150mm、1300mm 下不同厚度对中心固相率分布的影响和图 4.24 完全一致。厚度的增加导致凝固终点和中心开始凝固点位置后移可用凝固平方根定律解释。在外界冷却条件一定的情况下，铸坯越厚，所需生长时间越长，相应地凝固终点和中心开始凝固点位置向后移。

铸坯厚度、宽度对压下区间长度的影响分别如图 4.25 和图 4.26 所示。可以看出，在宽度为 1000mm、1150mm、1300mm 时，压下区间长度并没有变化；厚

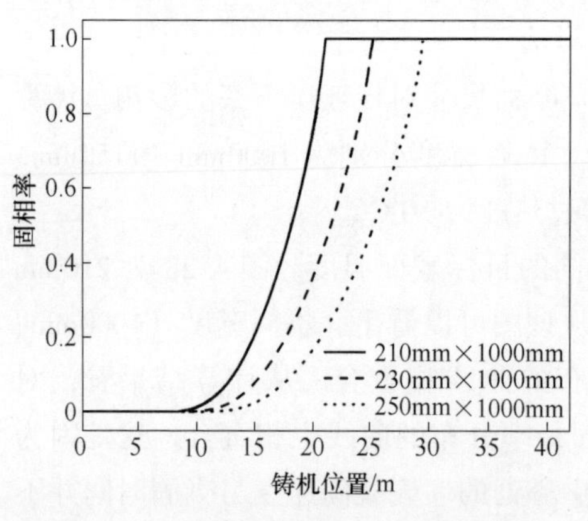

图 4.24 不同板坯厚度下中心固相率沿铸机流线分布（1000mm 宽）

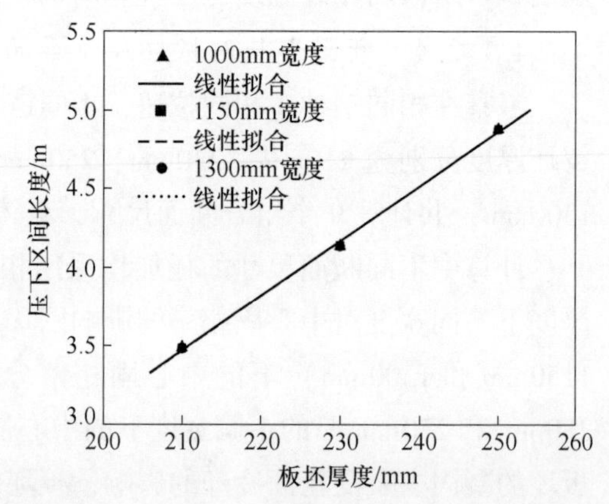

图 4.25 不同板坯厚度对压下区间长度的影响

度与压下区间成近似线性正比关系，厚度增加20mm，压下区间长度增加约0.7m。厚度增加导致压下区间长度的增加，可用凝固平方根定律解释。坯壳生长时间与坯壳厚度的平方成正比，也就是说坯壳生长时间增加速度要快于坯壳厚度的增长速度，这样在拉速和表面冷却条件不变的情况下，压下区间的长度就会随着厚度的增加而增加。

图4.27～图4.29分别为相同宽度、不同厚度下板坯压下率沿铸机的分布图。

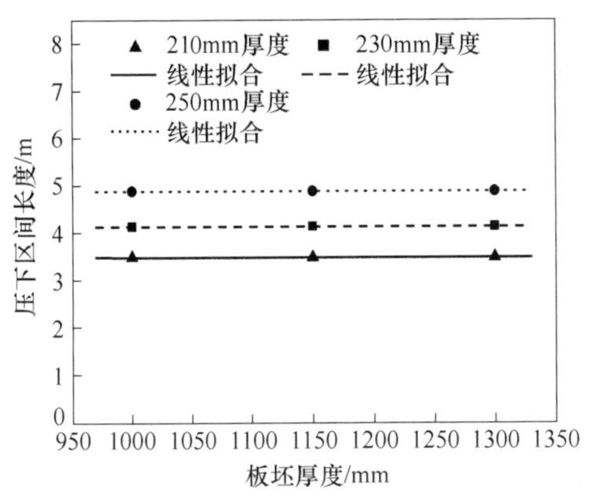

图4.26 不同宽度对压下区间长度的影响

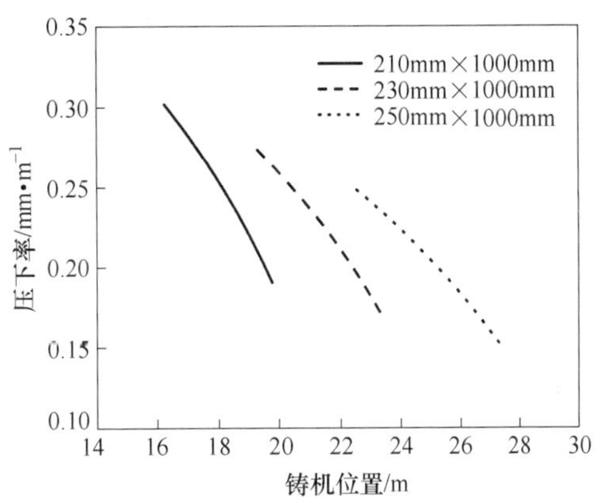

图4.27 不同板坯厚度下压下率沿铸机流线的分布图（1000mm宽）

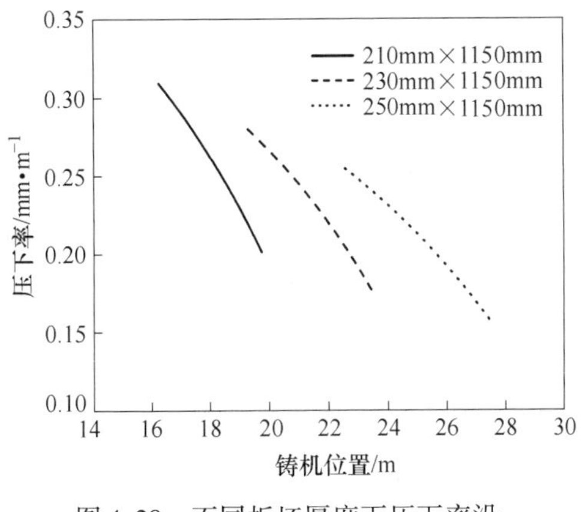

图4.28 不同板坯厚度下压下率沿铸机流线的分布图（1150mm宽）

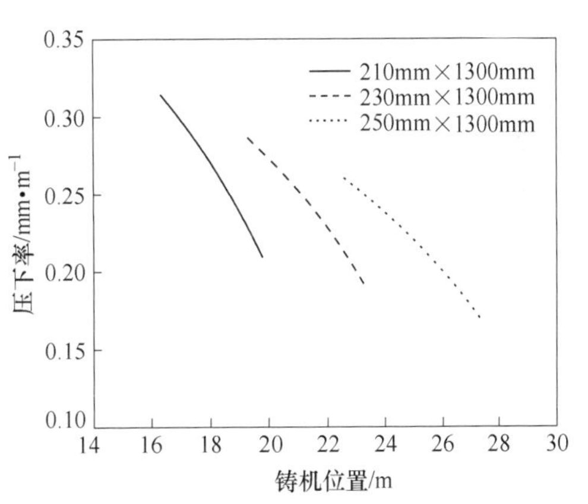

图4.29 不同板坯厚度下压下率沿铸机流线的分布图（1300mm宽）

可以看出，板坯压下率在压下区间内沿铸机流线呈线性减少。对于宽度为1000mm的铸坯，厚度为210mm、230mm、250mm时对应的板坯压下率变化范围分别为0.30～0.19mm/m、0.27～0.17mm/m、0.25～0.15mm/m；1150mm宽度下，厚度为210mm、230mm、250mm下对应的板坯压下率变化范围分别为0.31～

0.20mm/m、0.28 ~0.18mm/m、0.25 ~0.16mm/m；1300mm 的铸坯，厚度为 210mm、230mm、250mm 下对应的压下率变化范围分别为 0.31 ~0.21mm/m、0.29 ~0.18mm/m、0.26 ~0.17mm/m。

可以得出：厚度每增加 20mm（相当于 210mm 的 10%），板坯压下率在入口处最大值与出口处最小值分别减少 0.03mm/m、0.02mm/m（压下率减少 10%）。压下率与凝固速度存在对应关系，由凝固平方根定律可知，当浇铸铸坯厚度增加，外界冷却条件变化不大时，所需凝固时间就越大，也就是说凝固速率下降，这样实施轻压下时也就应该降低压下率。

图 4.30 为不同厚度下的板坯平均压下率。从图可知板坯平均压下率与铸坯厚度呈线性减少关系，厚度每增加 20mm，板坯平均压下率减少了约 0.028mm/m；以 210mm 厚为基准，厚度增加 10%，板坯平均压下率减少 10%。厚度对板坯压下率的影响大。

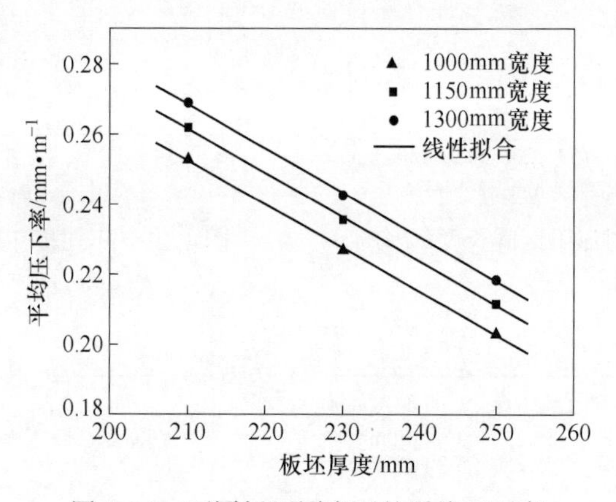

图 4.30 不同板坯厚度下的平均压下率

图 4.31 ~图 4.33 分别为相同厚度、不同宽度下板坯压下率沿铸机的分布图。由图 4.31 可以看出，在 210mm 厚度下宽度为 1000mm、1150mm、1300mm 时对应的板坯压下率变化范围分别为 0.302 ~0.191mm/m、0.310 ~0.202mm/m、0.315 ~0.210mm/m。可以推出，宽度增加 300mm（相当于 1000mm 的 30%），板坯压下率增加不超过 5%。在厚度为 230mm（图 4.32）与 250mm（图 4.33）时不同宽度下压下率的变化规律也是如此。

图 4.34 为不同宽度下板坯平均压下率分布图。板坯平均压下率与铸坯宽度呈线性关系，宽度每增加 150mm，平均压下率增加 0.008mm/m；以 1000mm 宽为基准，宽度增加 15%，平均压下率增加 3%。可以看出，平均压下率在不同宽度下的值变化很小。由此可见，相同厚度下宽度对压下率的影响很小，可以忽略不计。因为板坯凝固主要受厚度方向上的传热影响，只要厚度一定，凝固速度相对固定，压下率也就相对不变。

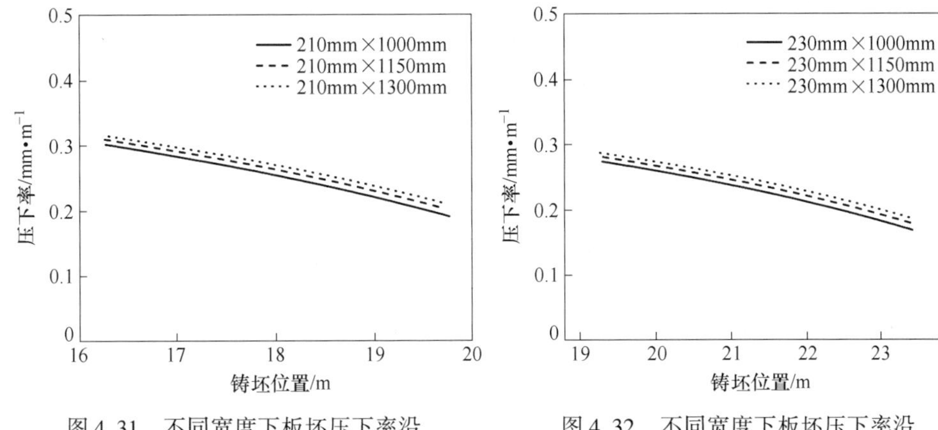

图 4.31　不同宽度下板坯压下率沿铸机流线的分布图（210mm 厚）

图 4.32　不同宽度下板坯压下率沿铸机流线的分布图（230mm 厚）

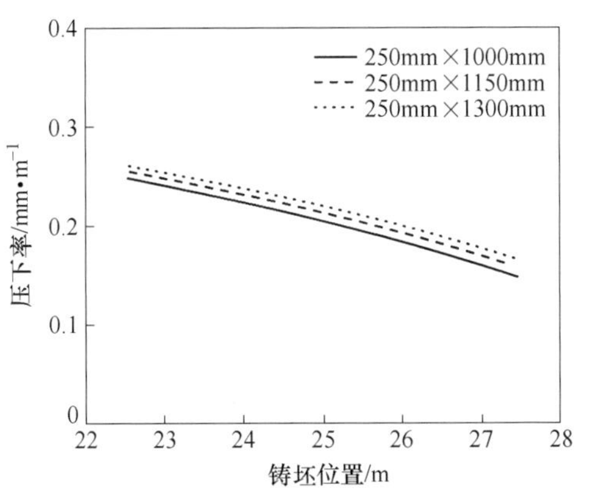

图 4.33　不同宽度下板坯压下率沿铸机流线的分布图（250mm 厚）

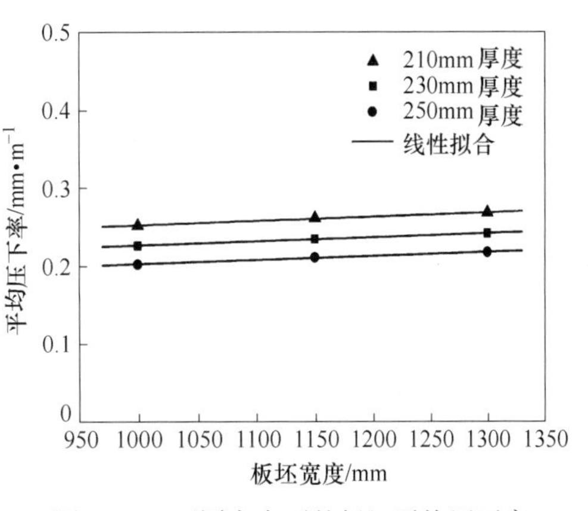

图 4.34　不同宽度下的板坯平均压下率

4.2　压下量

方坯连铸生产过程中采用空冷区的拉矫机完成压下过程，因此为典型的断续点压下过程。压下量参数指各拉矫机的压下量，是用来控制方坯压下的关键工艺参数。与压下率参数的理论计算相类似，根据连铸坯的凝固补缩原理，建立适用于大方坯连铸生产的凝固末端轻压下压下量理论模型[1]。

4.2.1　方坯压下量理论计算模型

与板坯连铸生产过程相类似，方坯连铸过程中铸坯由外至内不断凝固，产生的凝固收缩量由中心可以流动的自由钢液补充进来。但在凝固末期，由于钢液在类似多孔介质的两相区中流动阻力的增加，凝固收缩量无法得到及时补偿，形成的压降将导致铸坯中心附近枝晶间的富含溶质偏析元素钢液向中心流动、汇集并最终凝固，从而形成中心宏观偏析，同时得不到补偿的凝固收缩量将最终形成中心疏松与缩孔。因此，轻压下的实施关键即为补偿凝固收缩量，从而达到消除中心偏析和疏松的目的。

图 4.35 为方坯连铸流线上铸坯凝固坯壳厚度及压下辊的示意图，图 4.36 为铸坯横截面温度分布。图 4.36（a）对应图 4.35 中的轻压下开始点 A；图 4.36（b）对应图 4.35 中的第二架拉矫机下的铸坯截面，即压下点 B；图 4.36（c）对应图 4.35 中的第三架拉矫机下的铸坯截面，即压下点 C。

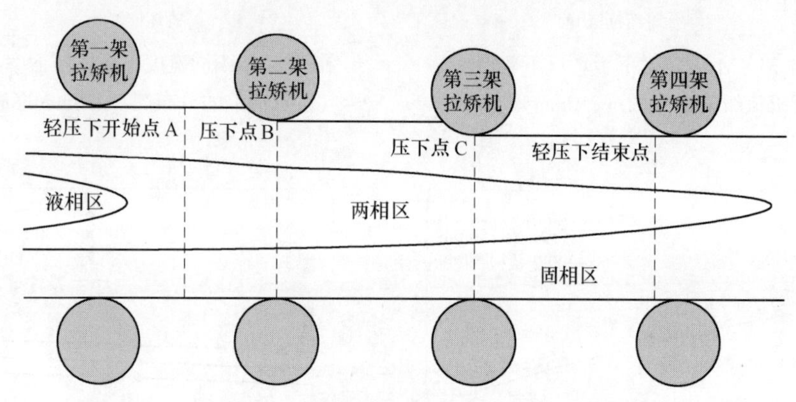

图 4.35　方坯凝固末端轻压下过程示意图

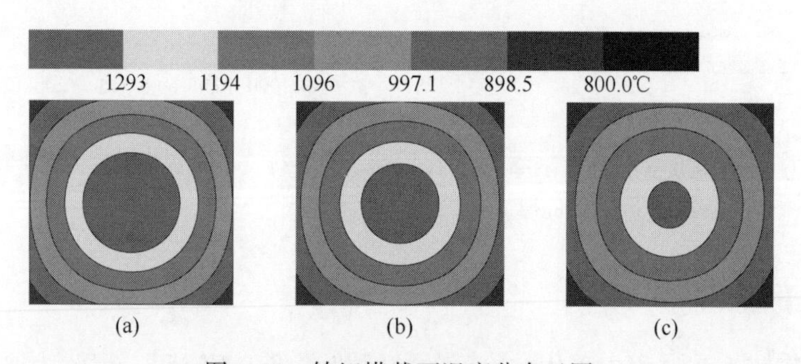

图 4.36　铸坯横截面温度分布云图

第 i 架拉矫机下铸坯沿 z 方向的质量增量为：

$$\frac{\mathrm{d}M_i}{\mathrm{d}z} = \int_0^{Y_i}\int_0^{X_i}\rho(x, y, z_i)\,\mathrm{d}x\mathrm{d}y \tag{4.34}$$

式中，x，y，z 分别代表铸坯的宽度方向、厚度方向和拉坯方向；X，Y 分别代表铸坯的宽度和厚度；$\rho(x,\ y,\ z)$ 为铸坯密度，是温度的函数。

如图 4.36 所示，在理想情况下液芯的收缩量是由自由流动的钢液所提供，因此根据拉坯方向的质量守恒原理，$\mathrm{d}M/\mathrm{d}z$ 在整个铸流上都是恒定的。然而根据

Takahashi 的研究[19]，由于凝固过程中枝晶的搭桥作用，在 $f_S = 0.31$ 时钢液的流动就开始受到了阻碍，因此低固相区的钢液并不能自由流动至两相区。根据这一原理，在不能自由流动的区域内，第 i 个和 $i-1$ 个压下点的质量差被计算如下：

$$\Delta M_i = \left(\frac{\mathrm{d}M_i}{\mathrm{d}z} - \frac{\mathrm{d}M_{i-1}}{\mathrm{d}z}\right)\Delta L_i \tag{4.35}$$

式中，ΔL_i 是第 i 个压下位置与第 $i-1$ 个压下位置之间的长度，m。

利用两点之间的铸坯质量增量差值，可推导求出两点之间凝固收缩引起的体积收缩量，即：

$$\Delta V_i = \frac{\Delta M_i}{\rho_L} \tag{4.36}$$

式中，ρ_L 是钢液的密度。

与此同时，体积收缩量 V_i 是在长度 L_i 内形成的，因此也可以表述为：

$$\Delta V_i = \Delta A_i \Delta L_i \tag{4.37}$$

式中，ΔA_i 是第 i 与 $i-1$ 个压下点的铸坯横截面的液芯面积差，也就是需补缩的液芯收缩面积单位。

图 4.37 给出了轻压下前后铸坯截面的变化，其中液芯减少量即为 ΔA_i。联立上述方程式，ΔA_i 可表述为：

$$\Delta A_i = \frac{\frac{\mathrm{d}M_i}{\mathrm{d}z} - \frac{\mathrm{d}M_{i-1}}{\mathrm{d}z}}{\rho_L} = \frac{\int_0^{Y_i}\int_0^{X_i}\rho(x,y,z_i)\,\mathrm{d}x\mathrm{d}y - \int_0^{Y_{i-1}}\int_0^{X_{i-1}}\rho(x,y,z_{i-1})\,\mathrm{d}x\mathrm{d}y}{\rho_L} \tag{4.38}$$

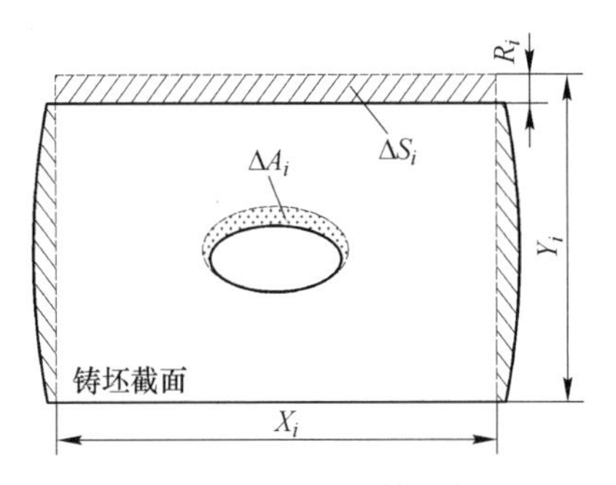

图 4.37 轻压下前后连铸坯截面变化

根据压下效率的定义（具体见 4.3 节），压下效率为轻压下前后液芯变形量与铸坯坯壳变形量之比，即：

$$\eta_i = \frac{\Delta A_i}{\Delta S_i} \tag{4.39}$$

式中，ΔS_i 是铸坯表面变形量（如图 4.37 所示），也可根据铸坯宽度与表面压下量进行计算，即：

$$\Delta S_i = R_i X_i \tag{4.40}$$

式中，R_i 为第 i 个拉矫机的压下量；X_i 为第 i 个拉矫机下铸坯的宽度。

联立上述公式，最终可以得到第 i 个拉矫机压下量的理论计算公式：

$$R_i = \frac{\Delta A_i}{\eta_i X_i} = \frac{\int_0^{Y_i}\int_0^{X_i}\rho(x,y,z_i)\,\mathrm{d}x\mathrm{d}y - \int_0^{Y_{i-1}}\int_0^{X_{i-1}}\rho(x,y,z_{i-1})\,\mathrm{d}x\mathrm{d}y}{\rho_{\mathrm{L}}\eta_i X_i} \tag{4.41}$$

4.2.2 方坯压下量的求解与分析

由于铸坯的密度是温度函数，因此由式（4.38）可知，只要准确描述连铸坯的温度分布，即可根据密度与温度间的函数关系计算得到液芯需要的补缩面积，进而根据压下效率求得表面压下量。

以280mm×325mm断面大方坯连铸生产过程为具体研究对象，并根据4.1.2.1节介绍的连铸坯温度场计算方法，研究压下量及其相关参数的分布情况。在压下区间选择方面，根据4.4节的压下区间参数确定方法，轴承钢GCr15、帘线钢72A、硬线钢82B分别选择 $f_{\mathrm{S}}=0.92$、$f_{\mathrm{S}}=0.91$、$f_{\mathrm{S}}=0.92$ 为压下区间终点。与此同时，根据Takahashi的研究[19]，轻压下区间起点选择铸坯两相区内钢液开始不能自由流动位置，即 $f_{\mathrm{S}}=0.31$ 处。

图4.38给出了轴承钢GCr15在不同拉速下沿铸坯厚度方向上 $f_{\mathrm{S}}=0.00$，$f_{\mathrm{S}}=0.31$，$f_{\mathrm{S}}=0.92$ 和 $f_{\mathrm{S}}=1.00$ 的等值线。如图所示，随着浇铸速度的增加，两相区和轻压下区间均相应延长，轻压下区域整体向后移动，这是因为拉速增加，铸坯在铸流上的停留时间缩短，总体释放的热量减少，这一规律也符合坯壳生长的平方根定律。具体而言，拉速每增加0.05m/min，轻压下区域延长0.35m左右，同时轻压下的起始点向后移动大约1.18m。

根据式（4.38），可计算得到需补缩的液芯面积 DA_i 在轻压下区间（$f_{\mathrm{S}}=0.31\sim0.92$）内的分布。图4.39给出了不同拉速下需补缩的液芯面积 DA_i 的计算结果。由图可知，需补缩的液芯面积随着轻压下位置的后移而近似线性增长，在轻压下结束位置达到最大值。各拉速下需补缩的液芯面积的增长速度基本相同，因此随着拉速增加，DA_i 的最大值也相应增加。

根据压下效率计算方法（如4.3节所述），可计算得到该断面下轴承钢GCr15的压下效率如图4.40所示。随着压下量的增加，压下效率呈现先增大后减小的趋势，且随着横截面上两相区比率的降低，压下效率出现明显下降。

图4.41给出了根据温度计算结果得出的铸坯横截面上液芯比例。可以看出，沿拉坯方向铸坯凝固比例近似线性减小，直至完全凝固。

根据上述得出的需补缩液芯面积、压下效率、液芯比例（分别如图4.39～图4.41所示），结合式（4.41）可最终计算得到铸坯表面压下量参数。

图4.42和图4.43分别给出了帘线钢72A和硬线钢82B连铸坯需补缩液芯面积与横截面液芯比例。由图4.42可知，82B连铸坯最大液芯补缩面积明显高于72A，但其低于GCr15，这主要是由于随着碳含量的增加，铸坯固相与液芯凝固

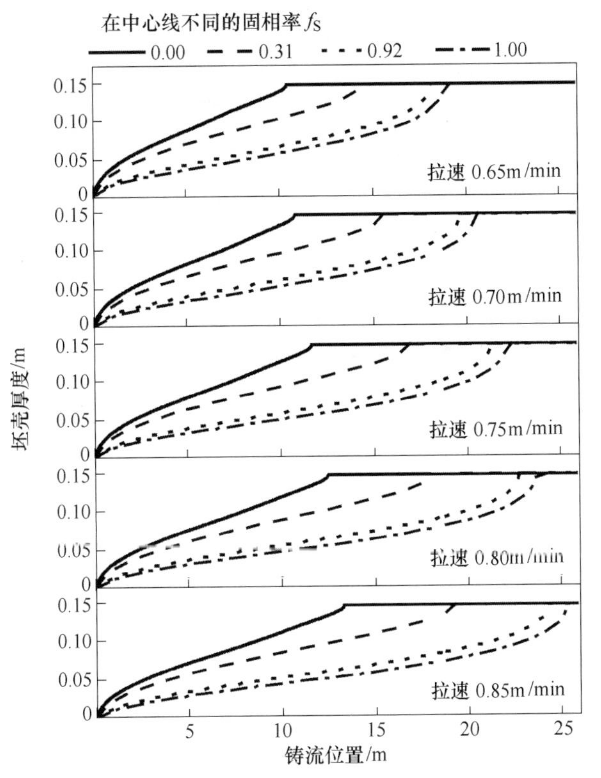

图 4.38 不同浇铸速度下，在方坯厚度方向上的不同固相分数等值线

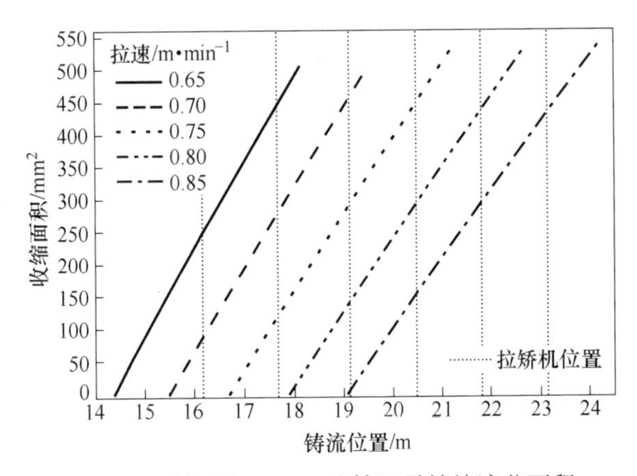

图 4.39 轴承钢 GCr15 连铸坯需补缩液芯面积

温度差增大，凝固过程中需要补缩的面积相应增加。相应的，随着碳含量的增加，相同中心固相率条件下铸坯的液芯比例也相对较大，如图 4.43 所示。

在上述计算结果的基础上，根据式（4.41）计算得到的 GCr15、82B、72A 的连铸坯表面压下量见表 4.1。

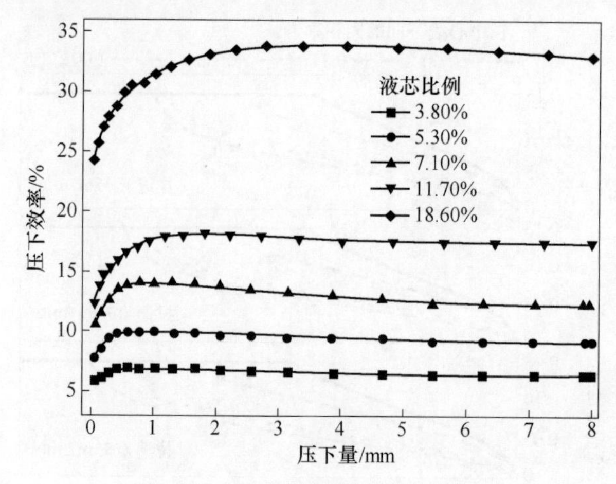

图 4.40 GCr15 轴承钢的压下效率

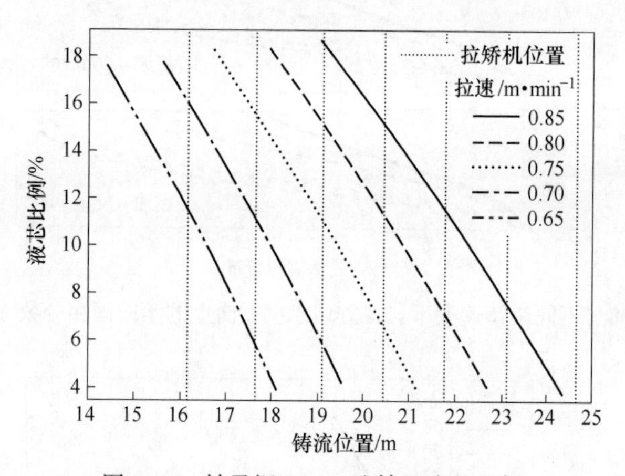

图 4.41 轴承钢 GCr15 连铸坯液芯比例

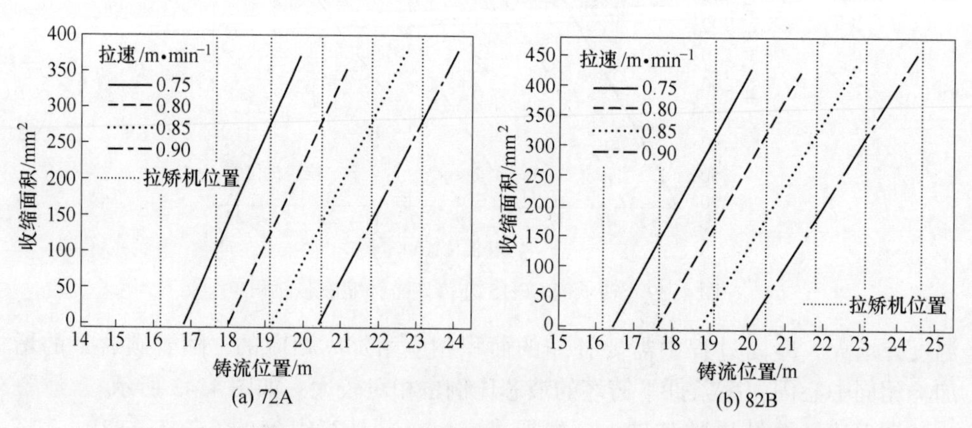

图 4.42 帘线钢 72A（a）与硬线钢 82B（b）连铸坯需补缩液芯面积

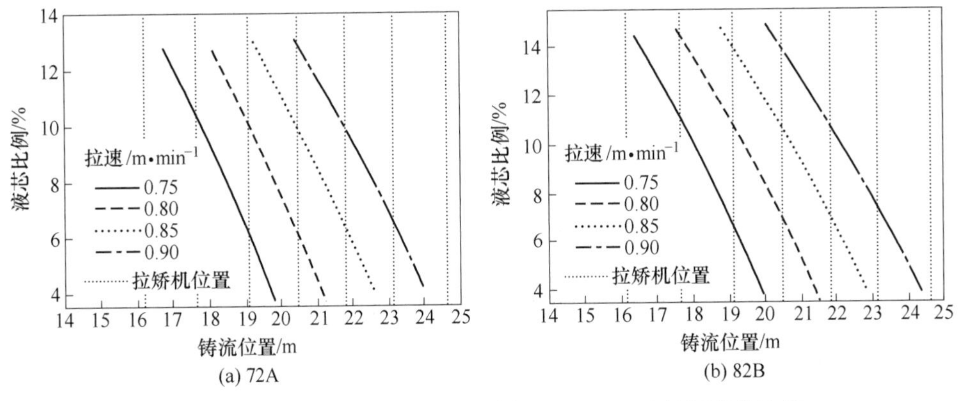

图4.43 帘线钢72A（a）与硬线钢82B（b）连铸坯液芯比例

表4.1 压下量计算结果

钢 种	拉速/$m\cdot min^{-1}$	拉矫机下的压下量/mm						
		1号	2号	3号	4号	5号	6号	总计
GCr15	0.70	1.06	3.40	5.22				9.68
	0.75		1.42	3.08	5.08			8.58
	0.80			2.12	2.69	3.41		8.22
	0.85				1.79	2.43	3.08	7.30
82B	0.75		2.64	5.36				7.00
	0.80			3.13	3.71			6.84
	0.85			0.53	2.68	3.32		6.53
	0.90				0.69	2.46	3.03	6.18
72A	0.75		1.91	5.94				6.85
	0.80			2.32	5.24			6.56
	0.85				2.62	3.80		6.42
	0.90					2.78	3.50	6.28

由表可知，280mm × 325mm 轴承钢 GCr15 大方坯的轻压下量为 7.30 ~ 9.68mm。随着拉速的增加，所需要的压下量总量逐渐降低，这是因为虽然铸坯所需的液芯补缩面积增加，但由于两相区的延长，各拉矫机下坯壳厚度相应变薄，压下效率随之上升，所需的表面压下量反而较小，故总压下量较小。

在浇铸速度为0.75 ~ 0.90m/min 时，横截面为280mm × 325mm 的72A 和82B 方坯的轻压下量分别为6.18 ~ 7.00mm 和6.28 ~ 6.85mm。可以看出，随着碳含量的降低，两相区温度区间逐渐缩小，所需补偿凝固收缩的压下量也随之减小。

随着铸坯断面的增加，铸坯液芯所需的补缩面积也随之增加。图4.44 给出了

380mm×490mm 断面轴承钢 GCr15 连铸坯需补缩液芯面积，所需的液芯补缩总面积约为 280mm×325mm 连铸坯的两倍左右，其与两台连铸机的断面比例基本吻合。

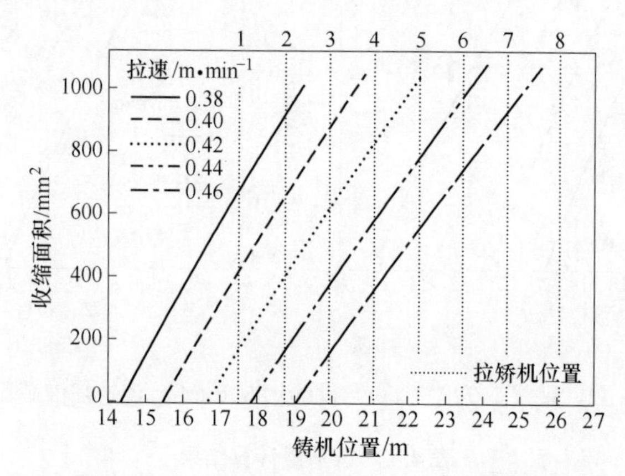

图 4.44 380mm×490mm 断面轴承钢 GCr15 连铸坯需补缩液芯面积

计算得到的 380mm×490mm 断面轴承钢 GCr15 连铸坯压下量分布如表 4.2 所示。

表 4.2 380mm×490mm 断面轴承钢 GCr15 连铸坯压下量

拉速 /m·min⁻¹	各拉矫机压下量与总压下量/mm							
	2 号	3 号	4 号	5 号	6 号	7 号	8 号	总量
0.38	8.2	11.1						19.3
0.40	3.7	6.0	8.0					17.8
0.42	2.5	2.6	3.1	5.1	5.9			18.2
0.44		1.7	2.5	3.5	5.2	5.5		17.3
0.46			1.4	1.9	2.5	5.5	5.7	16.0

由表 4.2 可知，380mm×490mm 断面连铸坯所需的总压下量明显高于 280mm×325mm 断面连铸坯，其原因在于：（1）所需的液芯补缩面积增加，相应的所需的表面压下量势必增加；（2）由于坯壳厚度的增加，压下效率下降。其中，后者的影响更加明显。

随着拉速的增加，两相区长度增加且位置后移，更多的拉矫机参与到轻压下过程中。在 0.38m/min 拉速条件下，由于液芯较短，只有 2 号、3 号拉矫机进行轻压下，因此几乎全部的液芯补缩面积只能依靠这两架拉矫机完成，而由于凝固末端坯壳厚度较厚，压下效率较低，因此此时单机架的压下量远高于其他拉速下的压下量，压下总量也较高。随着拉速的提高，液芯逐渐延伸，更多的机架参与到轻压下过程中，与此同时随着坯壳厚度的减薄，压下效率逐渐提高，各机架的压下量明显降低，压下总量也随之下降。实践证明，目前的大方坯拉矫机大多不具备在凝固末端（f_S≥0.80 条件下）10mm 的压下能力，因此适当提高拉速可有效提高轻压下的工艺实施效果和稳定性。

4.3 压下效率

连铸坯凝固末端轻压下过程中，表面压下量并不能完全传递至液芯，因此用压下效率表征表面压下量传递至液芯，真正起到凝固补缩与挤压排除溶质偏析钢液作用的比例。因此，压下效率也是用来衡量轻压下时凝固坯壳对铸坯表面压下的消耗程度的关键参数。Ito 等[20]在有限的实验数据上总结了压下效率的表达式，但其只考虑厚度方向的变形。鉴于此，林启勇在分析连铸坯轻压下过程的基础上，提出了采用铸坯横截面面积比的压下效率理论计算公式，并结合铸坯变形行为的模拟计算结果，考察连铸板坯和方坯压下效率变化规律[1]。

4.3.1 压下效率理论计算模型

压下效率取值范围在 0~1，从理论上讲完全固体时取值为 0，完全液体时取值为 1。连铸坯凝固坯壳在轻压下作用下横截面的变形示意如图 4.45 所示。

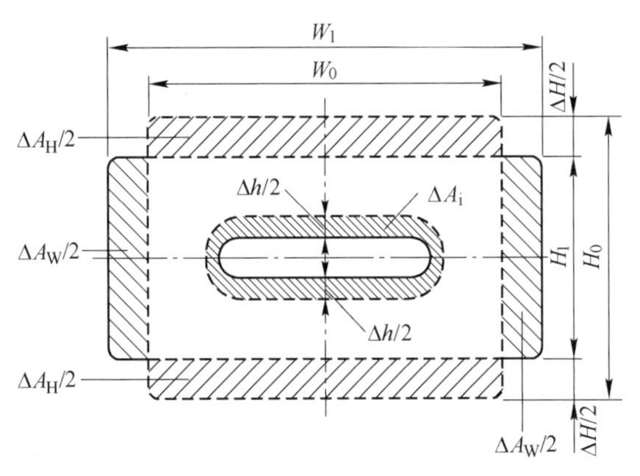

图 4.45 轻压下坯壳横截面变形示意图

图中变形前的坯壳形状用虚线表示，长度、宽度、厚度分别用 L_0、W_0、H_0 表示；变形后的坯壳形状用实线表示，长度、宽度、厚度分别用 L_1、W_1、H_1 表示，长度方向垂直于纸面。

定义 A_S^0、A_S^1 分别为变形前后凝固坯壳的横截面，坯壳在轻压下过程中发生塑性变形，由体积不变定律可得式（4.42）：

$$L_0 A_S^0 = L_1 A_S^1 \tag{4.42}$$

令延伸率 ε 为：

$$\varepsilon = \frac{L_1 - L_0}{L_0} \tag{4.43}$$

式（4.42）代入式（4.43）可得：

$$A_S^0 - A_S^1 = \varepsilon A_S^1 \tag{4.44}$$

同时令 ΔA_H 为表面压下面积，ΔA_W 为宽展面积，ΔA_i 为液芯减少面积，分别如图4.45中不同剖面线区域所示，从图中可以得到：

$$A_S^0 - A_S^1 = \Delta A_H - \Delta A_W - \Delta A_i \tag{4.45}$$

式（4.45）代入式（4.44）可得：

$$\Delta A_H = \Delta A_W + \Delta A_i + \varepsilon A_S^1 \tag{4.46}$$

通常说的压下量（ΔH）用如下公式表示，即：

$$\Delta H = \frac{\Delta A_H}{W_0} \tag{4.47}$$

轻压下的目标是在铸坯表面施加 ΔH 的压下量，在铸坯表面产生 ΔA_H 压下面积，使坯壳内沿产生 ΔA_i 的面积减少量，以补偿凝固收缩时体积减少量，于是完整的压下效率为：

$$\eta = \frac{\Delta A_i}{\Delta A_H} \tag{4.48}$$

Ito[20]用 $\Delta h/\Delta H$ 来表示压下效率，Δh、ΔH 分别为液芯厚度减少量、铸坯厚度减少量（压下量），如图4.45所示。这种表示方法（$\Delta h/\Delta H$）不但不精确，而且不能反映压下效率的本质。在液芯宽度和铸坯表面宽度接近时如宽板，计算值与式（4.48）较接近；在液芯宽度和铸坯表面宽度相差较大时如方坯，计算值较式（4.48）要大。尤其对不规则断面形状如异型坯，式（4.48）更能精确表示压下效率。

4.3.2 板坯压下效率的求解与分析

由式（4.48）可知，要获得压下效率就必须获得 ΔA_i 与 ΔA_H，则就需要了解铸坯在轻压下过程中的变形情况。由于实验条件苛刻以及实验成本高等因素，对铸坯进行热态试验难度很大。本节对铸坯轻压下行为进行有限元模拟，通过耦合求解温度场与应力场，得到与变形有关的 ΔA_i 与 ΔA_H 相关数据，求得压下效率值并讨论其变化规律。

4.3.2.1 铸坯变形仿真计算

计算对象为某厂的连铸板坯。考虑到计算成本与对称性，模型计算对象长度为0.5m，取铸坯横截面的1/4作为计算区域。在MSC. MARC计算软件中建立的模型如图4.46所示。图中的圆形为铸辊，矩形为板坯。实际轻压下过程中铸坯的凝固坯壳厚度是不断增厚的，通过计算不同厚度坯壳的轻压下来模拟铸坯的连续轻压下行为。

A 初始条件和边界条件

由于是模拟轻压下过程涉及热力耦合，数值计算的初始条件、边界条件包括

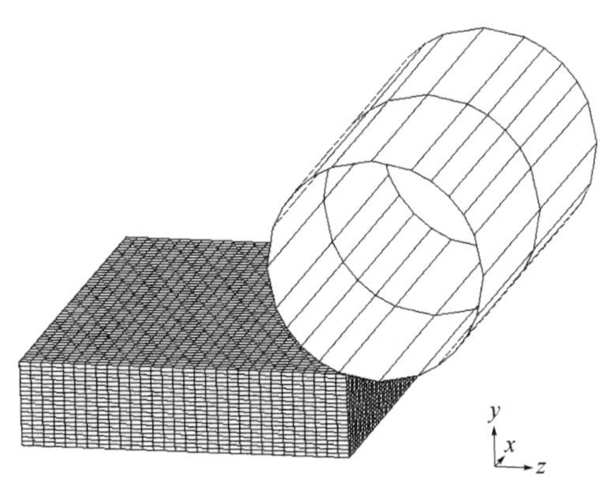

图 4.46 板坯三维有限元模型

传热方面与力方面。与传热相关的初始条件、边界条件与 4.1.2.1 节相同，与力相关的初始条件、边界条件为（力的初始条件给每个单元节点和铸辊在 x、y、z 方向给定位移为零）：

（1）对称面。宽面中心面上的节点在 x 方向上位移为零，即：

$$u_x \big|_{x=0} = 0 \tag{4.49}$$

厚度中性面上的节点在 y 方向位移为零，即：

$$u_y \big|_{y=0} = 0 \tag{4.50}$$

（2）固液分界面。根据凝固过程枝晶力学特征，模型中取零强度温度（ZST）处施加钢水静压力[21]。结合轻压下过程液芯变形特点，采用一种更为有效的处理方法：把温度高于 ZST 的初始屈服强度定义为钢水静压大小，并令应变强化系数为零。结合液芯的不可压缩处理，当液芯在轻压下过程中会给凝固前沿产生反作用力，该反作用力的大小和方向与真实钢水静压力作用效果相同，即：

$$p_{\mathrm{ZST}} = \rho_{\mathrm{L}} g h \tag{4.51}$$

式中，p_{ZST}为凝固前沿的钢水静压；ρ_{L} 为钢液密度；g 为重力加速度；h 为钢水静压高度。

（3）铸辊。铸辊圆柱中心线处位移在 xyz 为 0，圆柱绕中心线旋转角速度为 ω，其大小使辊表面的线速度等于拉速的大小，即：

$$\omega = \frac{v}{R} \tag{4.52}$$

式中，v 为拉速；R 为铸辊半径。

B 高温力学参数

为了计算铸坯凝固坯壳中的应力，必须知道钢在铸机内温度范围内的力学参数，主要包括描述应力与应变之间关系的本构方程、弹性模量（杨氏模量）、泊松比。这些参数的选取将直接影响铸坯应力应变模拟的精度。

（1）本构方程。目前应用较成熟的热－弹－塑性本构模型，被多数铸坯应力场模型所采用，即：

$$\varepsilon_{ij} = \varepsilon_{ij}^{\mathrm{E}} + \varepsilon_{ij}^{\mathrm{T}} + \varepsilon_{ij}^{\mathrm{P}} \tag{4.53}$$

ε_{ij}分解为弹性应变$\varepsilon_{ij}^{\mathrm{E}}$、热应变$\varepsilon_{ij}^{\mathrm{T}}$与塑性应变$\varepsilon_{ij}^{\mathrm{P}}$之和。在分析中，对热弹塑性描述采用 Mises 屈服准则。

Wary 和 Suzuki 对不同钢种、不同应变速率以及不同温度下进行了大量的测量实验，得出了大量数据[22,23]。Kozlowski 等人对这些数据进行了回归总结，建立了简化的本构方程，较好地表征了连铸条件下普碳钢中的非弹性应变[24]：

$$\dot{\varepsilon}_{\mathrm{P}} = C\exp\left(-\frac{Q}{T}\right)(\sigma - a_{\varepsilon}\varepsilon_{\mathrm{P}}^{n_{\varepsilon}})^{n} \tag{4.54}$$

其中：

$$\begin{aligned} C &= 46550 + 71400(\mathrm{wt\%\,C}) + 1200(\mathrm{wt\%\,C})^2 \\ Q &= 44650 \\ a_{\varepsilon} &= 130.5 - 5.128 \times 10^{-3} T \\ n_{\varepsilon} &= -0.6289 + 1.114 \times 10^{-3} T \\ n &= 8.132 - 1.54 \times 10^{-3} T \end{aligned} \tag{4.55}$$

适用范围：应变率$10^{-3} \sim 10^{-6}\,\mathrm{s}^{-1}$；温度 950～1400℃；碳含量 0.005%～1.54%。温度位于 950～1400℃内屈服应力按式（4.51）计算。

结合实际凝固过程，在零强度温度（T_{ZST}）以上的液相范围内，取屈服应力为当前的钢水静压力，并令应变强化系数为零，以此模拟钢水所受的静压力不随变形的变化而变化，即：

$$\sigma\big|_{T \geqslant T_{\mathrm{ZST}}} = p_{\mathrm{ZST}} \tag{4.56}$$

温度位于 1400℃至零强度温度之间，屈服应力的计算是首先按式（4.56）计算 1400℃时的屈服应力值，然后沿温度线性减少至零强度温度（ZST）时的钢水静压，即：

$$\sigma\big|_{1400 < T < T_{\mathrm{ZST}}} = \frac{(T - 1400)\sigma\big|_{T = T_{\mathrm{ZST}}} + (T_{\mathrm{ZST}} - T)\sigma\big|_{T = 1400}}{T_{\mathrm{ZST}} - 1400} \tag{4.57}$$

（2）弹性模量与泊松比。研究者指出，温度对弹性模量和泊松比影响最大。在 500℃以下时，弹性模量与温度变化很小，可以取定值 175GPa，在温度 500～900℃时用如下公式计算[24]：

$$E = 347.6525 - 0.350305T \tag{4.58}$$

温度位于 900℃～T_{S}（固相线温度）时采用如下公式计算[25]：

$$E = 968 - 2.33T + 1.9 \times 10^{-3}T^2 - 5.18 \times 10^{-7}T^3 \tag{4.59}$$

钢的泊松比在固相线温度T_{S}以下时采用如下公式[3]：

$$\nu = 0.278 + 8.23 \times 10^{-5}T \tag{4.60}$$

对计算过程中液相区中的弹性模量与泊松比的处理，Friedman 在模拟焊接过程应力时给出了一种简易的处理方法[26]。结合 Friedman 处理原则和模型的实际条件，对温度高于固相线温度 T_S 时的弹性模量和泊松比做如下处理：

1）弹性模量。当温度低于零强度温度 T_{ZST}时，钢才具有一定的强度，才能承受变形。当温度高于 T_{ZST}时，弹性模量可以忽略为零。但在数值计算过程中，弹性模量不能取零，因为弹性模量为零时，刚度矩阵为非正定矩阵，无法求解。所以，弹性模量的取值为高于 T_{ZST}时的一个极小值，这样使刚度矩阵为正定矩阵，有唯一解。同时弹性模量取极小值时可以约束偏应力，使液相处于静水压状态。

固相线温度 T_S 和零强度温度 T_{ZST}之间时，弹性模量线性减少，即：

$$E\big|_{T_S<T<T_{ZST}} = \frac{(T-T_S)E\big|_{T=T_{ZST}} + (T_{ZST}-T)E\big|_{T=T_S}}{T_{ZST}-T_S} \tag{4.61}$$

温度小于固相线温度 T_S 时，弹性模量按式（4.58）和式（4.59）计算。

2）泊松比。对理想的不可压缩材料，泊松比为 0.5；实际中的材料，泊松比位于 0 ~0.5 之间。广义胡克定律的体积表达式为：

$$\varepsilon_m = \frac{1-2\nu}{E}\sigma_m \tag{4.62}$$

钢液可以认为接近不可压缩，即当 $\nu\to0.5$ 时，体积应变接近 0，当 ν 取一个非常接近 0.5 的值时，就使液相接近不可压缩状态，较好地模拟了液相的力学特性。

温度位于固相线温度 T_S 和零强度温度 T_{ZST}时，泊松比沿温度线性减少，即：

$$\nu\big|_{T_S<T<T_{ZST}} = \frac{(T-T_S)\nu\big|_{T=T_{ZST}} + (T_{ZST}-T)\nu\big|_{T=T_S}}{T_{ZST}-T_S} \tag{4.63}$$

温度小于固相线温度 T_S 时，泊松比按式（4.60）计算。

由于弹性模量与泊松比有关联，体积模量 K 代表了材料抗体积变化的能力，即体积可压缩程度，用下式表示：

$$K = \frac{E}{1-2\nu} \tag{4.64}$$

由上式可以看出，$E\to0$ 时，$K\to0$；$\nu\to0.5$ 时，$K\to+\infty$。所以要使 E 和 ν 的取值在液态时的体积模量和室温下的体积模量下近似相等，即：

$$K\big|_{T>T_{ZST}} = K\big|_{T=T_{室温}} \tag{4.65}$$

C 计算方法

a 热力耦合有限元求解

首先单独进行传热有限元计算，计算的某个时刻的温度场在进行热力耦合计算时作为热力耦合计算的初始温度场。热力耦合的有限元计算流程如图 4.47 所示。

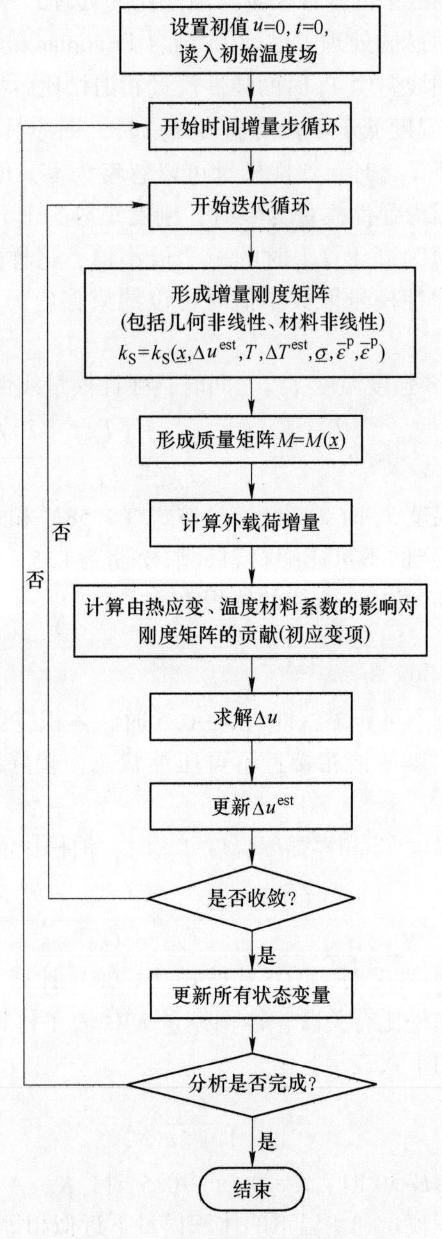

图 4.47 热力耦合计算流程图

b 铸辊和铸坯的接触计算

接触问题属于边界条件非线性问题，两接触体间接触区域的大小与压力分布随外载荷而变化，并与接触体的刚性有关，这是接触问题的特点，也是它的难点。近年来计算机性能的大幅度提高，使得接触分析在一些领域开始达到实用化的程度。接触算法的基本流程图如图4.48所示。铸辊设为刚体，铸坯设为可变形体。接触区域采用自动细化网格，以确保计算精度。求解完毕后对与压下效率相关的数据进行统计，计算出压下效率值。

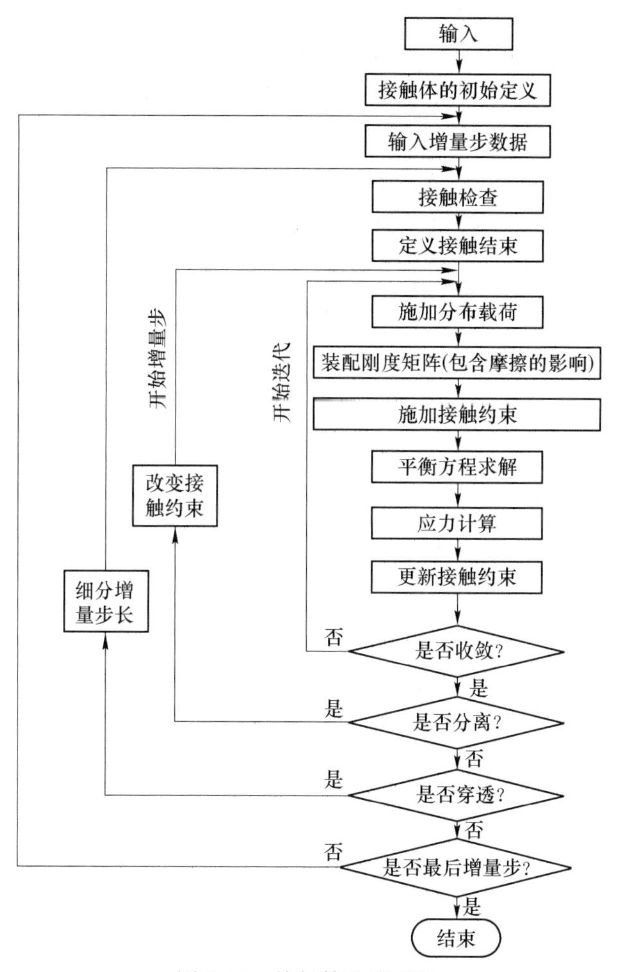

图4.48 接触算法流程图

4.3.2.2 液芯厚度和压下量对板坯压下效率的影响

无论拉速如何变化，铸坯两相区内相同中心固相率所对应的液芯厚度基本相同（见图4.13），坯壳横截面的温度分布也基本相同。因此，只需研究同一拉速下两相区内不同固相率下（液芯厚度条件下）的压下效率即可。研究计算的对象为连铸板坯成品断面尺寸为210mm×1150mm，铸辊直径为300mm，钢种为包晶钢，拉速为1.4m/min，浇铸过热度为30℃。压下量计算范围0~6.0mm，液芯厚度计算范围8~62mm。

图4.49~图4.51为不同液芯厚度下板坯压下量（ΔH）与液芯面积减少量

(ΔA_i)、宽展面积（ΔA_W）、延伸量（εA_S^1）关系图。从图可以看出，相同液芯厚度下，板坯压下量增加，ΔA_i、ΔA_W、εA_S^1 也增加；相同压下量下，液芯厚度越大，ΔA_i、ΔA_W、εA_S^1 也都越大。ΔA_i、ΔA_W、εA_S^1 在相同条件下，宽展面积 ΔA_W 最小。这由轧制过程的摩擦区内滑移面积相对大小决定的，宽展区域的摩擦区面积小于延伸区域的摩擦区面积，所以宽展量比延伸量小。ΔA_i、ΔA_W、εA_S^1 的相对大小如图 4.52 所示。由图可知，这些量都随压下量的增加而增加。在压下量为 5.91mm 条件下，可以看出宽展效率（$\Delta A_W/\Delta A_H$）只有 0.19，即只有 19% ΔA_H 用于宽展；延伸效率（$\varepsilon A_S^1/\Delta A_H$）为 0.31，压下效率（$\Delta A_i/\Delta A_H$）为 0.50。$\Delta A_H$ 由其定义可知随压下量 ΔH 线性增加，但 ΔA_W、ΔA_i、εA_S^1 在小压下量的定量变化规律在图 4.52 中并没能得到清晰反映，为此用压下效率（$\Delta A_i/\Delta A_H$）、宽展效率（$\Delta A_W/\Delta A_H$）、延伸效率（$\varepsilon A_S^1/\Delta A_H$）来更好地分析各自面积的变化情况，见图 4.53 和图 4.54。

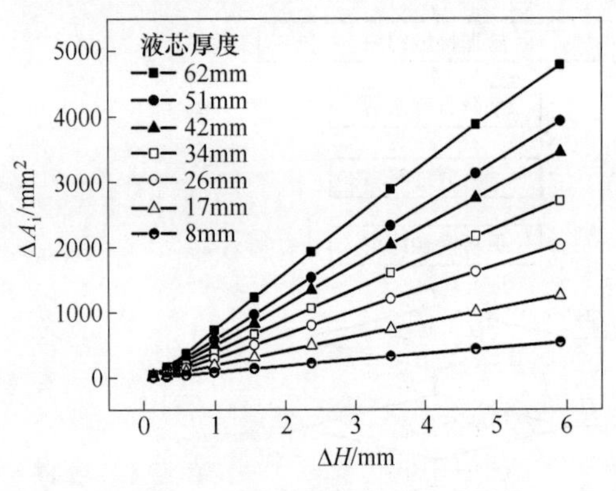

图 4.49　不同液芯厚度下压下量与板坯液芯面积关系

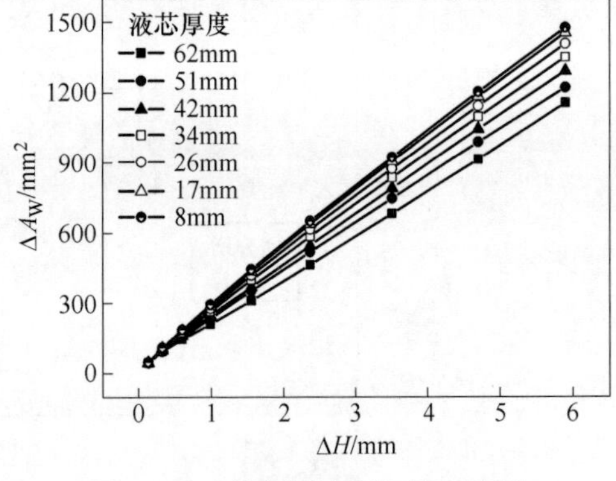

图 4.50　不同液芯厚度下压下量与板坯宽展面积减少量关系

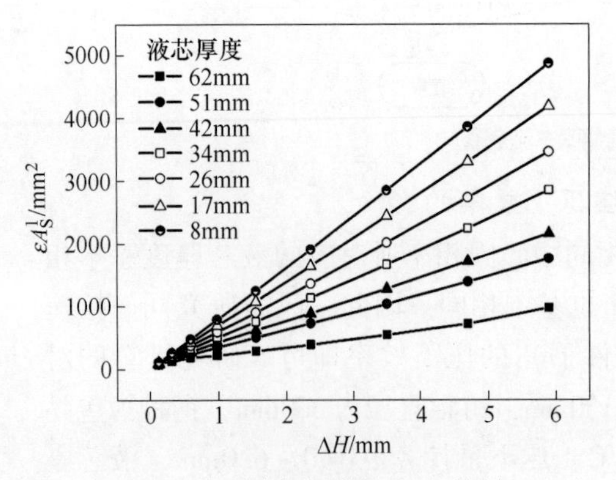

图 4.51　不同液芯厚度下压下量与板坯延伸量关系

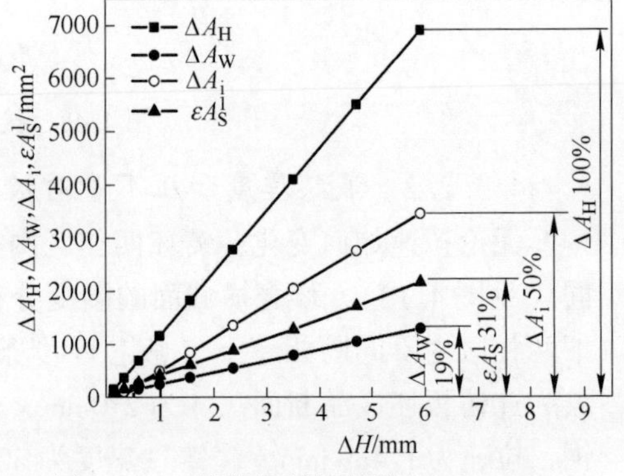

图 4.52　不同压下量下板坯 ΔA_H，ΔA_W，ΔA_i，εA_S^1 变化规律（液芯厚度 42mm）

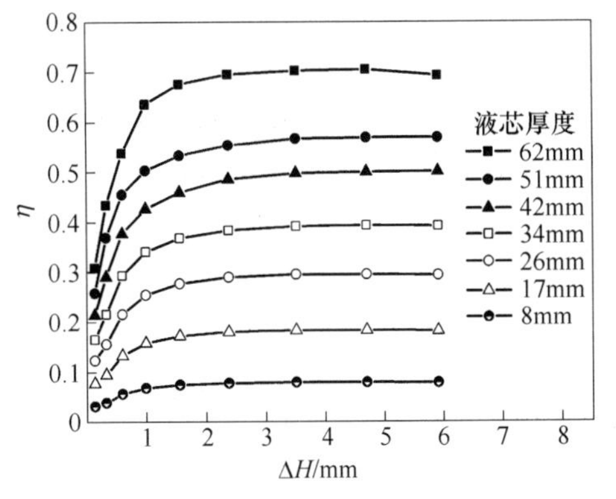

图 4.53 不同压下量下板坯压下效率分布

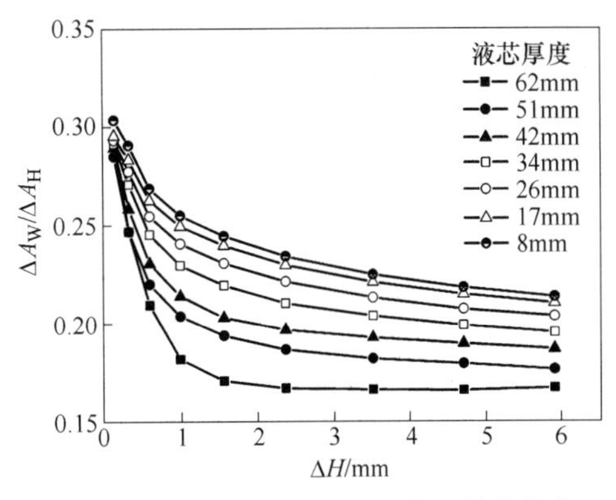

图 4.54 不同压下量下板坯宽展效率分布

图 4.53 为不同压下量（ΔH）下板坯压下效率（η）分布图。由图中可以看出，板坯压下效率在压下量较小时，压下率随着压下量的增加而增加。当压下量超过约 2.3mm 时，压下效率将不随压下量的增加而增加，此时液芯厚度为 62mm 的压下效率保持在 0.7，51mm 时为 0.57，42mm 时为 0.50，34mm 时为 0.39，26mm 时为 0.29，17mm 时为 0.18，8mm 时为 0.08。压下量相同时，液芯厚度越大，压下效率越高。

由式（4.46）与式（4.48）可得到压下效率的间接表达式：

$$\eta = 1 - \frac{\Delta A_{\mathrm{W}}}{\Delta A_{\mathrm{H}}} - \frac{\varepsilon A_{\mathrm{S}}^{1}}{\Delta A_{\mathrm{H}}} \tag{4.66}$$

由上式可知，压下效率是铸坯变形的间接结果，宽展效率（$\Delta A_{\mathrm{W}}/\Delta A_{\mathrm{H}}$）和延伸效率（$\varepsilon A_{\mathrm{S}}^{1}/\Delta A_{\mathrm{H}}$）是铸坯直接变形结果，故压下效率的变化规律可通过图 4.55 解释。

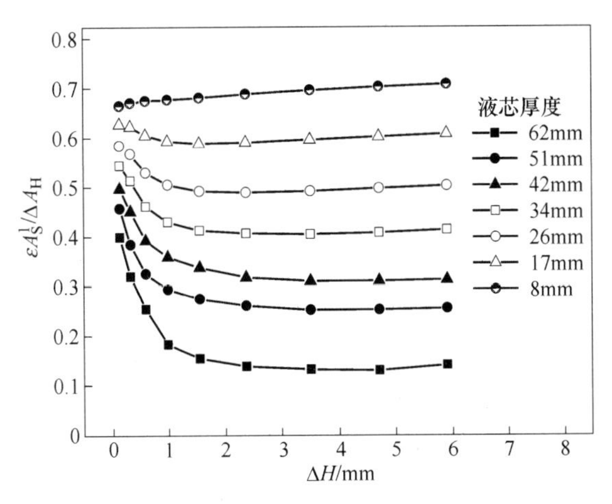

图 4.55 不同压下量下板坯延伸效率分布

图4.54 不同压下量下板坯宽展效率分布图。可以看出板坯宽展效率随着压下量的增加而减少；相同压下量下液芯厚度较小时宽展效率较大；随着压下量的增加，宽展效率减小程度趋于平缓，压下量超过2.3mm时，宽展效率随压下量的变化很小。图4.55为不同压下量下延伸效率分布图。由图可以看出相同压下量下延伸效率随着液芯厚度的增加而减少；压下量超过2.3mm时，延伸效率随压下量的变化很小。

图4.56为压下量5.91mm下压下效率随液芯厚度（h）变化图。从图中可知，压下效率随液芯厚度的增加呈线性增加。图中给出了板坯压下效率的实验值来自文献［20］，以$\Delta h/\Delta H$方式进行统计。可以看出，计算的压下效率值$\Delta h/\Delta H$与实测的压下效率值$\Delta h/\Delta H$吻合良好。

图4.57为不同液芯厚度（h）下板坯压下效率（η）分布图。可以看出相同压下量下，压下效率与液芯厚度呈线性正比；当压下量不超过2.3mm时，压下量越大，压下效率随液芯厚度增加就越快，但当压下量大于2.3mm时，压下量的增加几乎不再影响液芯厚度与压下效率的关系，此时压下效率（η）与液芯厚度（h）的关系为：

$$\eta = -0.00902 + 0.01155h \tag{4.67}$$

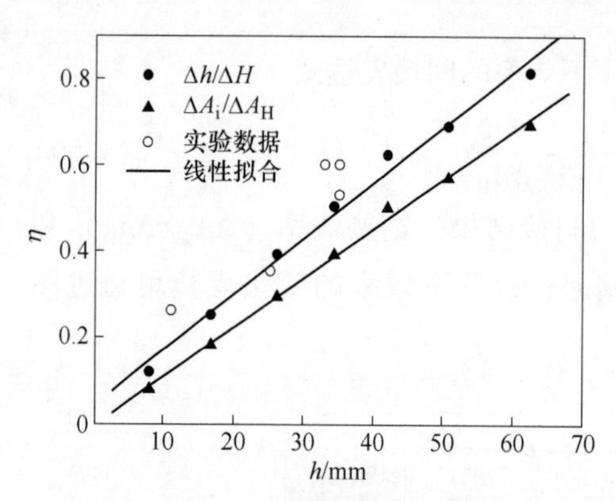

图4.56 不同液芯厚度下压下效率分布（压下量5.91mm）

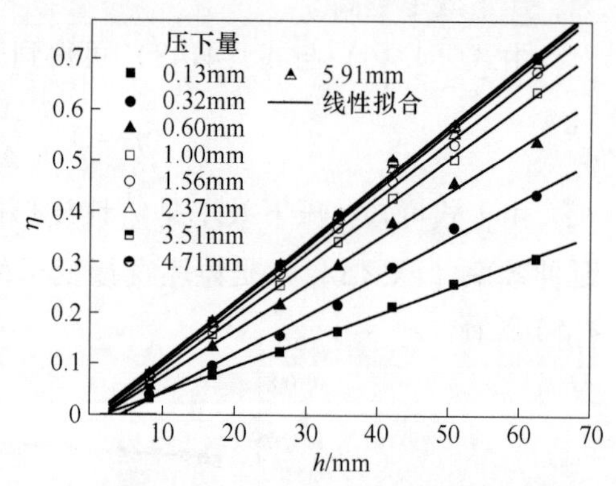

图4.57 不同液芯厚度下压下效率分布

4.3.2.3 钢种对板坯压下效率的影响

考察相同断面尺寸、拉速下及不同钢种下板坯压下效率的变化规律。计算连铸板坯成品断面尺寸为210mm×1150mm，铸机铸辊直径为300mm，钢种为低碳钢、低碳包晶钢、包晶钢、中碳钢，拉速为1.4m/min，浇铸过热度为30℃。压下量计算范围0~6.0mm，取20mm、35mm、50mm三个液芯厚度进行压下。

图4.58~4.60为液芯厚度35mm时，不同钢种下压下量与板坯液芯面积减少量（ΔA_i）、宽展面积（ΔA_W）、延伸量（εA_S^1）关系图。从图可看出，不同钢种下，

压下量增加，ΔA_i、ΔA_W、εA_S^1 也增加，而且增长曲线接近重合，表明钢种对 ΔA_i、ΔA_W、εA_S^1 的影响不大。由图4.58～图4.60代表的板坯压下效率如图4.61所示。

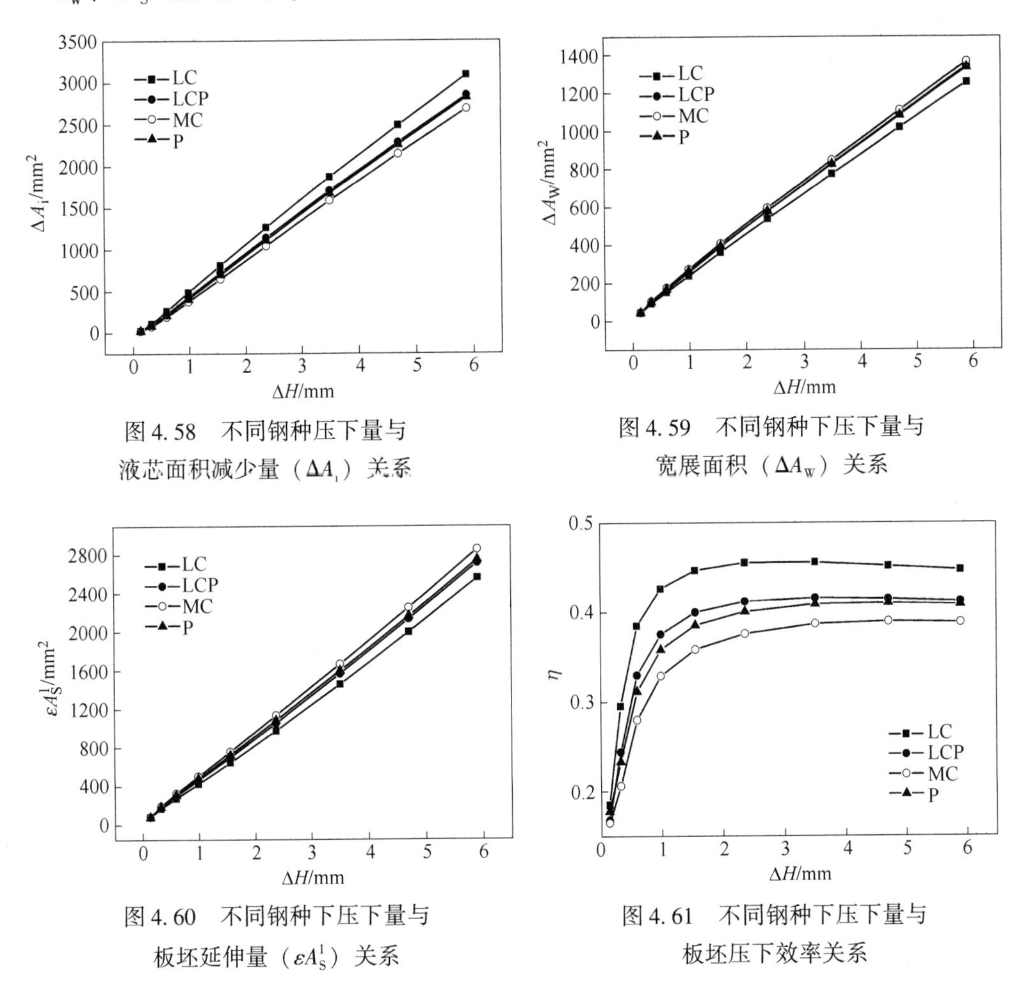

图4.58 不同钢种压下量与液芯面积减少量（ΔA_i）关系

图4.59 不同钢种下压下量与宽展面积（ΔA_W）关系

图4.60 不同钢种下压下量与板坯延伸量（εA_S^1）关系

图4.61 不同钢种下压下量与板坯压下效率关系

由图4.61可以看出，在相同压下量下，压下效率随钢种碳含量的增加而减少，低碳钢最大，中碳钢最小。当压下量超过约2.3mm时，压下效率将不随压下量的增加而增加。在压下量5.9mm时低碳钢的压下效率保持在0.44，低碳包晶钢保持在0.41，包晶钢保持在0.40，中碳钢保持在0.39。压下量相同时，碳含量越低，压下效率越高。

由式（4.66）可知，压下效率是铸坯变形的间接结果，宽展效率（$\Delta A_W/\Delta A_H$）和延伸效率（$\varepsilon A_S^1/\Delta A_H$）是铸坯直接变形结果，故图4.61中压下效率的变化规律可通过图4.62、图4.63来解释。图4.62为不同钢种下压下量与宽展效率分布图，可以看出，相同压下量下钢种碳含量较小的宽展效率较小；随着压下量的增加，宽展效率减小程度趋于平缓，压下量超过2.3mm时，宽展效率随压下量的变化很小。图4.63为不同钢种下压下量与延伸效率分布。可以看出，相同压下量下钢种碳含量较小的延伸效率较小；随着压下量的增加，延伸效率减小程度趋于平缓，压下量超过2.3mm时，延伸效率随压下量的变化很小。

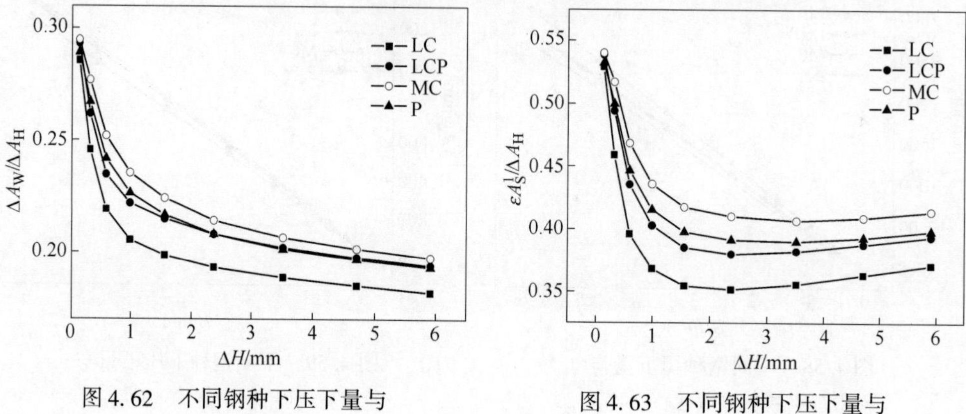

图4.62 不同钢种下压下量与板坯宽展效率关系

图4.63 不同钢种下压下量与板坯延伸效率关系

图4.64和图4.65分别为液芯厚度20mm、50mm时对应的不同钢种下的压下量与板坯压下效率关系图。整体趋势都一样，板坯压下效率随压下量的增加先增加，在压下量超过2.3mm后压下效率不再随压下量的增加而增加，保持某个定值。

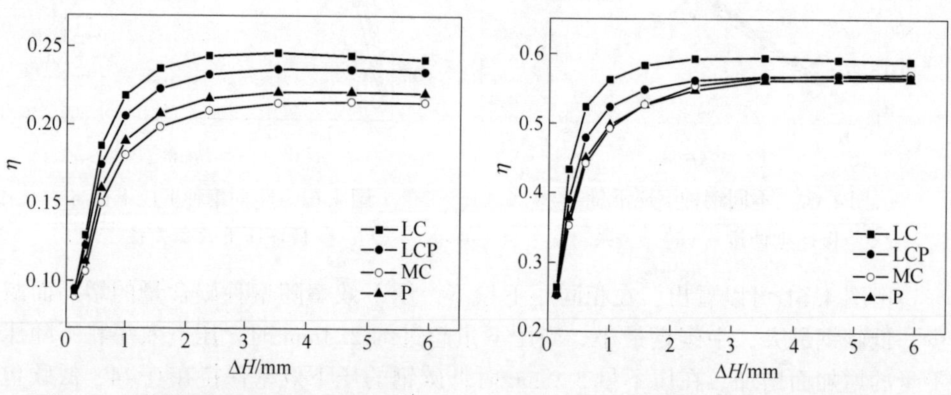

图4.64 不同钢种下压下量与板坯压下效率关系（液芯厚度20mm）

图4.65 不同钢种下压下量与板坯压下效率关系（液芯厚度50mm）

在液芯厚度20mm时（如图4.64所示），压下量5.9mm，低碳钢的压下效率保持在0.24，低碳包晶钢保持在0.23，包晶钢保持在0.22，中碳钢保持在0.21；在液芯厚度50mm时（如图4.66所示），压下量5.9mm，低碳钢的压下效率保持在0.59，低碳包晶钢保持在0.57，包晶钢保持在0.56，中碳钢保持在0.57。

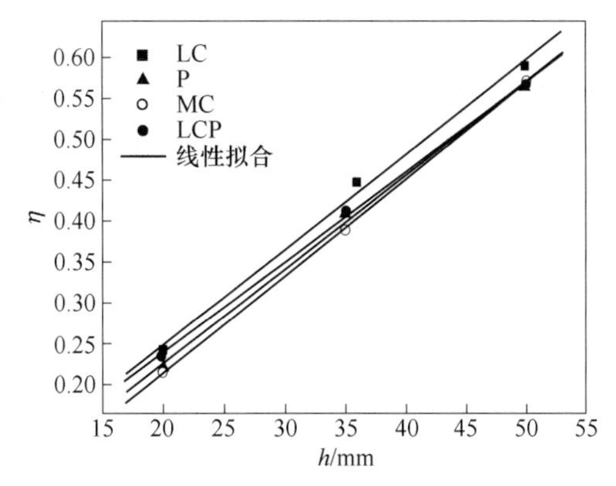

图4.66 不同钢种下液芯厚度与板坯压下效率分布图（压下量5.9mm）

从图4.61、图4.64、图4.65整体上看，虽然钢种不同，但是板坯压下效率的变化还是很小的。在压下效率保持稳定后（压下量大于2.3mm），液芯厚度20mm时压下效率的取值范围为0.21～0.24，液芯厚度35mm时压下效率的取值范围为0.40～0.44，液芯厚度50mm时压下效率的取值范围为0.56～0.59。

图4.66为压下量5.9mm时，不同钢种下液芯厚度与压下效率的关系。可以看出，相同压下量下，压下效率与液芯厚度呈线性正比。同时，不同钢种的压下效率与液芯厚度的斜率也大致相同。

4.3.2.4 断面形状对板坯压下效率的影响

考察相同钢种，不同断面下板坯压下效率的变化规律。计算铸坯厚度分别为210mm、230mm、250mm，铸坯宽度分别为1000mm、1150mm、1300mm，共9组断面尺寸，浇铸过热度为30℃，拉速为1.2m/min。压下量为0～6mm，压下时板坯液芯厚度为35mm。

图4.67～图4.69分别为相同板坯厚度、不同宽度下板坯的压下效率随压下量的变化。可以看出，当压下量较小时，压下效率随着压下量的增加而增加，当压下量超过约2.3mm时，压下效率不再随压下量的增加而变化。对于厚度为210mm的板坯，宽度为1000mm、1150mm、1300mm时对应的压下效率在压下量5.9mm时的值分别为0.39、0.41、0.43。230mm厚度下，宽度为1000mm、1150mm、1300mm下对应的压下效率在压下量5.9mm时的值分别为0.56、0.58、0.60。对于厚度为250mm的板坯，宽度为1000mm、1150mm、1300mm下对应的压下效率在压下量5.9mm时的值分别为0.66、0.68、0.70。

可以得出：在板坯厚度为210～250mm时，板坯宽度每增加150mm，压下效率增加约0.02。因为在钢种和液芯厚度相同时，压下效率主要受板坯液芯宽度与板坯外表面宽度之比的影响。由式（4.66）可以得出，宽度增加时，将提高液芯宽度与板坯外表面宽度的比值，所以压下效率在板坯宽度增加时也会增加。

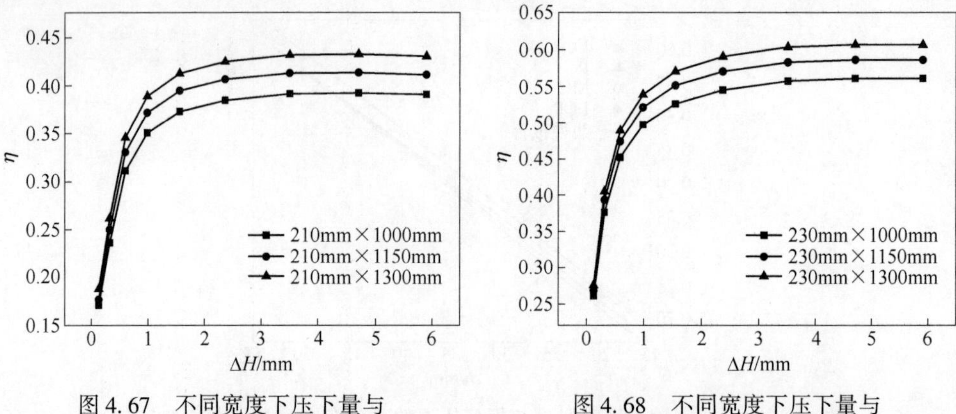

图 4.67 不同宽度下压下量与板坯压下效率关系

图 4.68 不同宽度下压下量与板坯压下效率关系

图 4.70 为不同板坯厚度下压下效率与板坯宽度分布图。可以看出压下效率与铸坯宽度呈线性增加关系，宽度每增加 150mm，压下效率增加约 0.02。同时可以得出：在板坯厚度为 210 ~ 250mm 时，板坯宽度每增加 150mm（相对于 1000mm 的 15%），压下效率增加 0.02（压下效率增加 3% ~5%）。由此可见，宽度对板坯压下效率的影响较小。

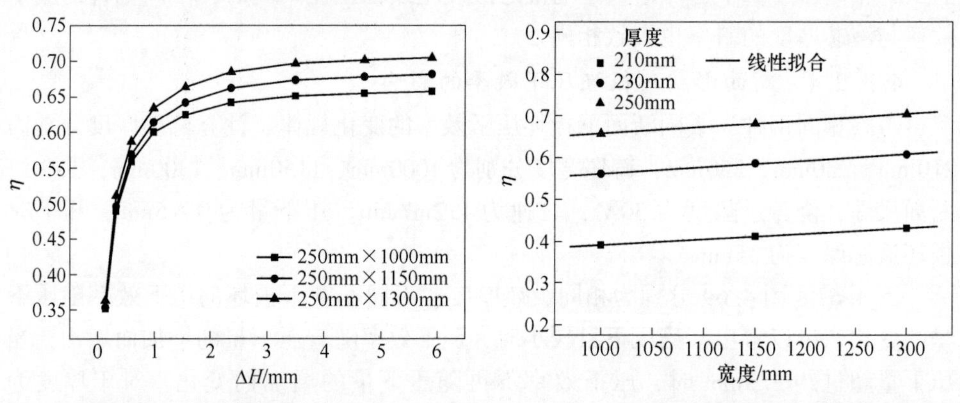

图 4.69 不同宽度下压下量与板坯压下效率关系

图 4.70 宽度与板坯压下效率分布图（压下量 5.9mm）

图 4.71 ~ 图 4.73 分别为板坯宽度 1000mm、1150mm 和 1300mm 时不同板坯厚度下压下量与压下效率关系图。由图可以看出，板坯宽度为 1000mm 时，厚度 210mm、230mm、250mm 对应的压下效率在压下量 5.9mm 时分别为 0.39、0.56、0.66；板坯宽度为 1150mm 时，厚度 210mm、230mm、250mm 对应的压下效率在压下量 5.9mm 时分别为 0.41、0.58、0.68；板坯宽度为 1300mm 时，厚度 210mm、230mm、250mm 对应的压下效率在压下量 5.9mm 时分别为 0.43、0.60、0.70。

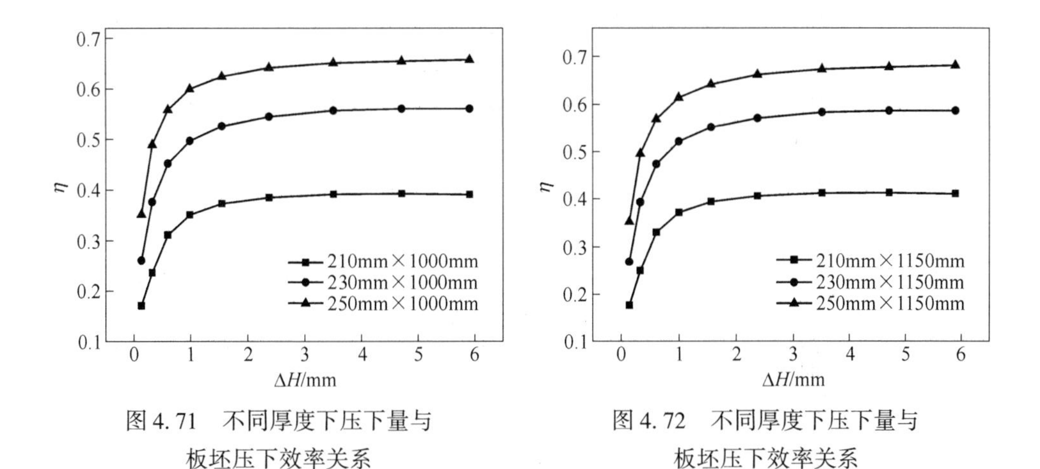

图 4.71 不同厚度下压下量与板坯压下效率关系

图 4.72 不同厚度下压下量与板坯压下效率关系

图 4.74 为不同宽度下板坯压下效率与厚度分布，压下效率与铸坯厚度呈近似线性增加关系，厚度每增加 30mm，压下效率增加约 0.13。同时可以得出：在板坯宽度为 1000 ~ 1300mm 时，板坯厚度增加 30mm（相对于 210mm 的 15%），压下效率增加 0.13（压下效率增加 30% ~33%）。与图 4.71 相比，厚度对板坯压下效率的影响大，宽度对板坯压下效率影响小。

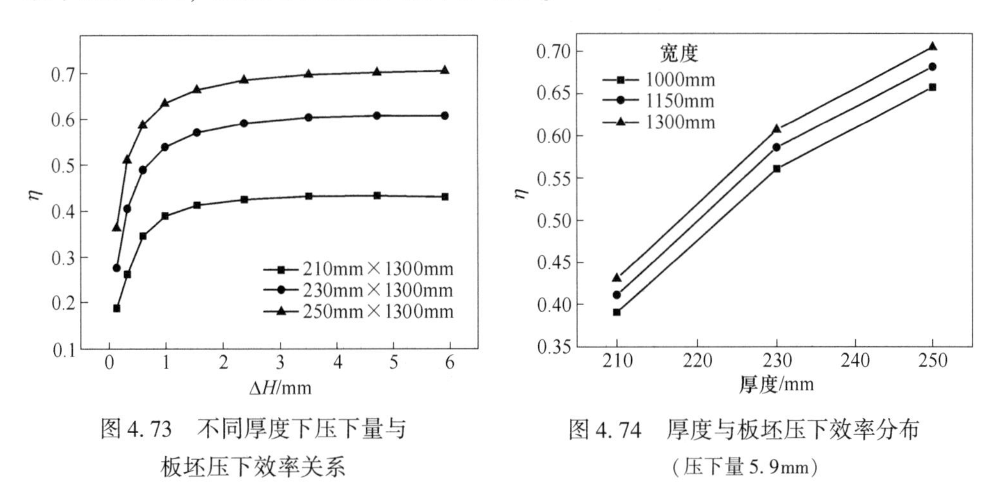

图 4.73 不同厚度下压下量与板坯压下效率关系

图 4.74 厚度与板坯压下效率分布（压下量 5.9mm）

4.3.3 方坯压下效率的求解与分析

计算研究对象为断面尺寸为 360mm × 450mm 方坯，方坯铸机铸辊直径 450mm，采用板坯一样方法，用 MSC. MARC 计算软件建立三维有限元模型对铸坯变形行为进行模拟，并获取相关参数。

4.3.3.1 液芯厚度和压下量对方坯压下效率的影响

本节讨论的钢种为 YQ450，浇铸条件为拉速 0.6m/min、浇铸过热度 30℃。

压下量计算范围 0 ~ 6.0mm，方坯液芯厚度计算范围 10 ~ 80mm。由于不同拉速下，方坯两相区内的相同中心固相率所对应的液芯厚度相同，坯壳横截面的温度分布也基本相似，因此，拉速对方坯压下效率的影响就不做讨论，这里选择一个拉速来探讨不同的液芯厚度和压下量对压下效率的影响。

图 4.75 ~ 图 4.77 为不同液芯厚度下方坯压下量与液芯面积减少量（ΔA_i）、宽展面积（ΔA_W）、延伸量（εA_S^1）关系图。可以看出，相同液芯厚度下，压下量增加，ΔA_i、ΔA_W、εA_S^1 也增加；相同压下量下，液芯厚度越大，ΔA_i、ΔA_W、εA_S^1 也都越大。与板坯不同，方坯的 ΔA_i、ΔA_W、εA_S^1 在相同条件下，宽展面积 ΔA_W 最大。这是由于方坯在压下变形时，宽展变形为主要方式；板坯轧制时，延伸变形为主要方式。

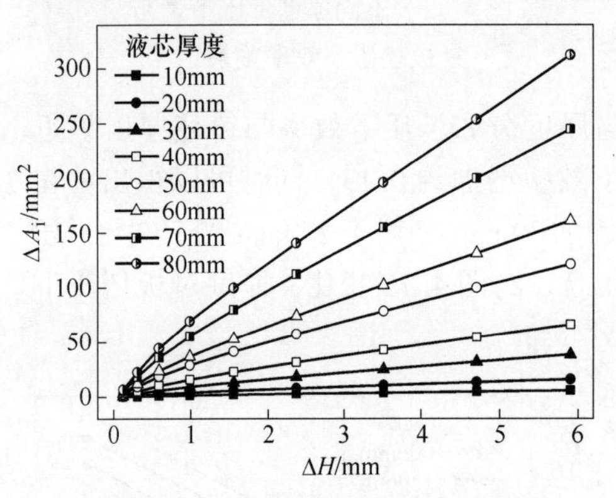

图 4.75 不同液芯厚度下压下量与方坯液芯面积减少量（ΔA_i）关系

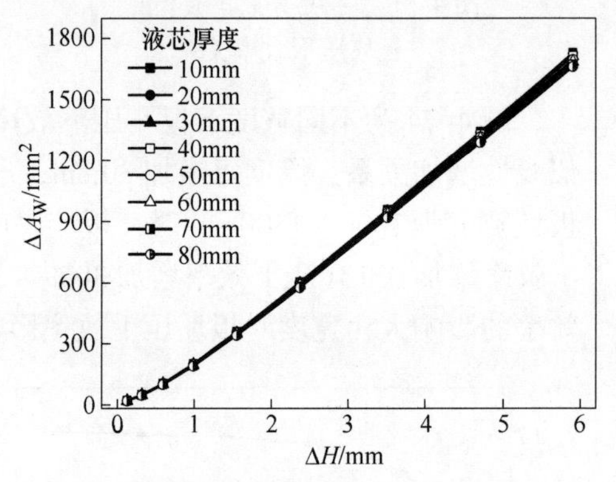

图 4.76 不同液芯厚度下压下量与方坯宽展面积（ΔA_W）关系

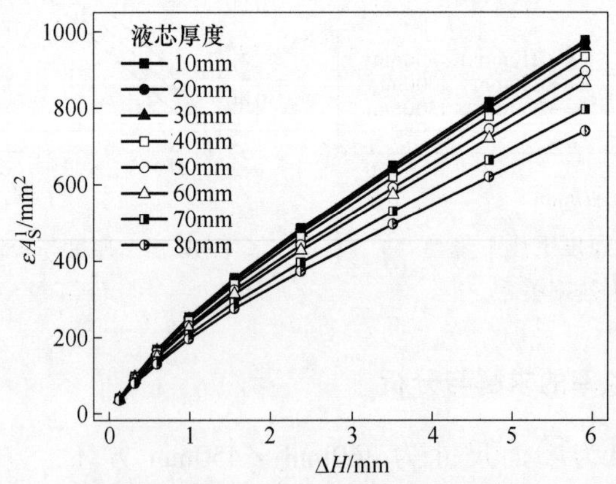

图 4.77 不同液芯厚度下压下量与方坯延伸量（εA_S^1）关系

从图 4.76 还可以看出，宽展面积（ΔA_W）的变化有别于液芯减少面积（ΔA_i）、延伸量（εA_S^1）的变化（如图 4.75 与图 4.77 所示），也与板坯中的宽展面积（ΔA_W）不一样，即相同压下量下方坯的宽展面积（ΔA_W）在凝固末端两相区内不随液芯厚度的变化而变化。这是因为方坯的宽面和窄面都用二冷水冷却，液芯的宽度远小于板坯，即方坯液芯宽度占整个方坯表面宽度的比例变化小，所以方坯液芯厚度变化对宽展面积（ΔA_W）的影响小。

图4.78为不同压下量和液芯厚度下方坯压下效率分布变化情况。可以看出，压下效率在压下量小于0.6mm时，压下效率随压下量的增加而增加；当压下量大于0.6mm时，压下效率开始减少；当压下量大于5.7mm时，压下效率变化很小。

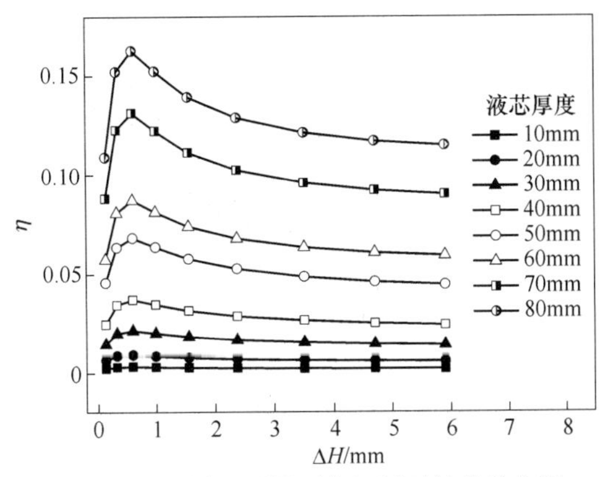

图4.78 不同压下量下方坯压下效率分布图

压下效率是铸坯变形的间接结果，宽展效率（$\Delta A_W/\Delta A_H$）和延伸效率（$\varepsilon A_S^1/\Delta A_H$）是铸坯直接变形结果，故压下效率的变化规律可通过图4.79和图4.80来解释。图4.79为不同压下量和液芯厚度下方坯宽展效率分布图。可以看出，方坯宽展效率随着压下量的增加而增加，这与板坯相反，原因在于方坯液芯厚度变化对宽展面积（ΔA_W）的影响小。图4.80为不同压下量下方坯延伸效率分布图。可以看出，相同压下量下，延伸效率随着液芯厚度的增加而减少；压下量超过4mm，延伸效率减少趋于平缓。

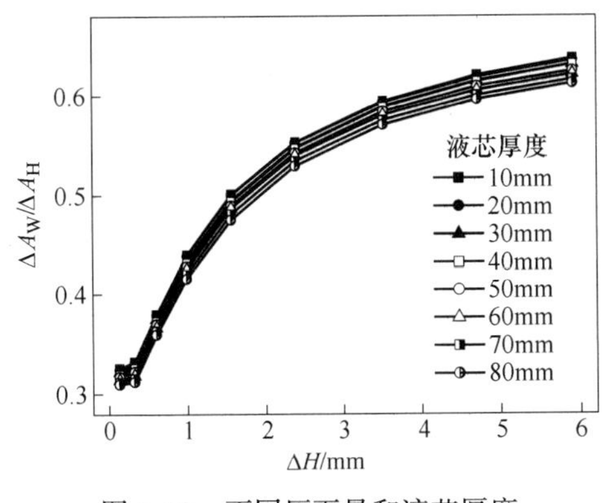

图4.79 不同压下量和液芯厚度下方坯宽展效率分布图

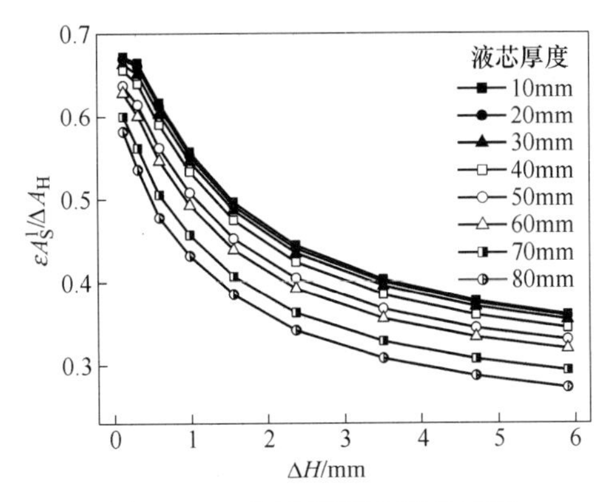

图4.80 不同压下量和液芯厚度下方坯延伸效率分布图

图4.81为不同液芯厚度下方坯压下效率分布图。可以看出，相同压下量下压下效率与液芯厚度的平方成正比；压下效率在压下量为0.6mm时，压下效率在不同的液芯厚度时的值都取得最大值；当压下量大于5.7mm时，压下效率随液芯厚度变化受压下量的影响变小。

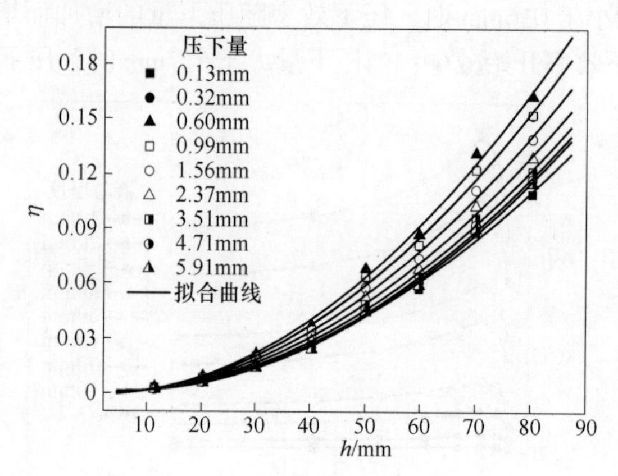

图4.81 不同液芯厚度和压下量下方坯压下效率分布图

4.3.3.2 钢种对方坯压下效率的影响

图4.82～图4.84为液芯厚度80mm时，不同钢种下压下量与方坯液芯面积减少量（ΔA_i）、宽展面积（ΔA_W）、延伸量（εA_S^1）关系图。可以看出，不同钢种下，压下量增加，方坯ΔA_i、ΔA_W、εA_S^1也增加。不同钢种下方坯的ΔA_i、ΔA_W、εA_S^1随压下量的增长曲线接近重合，表明了钢种对ΔA_i、ΔA_W、εA_S^1的影响不大。

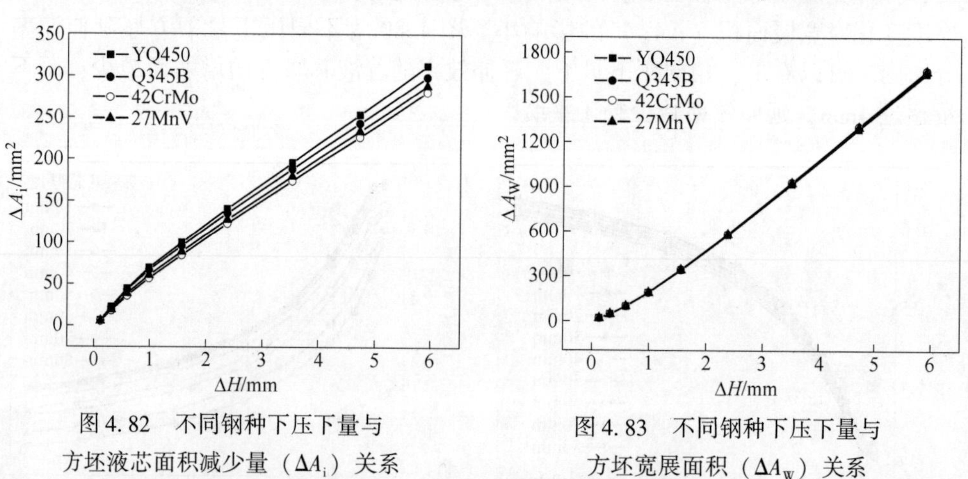

图4.82 不同钢种下压下量与方坯液芯面积减少量（ΔA_i）关系

图4.83 不同钢种下压下量与方坯宽展面积（ΔA_W）关系

图4.85为液芯厚度80mm时不同压下量下方坯压下效率分布图。由图中可以看出，在相同压下量下，压下效率随钢种碳含量的增加而减少，YQ450最大，42CrMo最小。压下量相同时，碳含量越低，方坯压下效率越高。

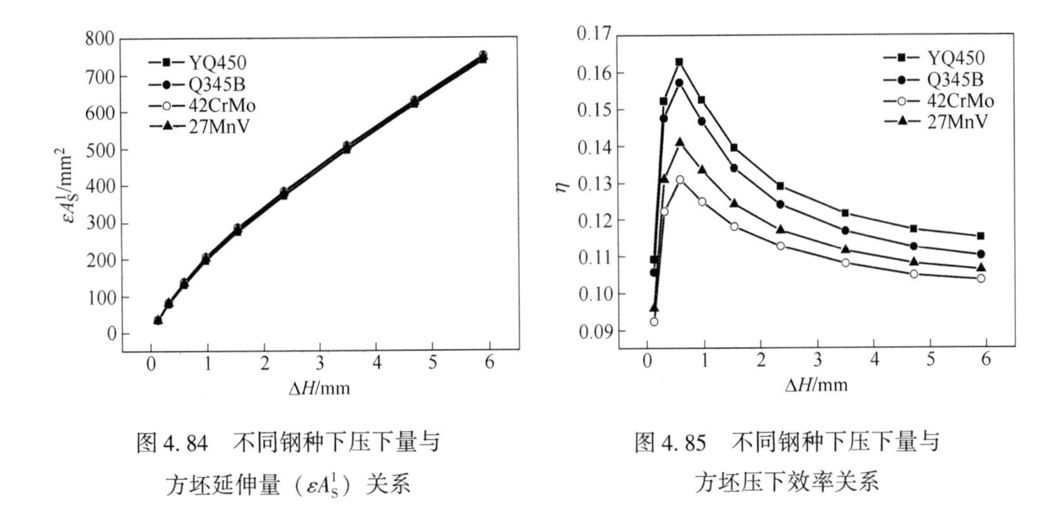

图 4.84 不同钢种下压下量与方坯延伸量（εA_S^1）关系

图 4.85 不同钢种下压下量与方坯压下效率关系

图 4.86 为不同压下量下不同钢种方坯宽展效率分布图。可以看出，方坯宽展效率随着压下量的增加而增加。图 4.87 为不同压下量下方坯延伸效率分布图。可以看出，相同压下量下方坯延伸效率随着液芯厚度的增加而减少；压下量逐渐增加时，延伸效率减少趋于平缓。

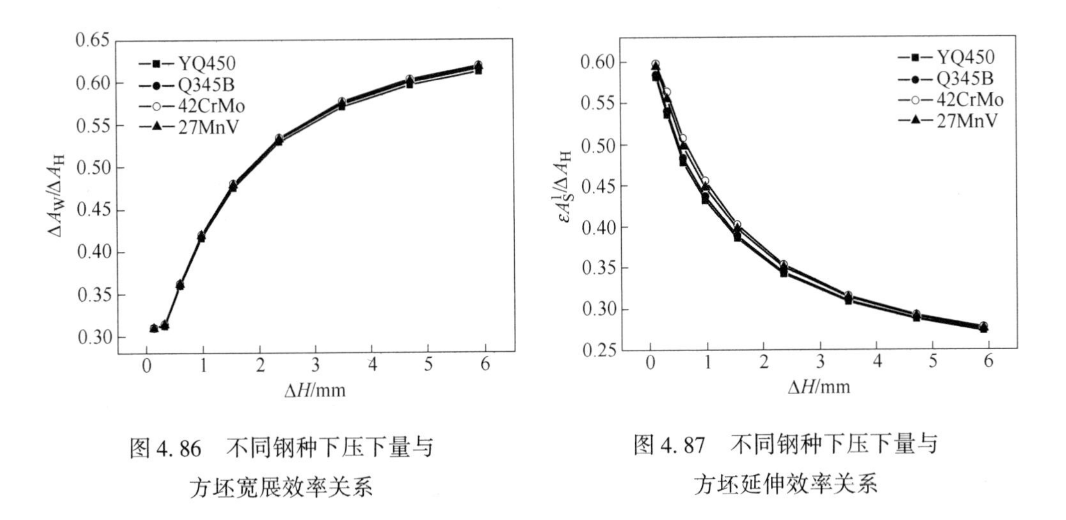

图 4.86 不同钢种下压下量与方坯宽展效率关系

图 4.87 不同钢种下压下量与方坯延伸效率关系

图 4.88 ~ 图 4.90 分别为方坯液芯厚度 20mm、40mm、60mm 时对应的不同钢种下的压下量与压下效率关系图。整体趋势相同，压下效率随压下量的增加先增加后减少；碳含量高的方坯在相同压下量下压下效率较小；在压下量为 0.6mm 时压下效率为峰值，压下量超过 0.6mm 后压下效率随压下量的增加而趋于平缓。

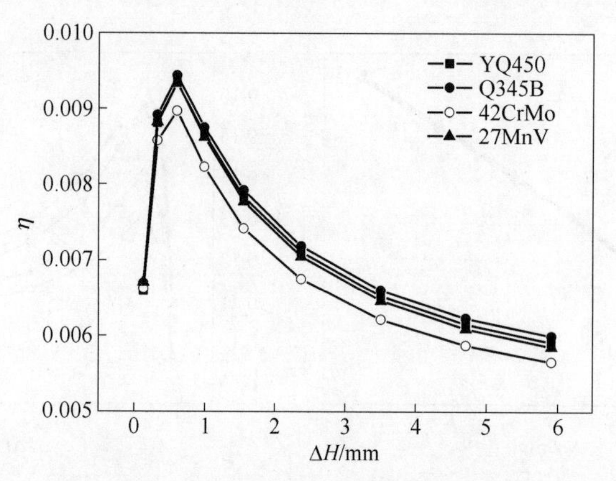

图 4.88 不同钢种下压下量与方坯压下效率关系（液芯厚度 20mm）

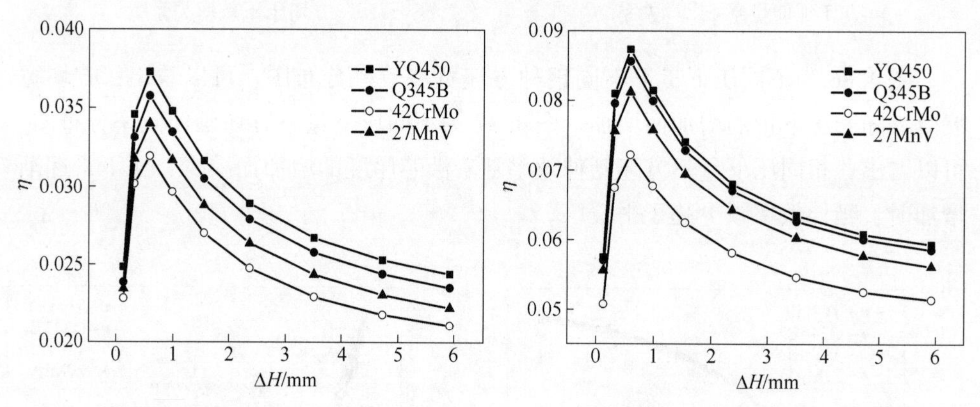

图 4.89 不同钢种下压下量与方坯压下效率关系（液芯厚度 40mm）

图 4.90 不同钢种下压下量与方坯压下效率关系（液芯厚度 60mm）

在液芯厚度为 20mm 时，压下量 5.9mm，YQ450、Q345B、27MnV、42CrMo 的压下效率保持在 0.006 附近；在液芯厚度 40mm 时，压下量 5.9mm，YQ450 的压下效率保持在 0.024，Q345B 保持在 0.023，27MnV 保持在 0.022，42CrMo 保持在 0.021；在液芯厚度 60mm 时，压下量 5.9mm，YQ450 的压下效率保持在 0.059，Q345B 保持在 0.058，27MnV 保持在 0.056，42CrMo 保持在 0.051；在液芯厚度 80mm 时，压下量 5.9mm，YQ450 的压下效率保持在 0.115，Q345B 保持在 0.110，27MnV 保持在 0.106，42CrMo 保持在 0.104。

从以上数据可以看出，虽然钢种不同，但是方坯压下效率的变化还是很小的。这与钢种对板坯压下效率影响规律一样，不同的是由于方坯宽窄面长度接近且宽窄面同时二冷水冷却，同等压下条件时，方坯的压下效率比板坯小。

图 4.91 为不同液芯厚度下方坯压下效率分布图。可以得出，相同压下量下，不同钢种下方坯压下效率与液芯厚度的平方成正比；不同钢种下方坯压下效率与

液芯厚度分布曲线很接近，更直接地体现了钢种对方坯压下效率的影响也很小。

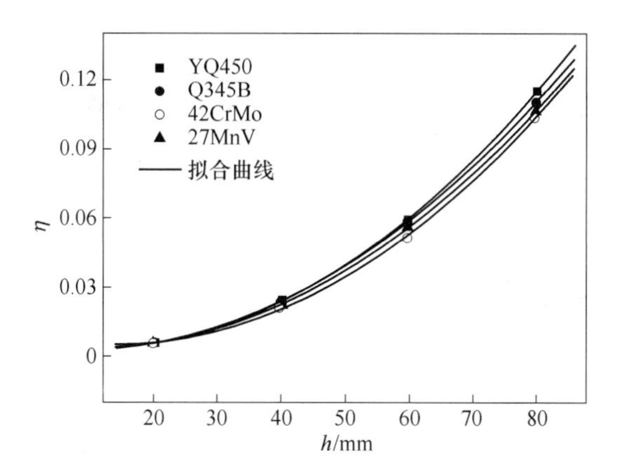

图 4.91 不同钢种下液芯厚度与方坯压下效率分布图
（压下量 5.9mm）

4.3.3.3 断面形状对方坯压下效率的影响

A 宽度

图 4.92 为相同方坯厚度、不同方坯宽度下的压下效率随压下量的变化图（压下时板坯液芯厚度为 80mm）。总体上看，在相同压下量和方坯厚度下，宽度越大，压下效率越大；相同厚度下，宽度越小，压下效率在峰值后随压下量增加时下降越快。因为压下效率主要受方坯液芯宽度与方坯外表面宽度之比的影响。宽度增加将提高液芯宽度与方坯外表面宽度的比值，所以压下效率随宽度增加而增加。

图 4.92 中，当宽厚比为 1.6 时（宽 500mm，厚 300mm），方坯压下效率出现了与板坯压下效率随压下量变化相同的规律，即压下效率开始随压下量的增加而增加，当压下量超过 2.3mm 时，压下效率不再受压下量增加的影响，保持某个定值。这是因为当宽厚比为 1.6 时，方坯具有了类似板坯特征。

厚度为 300mm 的方坯，宽度 400mm、450mm、500mm 对应的压下效率在压下量 5.9mm 时的值分别为 0.316、0.257、0.197。厚度为 330mm 的方坯，宽度 400mm、450mm、500mm 对应的压下效率在压下量 5.9mm 时的值分别为 0.229、0.177、0.13。厚度为 360mm 的方坯，宽度 400mm、450mm、500mm 对应的压下效率在压下量 5.9mm 时的值分别为 0.15、0.115、0.079。

图 4.93 为不同方坯厚度下压下效率与方坯宽度分布图，可知相同压下量、相同方坯厚度下，压下效率随方坯宽度的增加而线性增加；方坯厚度越小，压下效率随宽度线性增加越快。在方坯厚度为 360mm 时，方坯宽度增加 50mm（相当于 400mm 的 12.5%），压下效率增加 0.035（压下效率增加 45%）。由此可见，宽度对方坯压下效率的影响显著。

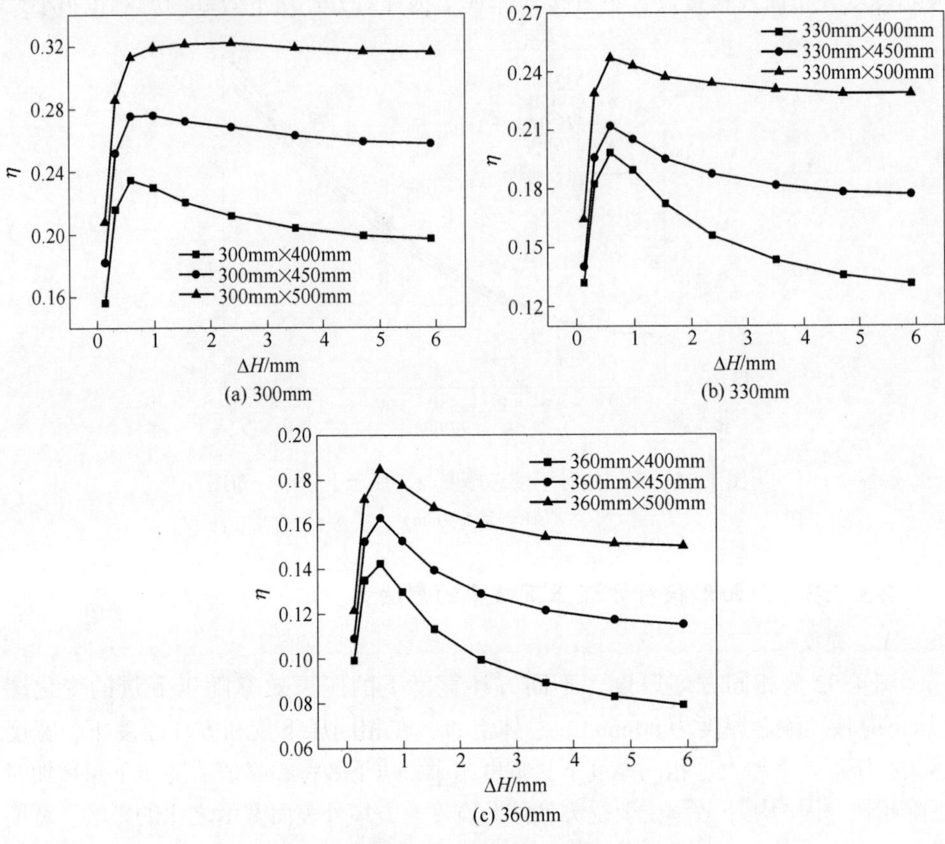

图 4.92 不同宽度下压下量与方坯压下效率关系图

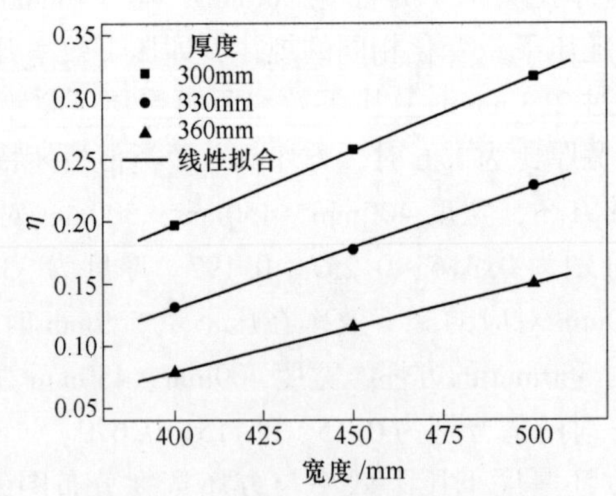

图 4.93 宽度与方坯压下效率分布图

（压下量 5.9mm）

B 厚度

图 4.94 为相同方坯宽度下，不同方坯厚度下压下量与压下效率关系图。

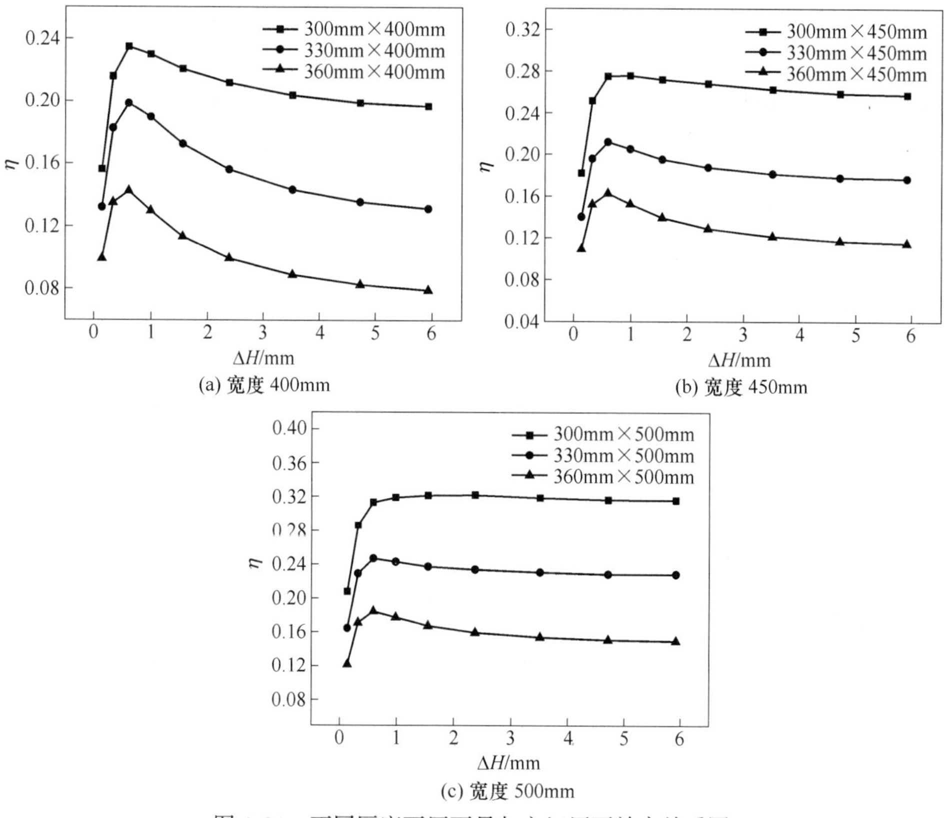

(a) 宽度 400mm

(b) 宽度 450mm

(c) 宽度 500mm

图 4.94 不同厚度下压下量与方坯压下效率关系图

总体上看，在相同压下量和方坯宽度下，厚度越大，压下效率越小；相同宽度下，厚度越大，压下效率在峰值后随压下量增加时下降越快。相同压下宽度、相同压下量下的压下效率随厚度的增加近似线性减少，在压下量 5.9mm 时的结果如图 4.95 所示。

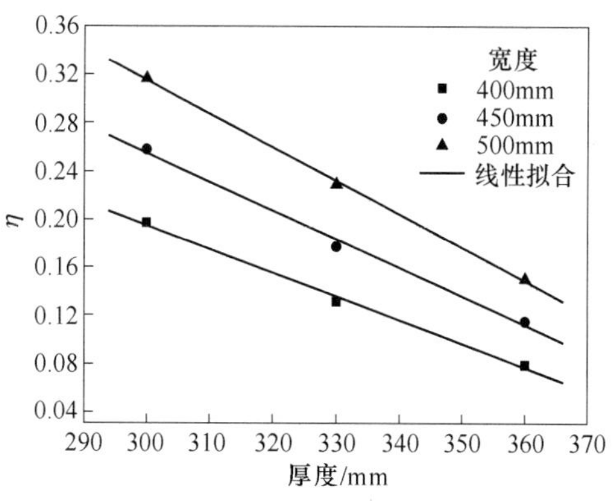

图 4.95 厚度与方坯压下效率分布图

(压下量 5.9mm)

图4.95为不同宽度下方坯压下效率与厚度分布图。由图可知，在同一方坯宽度下，方坯压下效率随方坯厚度的增加而线性减少；宽度越大，压下效率随方坯厚度的增加线性减少越快。在方坯宽度为400mm时，方坯厚度增加30mm(相当于300mm的10%)，压下效率减少0.066(压下效率增加33%)，这表明厚度对压下效率的影响较大。

4.4 压下区间

压下区间是表征轻压下应该在凝固末端两相区何处施加的关键参数，其一般采用铸坯中心固相率表述。目前，大多数的研究是通过实际工业应用效果来反推压下区间位置，然而这一方法只能适用于具体某一个断面、某一种拉速和某一类钢种，且由于凝固末端预测本身就存在不可避免的偏差和其他压下参数的不确定性，因此通过应用效果反推压下区间位置的方法往往不具有指导性；在理论计算方面，也只能根据凝固末端两相区内钢液的流动性给出大致的压下区间选取范围。

钢连铸过程中，枝晶不断向铸坯中心生长，同时伴随着溶质向外排出，富集在枝晶尖端前沿，并不断向铸坯中心推进，随着凝固的继续进行，枝晶间相互交错，使得枝晶间残留的浓缩钢液流动性降低，不能与上游的钢液相互混合稀释，并且凝固末端的凝固收缩和鼓肚作用使得枝晶间大量的浓缩钢液富集到凝固末端，从而形成严重的中心偏析。连铸轻压下就是在连铸坯完全凝固之前通过铸辊向铸坯施加一定的压力，使铸坯凝固坯壳变形，破坏两相区内枝晶间相互搭桥结构，并将两相区内富含溶质元素的浓缩钢液向上游（拉坯反方向）挤压排出，通过与上游钢液相互混合稀释，从而有效防止了枝晶生长过程中排出的溶质元素富集在两相区内而形成严重的中心偏析。因此，合理压下区间的确立需要系统研究分析压下过程两相区内溶质偏析钢液挤压排出率规律，本节将介绍以此为基础的确立压下区间的模型及方法[27]。

4.4.1 压下区间理论计算模型

图4.96示出了单辊压下时铸坯凝固坯壳变形使得铸坯两相区富含溶质元素的钢液被部分挤压排出的情况。

铸辊压下前，铸辊压下位置处两相区体积为V_m，平均密度为ρ_m，平均溶质元素i的含量$C_{in,i}$，固相体积为V_S，密度为ρ_S，平均溶质元素i的含量$C_{S,i}$，液相体积为V_L，密度为ρ_L，平均溶质元素i的含量$C_{L,i}$，根据溶质质量守恒原理可得如下关系式：

$$\rho_m V_m C_{in,i} = \rho_S V_S C_{S,i} + \rho_L V_L C_{L,i} \tag{4.68}$$

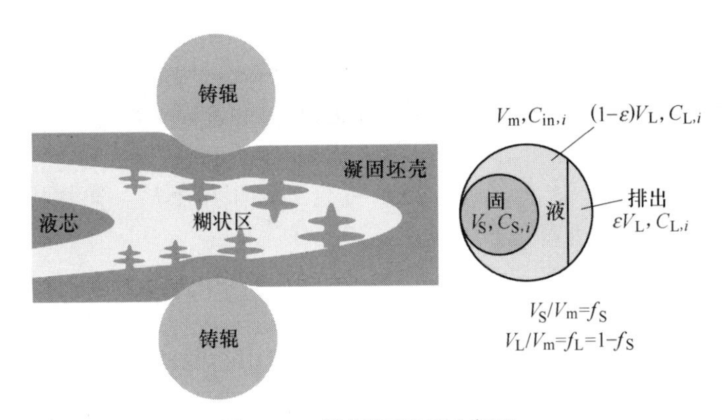

图 4.96 铸辊轻压下示意图

两相区溶质密度 ρ_m 与两相区内固相密度 ρ_S 和液相密度 ρ_L 满足如下关系式：

$$\rho_m = f_S\rho_S + f_L\rho_L \tag{4.69}$$

式中，f_S，f_L 分别为固相体积分率和液相体积分率，可分别由式（4.70）和式（4.71）求得：

$$f_S = \frac{V_S}{V_m} \tag{4.70}$$

$$f_L = \frac{V_L}{V_m} \tag{4.71}$$

将式（4.69）~式（4.71）代入式（4.68），经整理可得压下前两相区平均溶质浓度 $C_{in,i}$的表达式如下：

$$C_{in,i} = \frac{\rho_S f_S C_{S,i} + \rho_L f_L C_{L,i}}{\rho_S f_S + \rho_L f_L} \tag{4.72}$$

当实施单辊轻压下时，铸坯坯壳变形使得两相区体积减小 V_d，从而使得两相区内的浓缩钢液向上游挤压排出。假设剩余的两相区平均溶质浓度为 $C_{out,i}$，再次根据溶质质量守恒原理可得如下关系式：

$$\rho_m(V_S + V_L - V_d)C_{out,i} = \rho_S V_S C_{S,i} + \rho_L(V_L - V_d)C_{L,i} \tag{4.73}$$

并且轻压下两相区溶质排出率 ε 可表示为压下铸坯变形使得两相区减小体积 V_d 与两相区原有液相体积 V_L 之比：

$$\varepsilon = \frac{V_d}{V_L} \tag{4.74}$$

将式（4.69）~式（4.71）和式（4.74）代入式（4.73），经整理可得压下后两相区平均溶质密度 $C_{out,i}$表达式如下：

$$C_{out,i} = \frac{\rho_S f_S C_{S,i} + (1-\varepsilon)\rho_L f_L C_{L,i}}{[f_S + (1-\varepsilon)f_L](\rho_S f_S + \rho_L f_L)} \tag{4.75}$$

因此铸辊压下后，铸坯中心两相区平均溶质偏析率 K_i 为压下后两相区平均溶质浓度 $C_{out,i}$与压下前两相区平均溶质浓度 $C_{in,i}$之比：

$$K_i = \frac{C_{out,i}}{C_{in,i}} = \frac{\rho_S f_S C_{S,i} + (1-\varepsilon)\rho_L f_L C_{L,i}}{[f_S + (1-\varepsilon)f_L](\rho_S f_S C_{S,i} + \rho_L f_L C_{L,i})} \tag{4.76}$$

由于固相体积分率 f_S 和液相体积分率 f_L 满足如下关系式：

$$f_L = 1 - f_S \tag{4.77}$$

所以将式（4.77）代入式（4.76）可得到铸辊压下后，铸坯中心两相区平均溶质偏析率 K_i 的表达式如下：

$$K_i = \frac{\rho_S f_S C_{S,i} + (1-\varepsilon)(1-f_S)\rho_L C_{L,i}}{[f_S + (1-\varepsilon)(1-f_S)][\rho_S f_S C_{S,i} + \rho_L(1-f_S)C_{L,i}]} \tag{4.78}$$

由式（4.78）可知，要获得铸辊压下后铸坯中心两相区平均溶质偏析率 K_i，必须确定压下造成的两相区溶质排出率 ε、压下位置处的固相率 f_S、两相区内固相平均溶质浓度 $C_{S,i}$ 和液相平均溶质浓度 $C_{L,i}$，以及固相密度 ρ_S 和液相密度 ρ_L，因此必须分别建立求解以上各参数的相关模型，以便最终确定铸辊压下前后铸坯中心两相区溶质偏析改善程度，从而确定最佳压下位置。

根据轻压下连铸坯变形行为的分析（铸坯压下变形模型建立与铸坯变形分析详见文献［27］），可知压下铸坯变形时液芯体积减小量 V_d 与铸坯宽度 W_0、压下量 R_a、铸辊与铸坯接触长度 L_c 以及压下效率 η 满足如下关系式：

$$V_d = \eta W_0 R_a L_c \tag{4.79}$$

将式（4.79）和两相区液相体积与两相区体积的关系式 $V_L = (1-f_S)V_m$ 代入铸辊压下造成的两相区溶质排出率 ε 与压下铸坯变形时液芯体积减小量 V_d 的关系式（4.74）可得如下表达式：

$$\varepsilon = \frac{V_d}{V_L} = \frac{\eta W_0 R_a L_c}{(1-f_S)V_m} = \frac{\eta W_0 R_a}{(1-f_S)S_m} \tag{4.80}$$

式中，S_m 为压下位置处液芯面积。

通过以上铸坯压下变形分析，压下造成的两相区溶质排出率 ε 与铸坯压下变形紧密相关，以此建立铸坯压下变形模型，并采用有限元方法对铸坯变形进行分析，从而确定不同压下量和压下位置处液芯面积处实施轻压下造成的两相区溶质排出率。

对于压下位置处液芯面积 S_m 的确定，需要对钢凝固过程枝晶生长进行描述，从而确定压下位置处铸坯两相区形貌和面积，并且连铸坯凝固微观组织模拟能够确定铸坯各位置处凝固速率，从而为连铸两相区微观偏析模型提供冷却速率。具体的钢连铸凝固微观组织模拟详见文献［27］。

对于两相区内固相平均溶质浓度 $C_{S,i}$ 和液相平均溶质浓度 $C_{L,i}$ 的确定。两相区内固液两相溶质的分布取决于两相区内枝晶生长过程中的溶质再分配，为此根据 Ueshima 等提出的六边形横截面枝晶[28]，建立了耦合凝固过程 MnS 夹杂物析出的连铸坯固液两相区内微观偏析模型，该模型能够预测钢凝固过程中固液两相内的溶质再分配现象，从而可以确定两相区内固相平均溶质浓度 $C_{S,i}$ 和液相平均

溶质浓度 $C_{L,i}$。钢密度可由式（4.29）、式（4.30）得到固相密度 ρ_S 和液相密度 ρ_L。具体的连铸坯两相区内溶质微观偏析模拟详见文献［27］。

图 4.97 为压下区间模型计算流程图。从图中可看出，模型的具体计算流程如下：首先需要向模型中输入铸机特征参数（结晶器长度、铸坯尺寸、二冷各区位置和长度、压下辊位置、压下辊径等），连铸工艺参数（浇铸温度、拉速、结晶器冷却水流量、进出口温差、二冷水各区流量等），钢的热物性参数（密度、

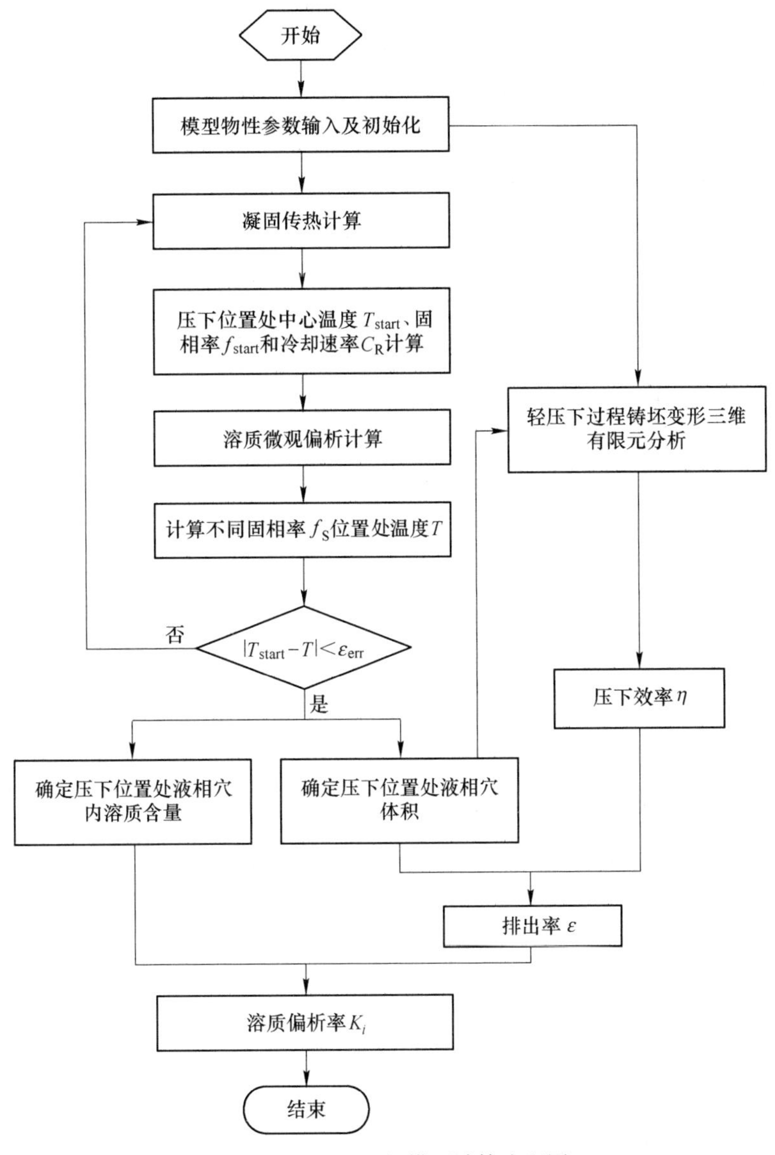

图 4.97 压下区间模型计算流程图

导热系数、比热容、焓变、热膨胀系数、弹性模量、泊松比等）以及连铸过程凝固形核参数（最大形核密度、形核过冷度等），根据连铸坯微观组织模拟模型，采用宏微观耦合计算可以确定凝固过程微观组织生长，等轴晶向柱状晶转变，两相区形貌以及铸坯中心凝固速率，从而分别为连铸两相区微观偏析模型提供铸坯固液两相区中心冷却速率，进而计算固液两相区溶质分布，并为铸坯压下变形三维有限元分析提供初始的温度条件和压下位置处的液芯厚度，从而获得不同压下位置处的压下效率（详见 4.3 节），根据式（4.80）可得到压下位置处溶质排出率。最后根据连铸固液两相区微观偏析模型确定的两相区内溶质分布和压下位置处的溶质排出率可以获得在不同位置实施单辊压下后溶质偏析率 K_i 变化。

4.4.2 方坯压下区间的求解与分析

4.4.2.1 压下区间的确定

为了详细阐述最佳压下区间的确定，选择某钢厂 325mm×280mm 大方坯连铸机上生产的预应力钢绞线钢 SWRH82B 作为研究对象，铸机结构如图 4.98 所示，具体的钢种成分、浇铸工艺参数以及铸机设备参数见表 4.3 和表 4.4。

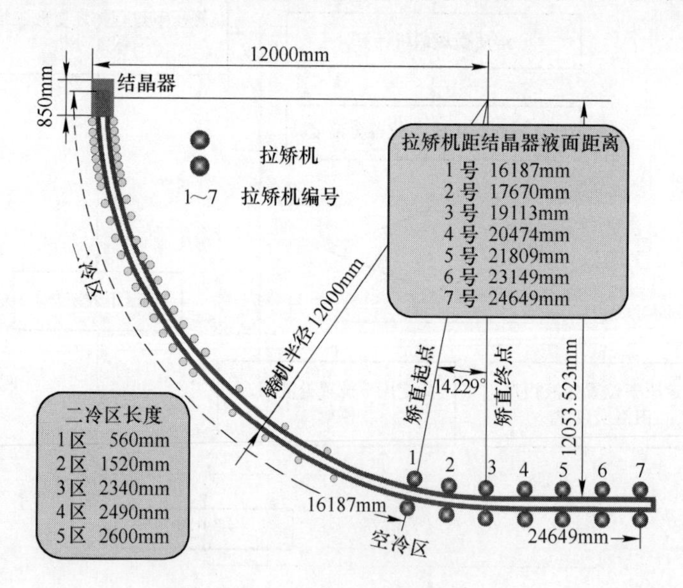

图 4.98 大方坯连铸机结构示意图

表 4.3 铸机主要参数

铸机型号	铸机半径	铸坯尺寸	工作拉速	结晶器长度	压下辊径	冶金长度
四流弧形	12m	280mm×325mm	0.2~1.2m/min	850mm	450mm	33.149m

表 4.4 SWRH82B 钢的化学成分 (%)

成分	C	Si	Mn	P	S	Cr	V
技术要求	0.81～0.83	0.21～0.25	0.75～0.85	≤0.015	≤0.015	0.25～0.29	0.02～0.05
实际	0.82	0.23	0.80	0.0075	0.008	0.28	0.03

图 4.99 为不同铸坯中心固相率位置实施单辊压下后，两相区平均溶质宏观偏析程度变化趋势。整体上看，随着单辊压下位置处的铸坯中心固相率 f_S 从 0 到 1.0 过程中，两相区溶质（C、Si、Mn、P、S、Cr）宏观偏析率均先减小后增大，但对于不同的溶质元素，两相区宏观偏析率极小值出现的位置不尽相同，因此对于不同的溶质元素均存在不同的最佳压下位置。为表述方便，本研究定义不同溶质元素宏观偏析率极小值（$K_{i,\min}$）所对应单辊压下位置处铸坯中心固相率为 $f_{S,i}^{opt}$，即该元素的最佳压下位置。

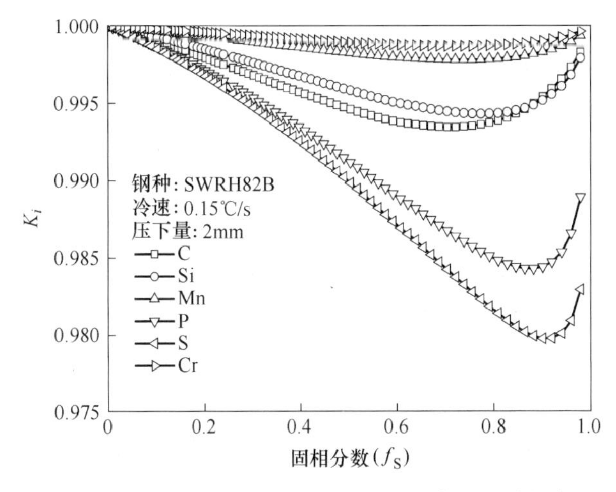

图 4.99 不同位置单辊压下对两相区不同元素宏观偏析率的影响
(压下量 2mm)

当单辊压下位置处 $f_S \leq f_{S,i}^{opt}$ 时，随着 f_S 的增加，连铸坯固液两相区内枝晶生长的同时，溶质元素不断向液相中排出，造成枝晶间溶质元素富集，溶质微观偏析指数增加（如图 4.100 所示）。虽然压下效率随着固相率的增加存在减少趋势，但压下能有效地使枝晶间偏析溶质元素挤压排出，两相区宏观溶质偏析率随着压下位置固相率的增加而降低，从而有效地防止铸坯中心偏析形成。当单辊压下位置 $f_S > f_{S,i}^{opt}$ 时，随着固相率的增加，残留钢液的流动性变差且压下效率降低，不利于压下对凝固末端富含偏析钢液的挤压排出，并且枝晶间部分偏析溶质元素开始凝固，溶质元素宏观偏析开始形成，压下已经不能有效地抑制溶质元素偏析的形成。因此溶质元素 i 的最佳压下位置为 $f_{S,i}^{opt}$，但不同溶质元素最佳压下位置 $f_{S,i}^{opt}$ 不尽相同，所以，为了有效改善钢中各元素在铸坯中心的偏析，压下区间必须包含

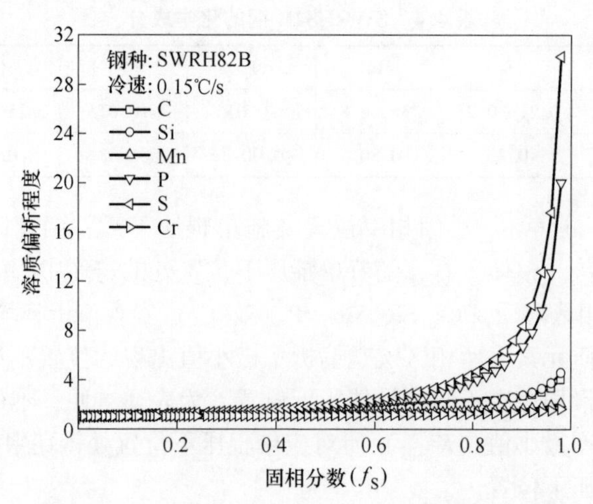

图 4.100 液相中溶质偏析指数随固相率的变化

钢中所有溶质元素的最佳压下位置，从而有效改善钢中所有溶质元素在凝固末端两相区内的溶质偏析富集现象，最终抑制铸坯中心偏析的形成。因此，轻压下压下区间的选择必须遵循压下区间的起始位置应该小于或者等于钢中各溶质元素最佳压下位置 $f_{S,i}^{opt}$ 中的最小值，终止位置应该大于或者等于钢中最佳压下位置 $f_{S,i}^{opt}$ 中的最大值。

从表 4.5 中可看出预应力钢绞线钢 SWRH82B 中 C、Si、Mn、P、S、Cr 六大元素分别对应的最佳压下位置为铸坯中心固相率分别 0.70、0.77、0.74、0.87、0.92、0.72 处。钢中各元素的最佳轻压下位置满足如下关系 $0.70 = f_{S,C}^{opt} < f_{S,Cr}^{opt} < f_{S,Mn}^{opt} < f_{S,Si}^{opt} < f_{S,P}^{opt} < f_{S,S}^{opt} = 0.92$。因此，按照上述分析，预应力钢绞线钢 SWRH82B 的压下区间应该为 0.70 ~ 0.92，且在压下区间内采用连续多辊压下，这样既能防止单辊压下量过大造成铸坯变形应力过大产生的内裂纹，也能兼顾不同偏析元素对应的最佳压下位置，达到理想的轻压下效果。

表 4.5 SWRH82B 钢的各溶质元素的 $f_{S,i}^{opt}$ 与 $K_{i,min}$

钢种	参数	元 素						压下区（f_S）	
		C	Si	Mn	P	S	Cr	开始位置	结束位置
SWRH82B	$K_{i,min}$	0.9935	0.9944	0.9978	0.9846	0.9800	0.9987	0.70	0.92
	$f_{S,i}^{opt}$	0.70	0.77	0.74	0.87	0.92	0.72		

4.4.2.2 压下量对压下区间的影响

表 4.6 为采用不同单辊压下量时预应力钢绞线钢 SWRH82B 中各溶质元素最佳压下位置，以及最佳位置处实施压下后两相区溶质偏析率。从表中可以清楚的看出采用不同的单辊压下量，只影响钢中各溶质元素的最小偏析率指数，且随着

压下量的增加，压下后两相区的最小溶质偏析率降低。这是由于随着压下量的增加，使得连铸坯凝固末端两相区内富集的浓缩钢液更多的受挤压排出，因此压下后两相区内溶质偏析率降低。但压下量的增加对钢中各溶质元素的最佳压下位置并无影响，因此轻压下压下区间的选择与模型中采用单辊压下量大小无关，即模型中采用何种单辊压下量均不影响最优压下区间的选择。

表 4.6 压下量对 SWRH82B 钢的各溶质元素的 $f_{S,i}^{opt}$ 与 $K_{i,min}$ 的影响

压下量/mm	参数	元素						压下区（f_S）	
		C	Si	Mn	P	S	Cr	开始位置	结束位置
2	$K_{i,min}$	0.9935	0.9944	0.9978	0.9846	0.9800	0.9987	0.70	0.92
	$f_{S,i}^{opt}$	0.70	0.77	0.74	0.87	0.92	0.72		
4	$K_{i,min}$	0.98681	0.9854	0.9956	0.9846	0.9685	0.9973	0.70	0.92
	$f_{S,i}^{opt}$	0.70	0.77	0.74	0.87	0.92	0.72		
6	$K_{i,min}$	0.9801	0.9827	0.9978	0.9576	0.9463	0.9959	0.70	0.92
	$f_{S,i}^{opt}$	0.70	0.77	0.74	0.87	0.92	0.72		

4.4.2.3 钢种成分对压下区间的影响

图 4.101 为碳含量对钢中 5 大元素（C、Si、Mn、P、S）最佳压下位置的影响。从图中可看出，当碳含量低于0.09%时，钢中各元素的最佳位置为定值，这是由于碳含量小于0.09%时，钢的凝固方式均相同，即钢凝固过程中直接从液相中析出 δ 铁素体，直到所有钢液被消耗殆尽，最终完全转变为固相 δ 铁素体，因此凝固过程溶质元素的偏析行为相同，从而决定了各溶质元素的最佳压下位置保

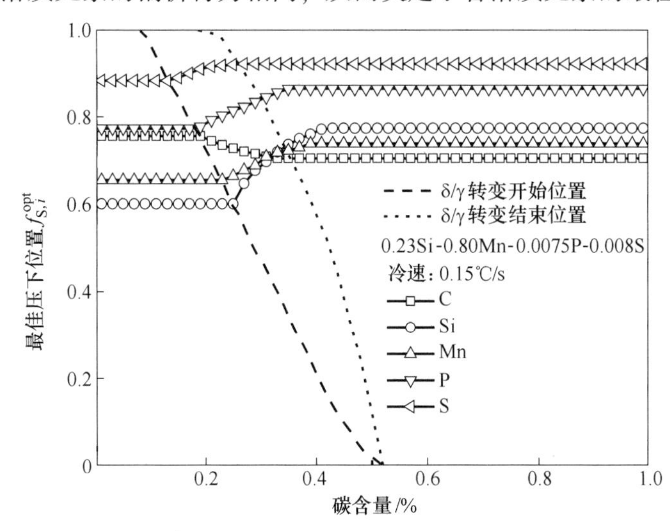

图 4.101 碳含量对最佳压下位置的影响

持不变。但钢中各元素的最佳位置不同，这是由于钢凝固过程中钢中各溶质元素在固相δ铁素体和液相中的分配比和扩散系数不同，所以凝固过程中钢中溶质元素的偏析程度不同，因此对于钢中不同的溶质元素，所需的最佳压下位置不同。从图中还可以定量得出，C、Si、Mn、P、S五大元素分别对应的最佳压下位置为0.76、0.60、0.66、0.77、0.88。钢中溶质元素的最佳压下位置满足关系：$0.60=f_{S,Si}^{opt}<f_{S,Mn}^{opt}<f_{S,C}^{opt}<f_{S,P}^{opt}<f_{S,S}^{opt}=0.88$，这是由于钢中溶质元素P、S在固相δ铁素体和液相中的平衡分配系数较小，钢凝固过程中偏析严重，且随着固相率的增加，钢凝固末端偏析更加严重。因此，为有效排出凝固末端铸坯两相区内富集的P、S元素，防止中心偏析的形成，钢中P、S元素的最佳压下位置相对靠后。而钢中溶质元素Si、Mn在固相δ铁素体和液相中的平衡分配系数较大，钢凝固末端溶质偏析程度随着固相率的增加而增加，但增加程度不是特别明显，因此钢中Si、Mn元素的最佳压下位置相对靠前。

当碳含量在0.09%和0.53%之间时，钢凝固过程会发生包晶反应（L+δ→γ）生成γ奥氏体，消耗钢中提前生成的δ铁素体，直到所有的δ铁素体或残余液相消耗殆尽，包晶反应才结束。从图中可得出：不同碳含量下，δ/γ相转变开始和结束的固相率不同。随着钢凝固过程中δ/γ相转变的发生，凝固过程中溶质元素将会在液相、δ铁素体和γ奥氏体三者之间发生溶质再分配现象。由于Si、P、S元素在δ铁素体和液相之间的平衡分配系数比γ奥氏体和液相之间的平衡分配系数大，因此随着钢凝固过程中γ奥氏体的生成，钢凝固末端两相区内Si、P、S元素的偏析也逐渐增大，所以Si、P、S元素最佳压下位置也逐渐向高固相率区移动，直到钢凝固过程中δ/γ相变结束。而钢中C元素则在γ奥氏体和液相之间的平衡分配系数大于δ铁素体和液相之间的平衡分配系数，所以随着钢凝固过程中γ奥氏体的生成，钢凝固末端两相区C偏析程度逐渐变缓，因此对应C元素最佳压下位置逐渐向低固相率区移动，直至钢凝固过程中δ/γ相变结束。钢中Mn元素在δ铁素体和液相之间的平衡分配系数与γ奥氏体和液相之间的平衡分配系数几乎一样，但Mn元素在γ奥氏体内扩散明显小于在δ铁素体内扩散。因此，钢凝固过程中γ奥氏体的生成会造出液相中Mn元素富集，偏析程度增加，所以Mn元素的最佳压下位置也逐渐后移，直至钢凝固过程中δ/γ相变结束。

当钢中碳含量大于0.53%时，钢凝固过程中不再发生包晶反应（L+δ→γ）生成γ奥氏体，而是钢液中直接生成γ奥氏体，直至所有的钢液完全转变为γ奥氏体，凝固才结束。因此，当钢中碳含量大于0.53%时，钢的凝固方式相同，都是从钢液中直接生成γ奥氏体直至凝固结束，所以钢中溶质元素在钢凝固过程中的偏析情况也相同。因此可以从图4.101中看出：当钢中碳含量大于0.53%时，钢中溶质元素C、Si、Mn、P、S的最佳压下位置保持不变，分别为0.70、0.77、

0.74、0.87、0.92。钢中各元素的最佳轻压下位置满足关系：$0.70=f_{S,C}^{opt}<f_{S,Mn}^{opt}<f_{S,Si}^{opt}<f_{S,P}^{opt}<f_{S,S}^{opt}=0.92$。同样由于P、S元素在γ奥氏体和液相之间的平衡系数较小，钢凝固末端两相区残余钢液内P、S元素富集严重，最佳压下位置位于固相率较高处才能有效排除铸坯凝固末端浓缩钢液内富集的P、S元素，达到减轻中心偏析的目的。而溶质元素C、Si、Mn在γ奥氏体和液相之间的平衡系数较大，钢凝固末端两相区残余钢液内C、Si、Mn元素富集程度不如P、S元素富集程度严重，因此溶质元素C、Si、Mn的最佳压下位置比P、S元素最佳压下位置稍微靠前。

图4.102为除碳以外的钢成分含量对元素最佳压下位置的影响。从图中可得出，钢中溶质元素（Si、Mn、P、S）的最佳压下位置与钢中溶质元素（Si、Mn、P、S）含量无关，这是因为钢中溶质元素（Si、Mn、P、S）的含量并不改变钢的凝固方式，所以凝固过程中钢中溶质元素（Si、Mn、P、S）的偏析规律并没有随溶质元素含量的变化而变化。因此，钢中溶质元素的最佳压下位置也不随钢中溶质元素（Si、Mn、P、S）含量的改变而改变。

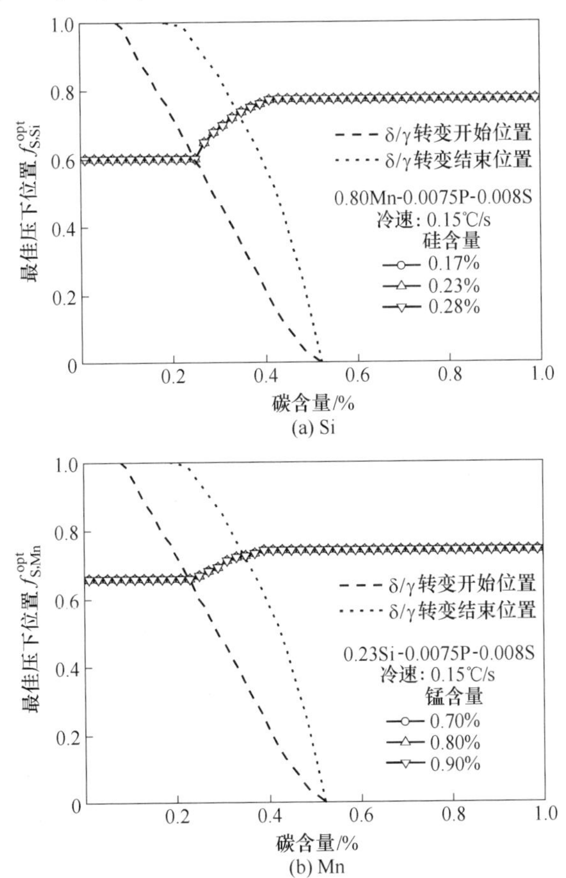

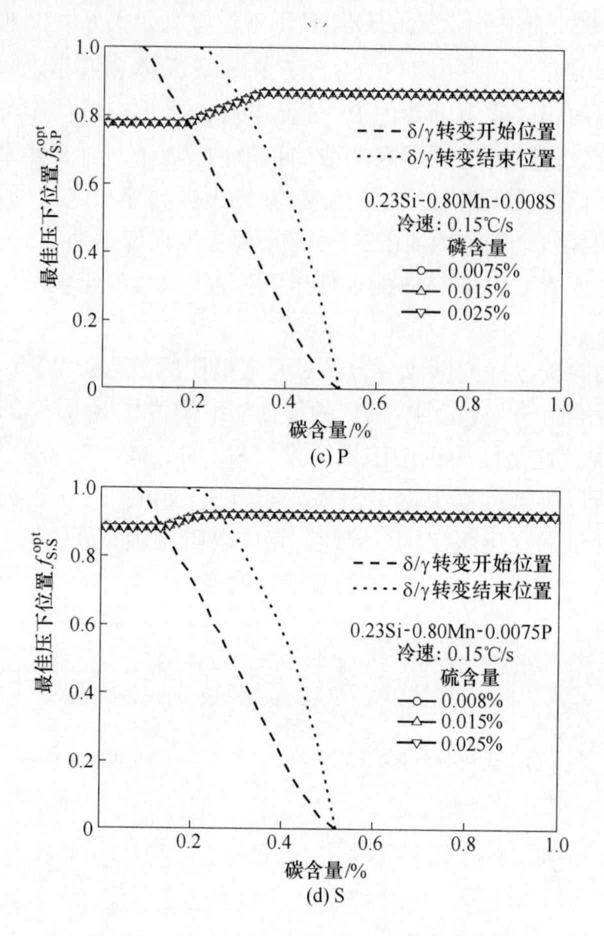

图 4.102 钢成分含量对元素最佳压下位置的影响

4.4.2.4 冷却速率对压下区间的影响

图 4.103 为连铸坯两相区中心冷却速率对钢种最佳压下位置的影响。从图中可得出，连铸坯两相区中心的冷却速率对钢中溶质元素 C、Si、Mn、Cr 的最佳压下位置基本没有任何影响，而对元素 P、S 的最佳压下位置有一定的影响，这是由于随着铸坯中心冷却速率的增加，两相区内溶质元素 P、S 元素偏析程度相对钢中其他元素（C、Si、Mn、Cr）在凝固末端增加较快，所以为了减轻钢中 P、S 元素的偏析，P、S 元素的最佳压下位置逐渐后移。从图中还可以定量得出铸坯中心冷却速率对预应力钢绞线钢 SWRH82B 中溶质元素最佳压下位置的影响：连铸坯两相区中心冷却速率从 0.045℃/s 增加到 0.25℃/s，P、S 元素的最佳压下位置分别由固相率 f_S 为 0.86 和 0.90 后移到 0.88 和 0.92；而钢中 C、Si、Mn、Cr 元素的最佳压下位置基本不变，分别为 0.70、0.77、0.74 和 0.72。

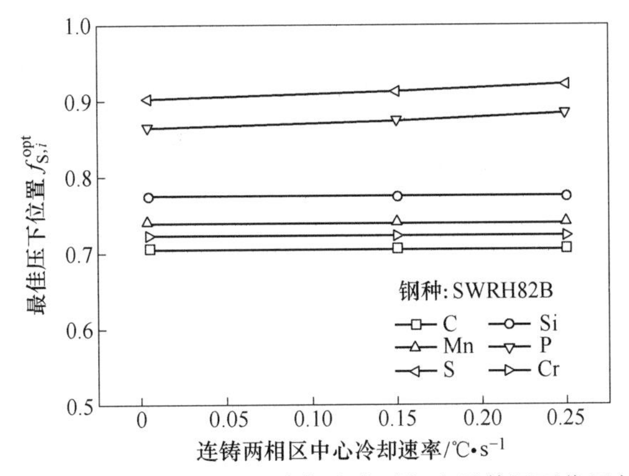

图 4.103 连铸坯两相区中心冷却速率对钢中最佳压下位置的影响

4.4.3 宽厚板连铸坯的压下区间

板坯连铸压下区间的求解与方坯的相同，但由于板坯凝固末端为扁平状，而方坯凝固末端为锥型，板坯凝固前沿的坯壳厚度分布是不均匀的，而且随着宽度的不断增加，其非均匀性愈发凸显。因此，压下区间的设定不仅要考虑铸坯中心线的固相率分布，也要兼顾两侧液芯延长区域[29]。

以某钢厂宽厚板连铸机为具体对象，阐述压下区间的设计分析过程。宽厚板连铸机结构及各区冷却喷嘴布置分别如图 4.104 所示。

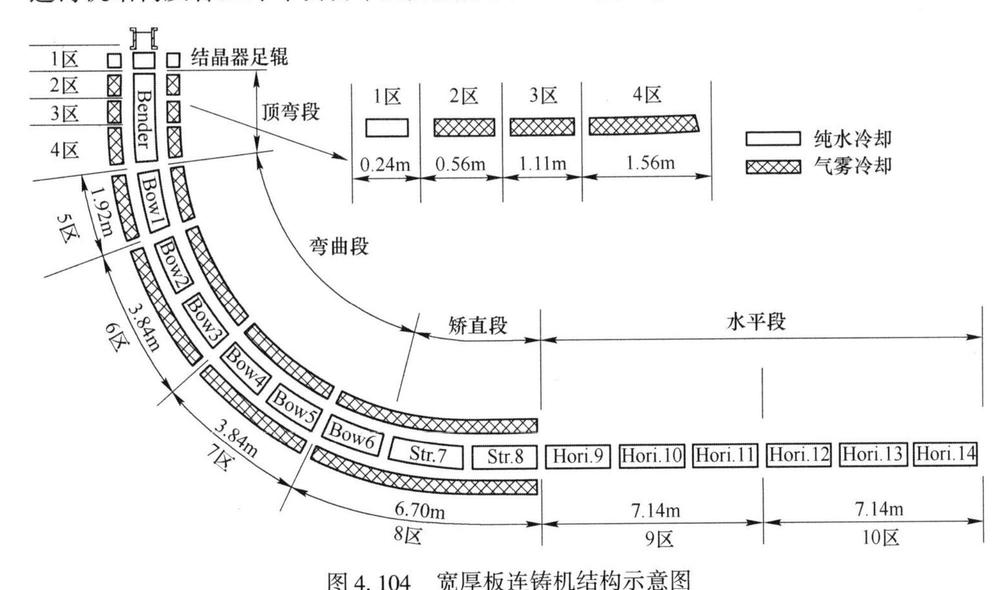

图 4.104 宽厚板连铸机结构示意图

图 4.105 为模拟得到的拉速 0.9m/min，浇铸温度 1545℃，冷坯断面 2100mm × 250mm 条件下的 Q345 连铸坯中心平行于宽面的纵断面沿铸流方向两相区的变化

情况。在拉坯方向上，$f_S=0$ 的等值线从铸坯中心到距离中心0.85m（$x=0.85$m）的范围内均匀变化，但是铸坯宽度1/8位置处的固相率等值线随着固相率的增加而得以延长。由水流密度分布可知，从铸坯宽面中心到距离中心0.55m（$x=0.55$m）的范围内，铸坯表面水流密度分布均匀，因此，铸坯在此范围内的坯壳厚度随着拉坯的进行得以均匀增长。但是处于 $x=0.55$m 到 $x=0.82$m 范围内的液芯由于冷却强度的降低而逐渐的加长。

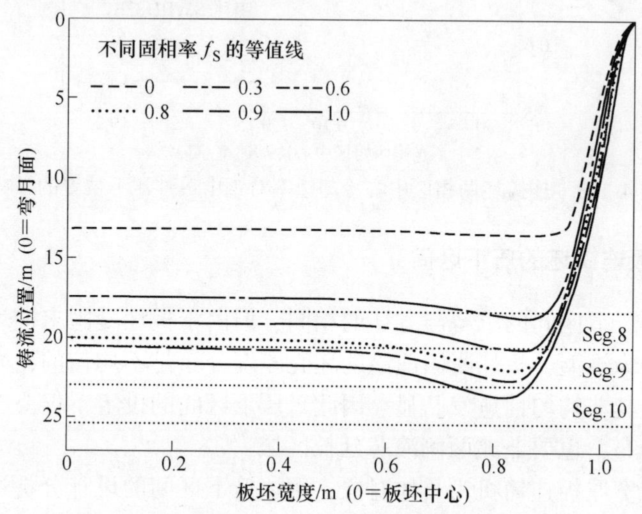

图4.105 铸坯中心面上不同固相率 f_S 的等值线

图4.106显示了处于第八扇形段末（距离弯月面20.57m）与第九扇形段末（距离弯月面22.95m）的铸坯横截面温度等值线图。由图可知，铸坯的横截面温度场呈现出典型的哑铃状特征。

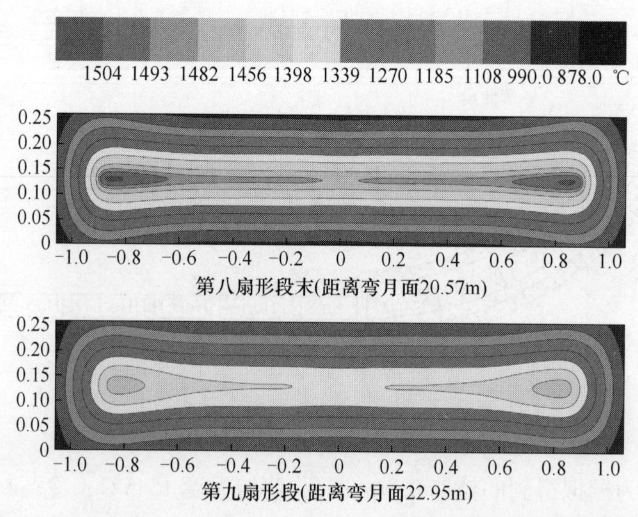

图4.106 距离弯月面20.57m和22.95m处铸坯横截面上的等温线

为了验证模拟结果的正确性，在沿拉坯及铸坯横截面的不同位置上进行了射钉实验。图 4. 107 为射钉实验结果。

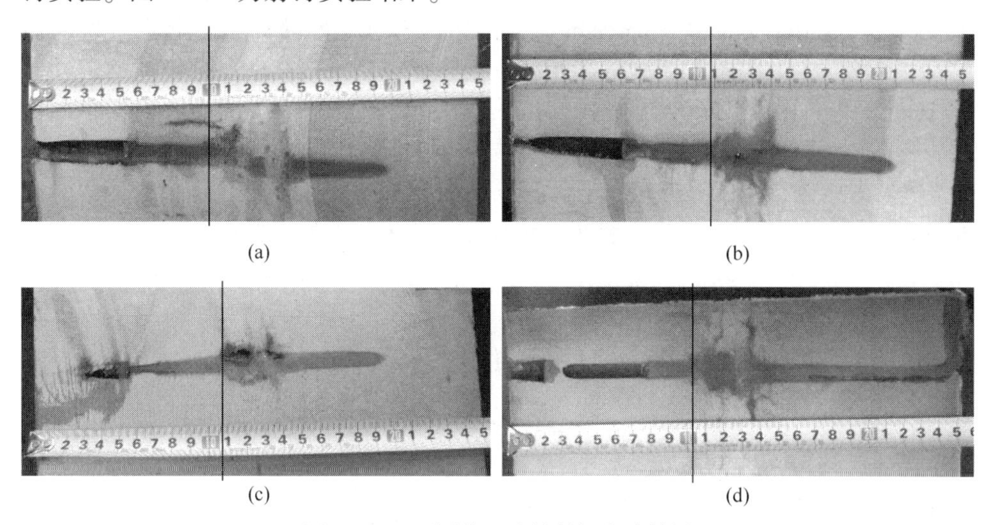

图 4. 107 不同位置处的射钉实验结果

（a）第七扇形段末铸坯 1/2 宽度位置（板坯中心）；

（b）~（d）分别是板坯在第八扇形段末铸坯横向 1/2、1/4 和 1/8 宽度位置

图 4. 108 为预测值与射钉实验测定值之间的比较。模型预测结果与射钉实验结果能够很好的吻合，并且两者之间的相对误差小于2. 12%。因此，可以证明宽厚板坯凝固前沿坯壳厚度的分布是不均匀的。

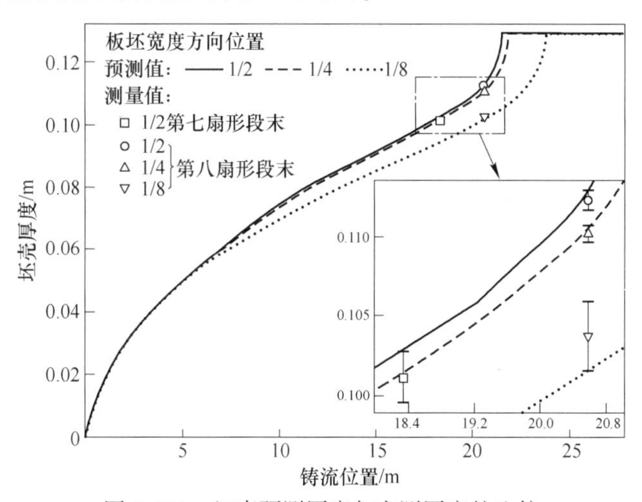

图 4. 108 坯壳预测厚度与实测厚度的比较

图 4. 109 给出了 2100mm × 250mm 断面 Q345 连铸坯在不同拉速下的固相率 $f_S = 0.6$ 及 $f_S = 0.9$ 等值线。其中，图 4. 109(a) 给出了铸坯宽度 1/2 位置（宽向中心）与 1/8 位置剖面的固相率等值线。可以看出，随着拉速的增加，无论是铸

坯中心位置还是铸坯宽向 1/8 位置处的凝固终点都逐渐后移，但铸坯横向轻压下区间内的等值线越来越不均匀，即凝固的不均匀性逐渐增加。当拉速分别为 0.9m/min、1.0m/min 和 1.1m/min 时，铸坯 1/8 位置处的轻压下起点分别向后移动了 1.57m、1.81m 和 2.09m，相应位置确定的轻压下结束点分别向后移动了 2.00m、2.28m 和 2.52m。图 4.109(b) 给出了铸坯厚度中心剖面的固相率等值线，可以看出无论何种拉速下，铸坯宽向 1/8 位置的液芯长度均超过铸坯宽向 1/2 位置处，所以相应位置的轻压下区间长度应变长。因此，当仅基于板坯中心固相率设计轻压下区间时，将不会减轻铸坯宽向 1/8 位置处的偏析。

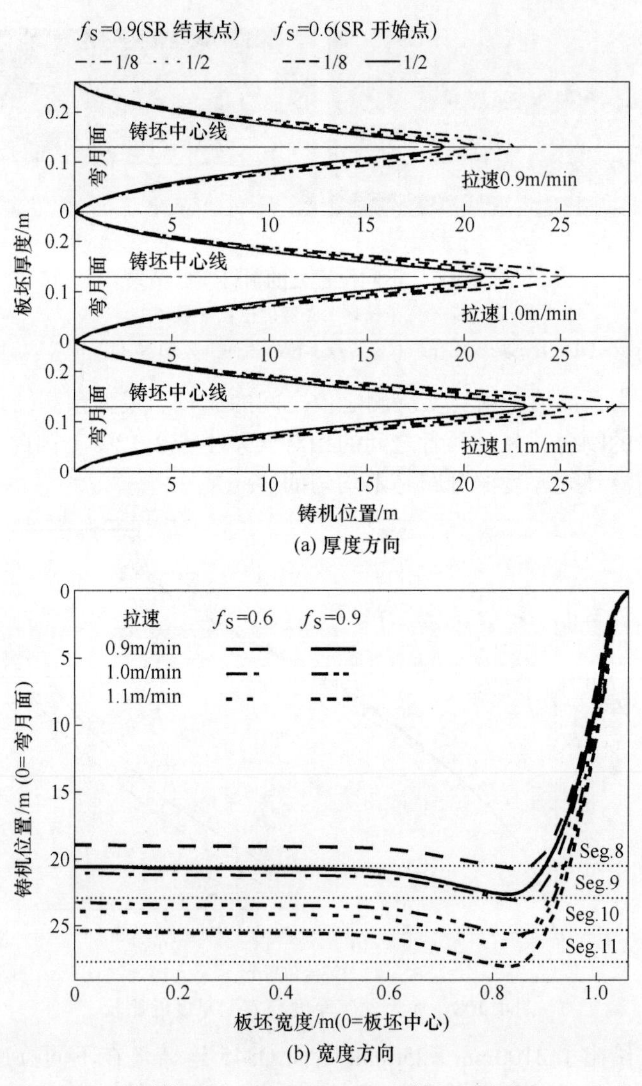

图 4.109 不同拉速下 2100mm×250mm 铸坯厚度方向（a）与宽度方向（b）剖面上的固相率等值线

图 4. 110 给出了仅按中心固相率分布，仅按宽向 1/8 位置固相率分布，以及考虑整个断面固相率分布三种条件下压下区间的长度随拉速的分布。由图可知，当拉速每提高 0. 1m/min 时，分别由铸坯横向 1/2、1/8 和整个宽度方向决定的轻压下区间长度分别增长了 0. 24m、0. 23m 和 0. 51m。为了有效改善铸坯整个横断面范围内的中心偏析现象，应充分考虑铸坯横向 1/8 处的液芯延展设计压下参数，即采用铸坯中心线的轻压下起点为整个铸坯实施轻压下的起点，采用铸坯宽度方向 1/8 位置的轻压下终点作为整个铸坯实施轻压下时的结束点。

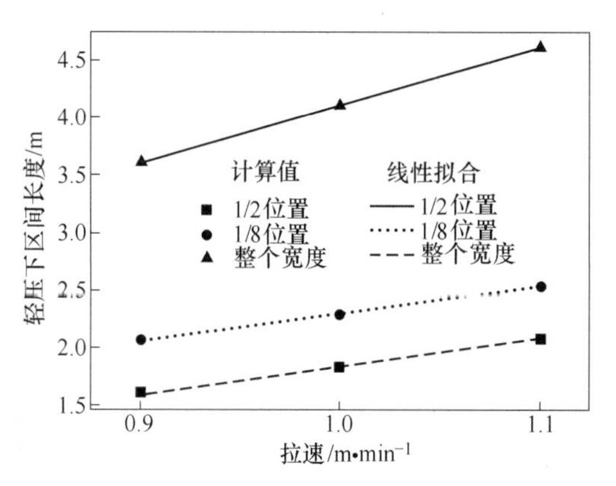

图 4. 110 板坯不同位置的轻压下区间长度

板坯角部的过冷降低了铸坯的延展性，使得铸坯在矫直时有可能出现横裂纹。喷嘴的布置方式可以显著的影响铸坯表面的水流密度及分布，为了减少宽度为 2100mm 板坯的角部横裂纹，在第 7 和第 8 冷却区内用 90°的气雾喷嘴替换了原来的 110°喷嘴。图 4. 111 比较了拉速为 0. 9m/min，断面尺寸为 2100mm × 250mm 的板坯在改变喷嘴布置前后，位于铸坯厚度方向和宽度方向上轻压下区间内的等值线。

由图 4. 111(a) 可以看出，当使用 90°喷嘴时，导致轻压下区间的起始与终止位置分别向后移动 0. 067m 和 0. 048m。这是因为在铸坯的中心处，由于 90°喷嘴比 110°喷嘴所对应的水流密度略小所引起（由图 4. 111(a) 可以看出）。而在铸坯 1/8 位置处，由于 90°喷嘴所对应的水流密度比 110°喷嘴所对应的水流密度大，该位置处的轻压下区间的起始与终止位置分别向弯月面移动了 0. 22m 和 0. 12m。

由图 4. 111(b) 可知，在 $x=0$(铸坯中心) 到 $x=0.6$m 范围内，两种不同的喷嘴布置下所对应的轻压下区间内的等值线图几乎相同，这是因为在该区域范围内两者所对应的水流密度几乎相同。在 $x=0.6$m 到 $x=0.85$m 范围内，由于 90°比 110°喷嘴所对应的水流密度大，因此导致相应的液芯长度减小。在靠近角部 200mm 的范围内，两种喷嘴布置下所对应轻压下区间内的等值线几乎相同。这是

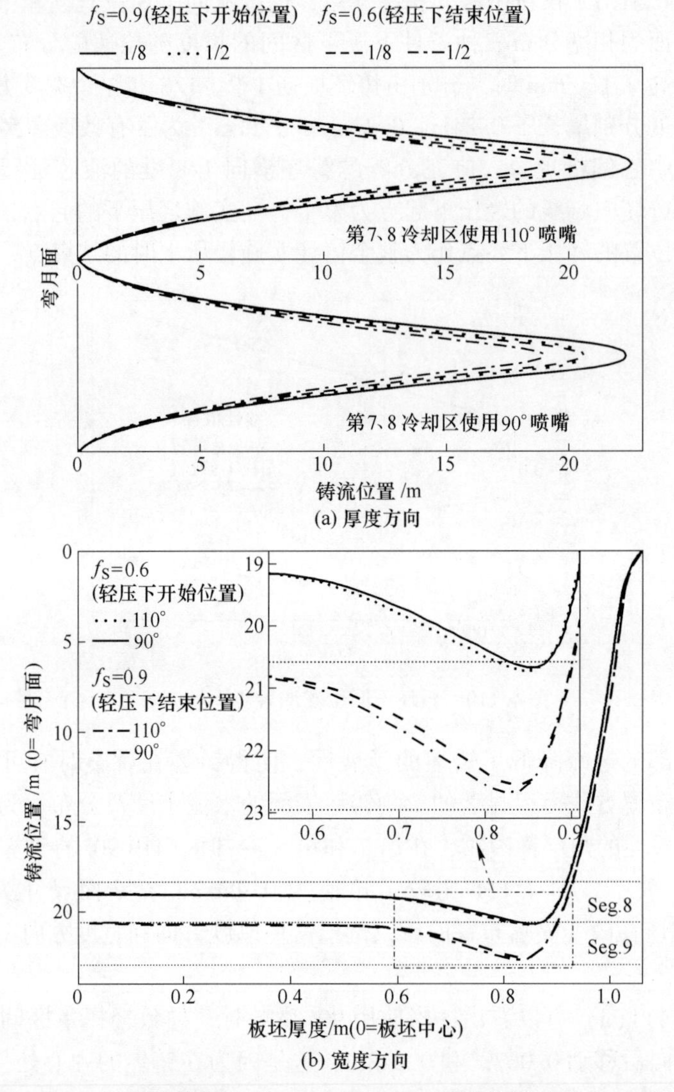

图 4.111 不同喷嘴布置下 2100mm × 250mm 铸坯厚度方向（a）与宽度方向（b）剖面上的固相率等值线

因为窄面的放热效果比宽面的放热效果明显，并且两种喷嘴所对应的该区域内的水流密度变化不大。因此，当用 90°喷嘴替换 110°喷嘴时，宽度为 2100mm 的板坯压下区间几乎是不变的。

当采用宽厚板连铸机生产断面较窄铸坯时，铸坯角部区域水流密度将明显增加，不可避免地导致铸坯角部过冷，从而导致角部横裂纹的扩展。因此，在生产 1600mm 宽度的板坯时，改变了第 7、8 冷却区的喷嘴布置，只留下中心位置喷嘴，并且降低了水流密度。图 4.112 比较了拉速为 1.0m/min 情况下，横断面为

1600mm×250mm 的板坯在喷嘴布置调整前后轻压下区间的等值线。在 3 个 110°喷嘴布置方案下，铸坯 1/2 和 1/8 位置处的水流密度强度几乎相同，所以这两个位置处所对应的轻压下区间基本相同。当只留下中间喷嘴时，铸坯 1/8 位置处的水流密度降低，导致非均匀凝固前沿的形成。由图 4.112 可知，3 个 110°喷嘴布置方案下铸坯 $x=0$ 到 $x=0.6$m 的范围内，轻压下区间几乎保持不变。但是仅保留中间喷嘴时，在铸坯 $x=0$ 到 $x=0.55$m 的范围内，铸坯的轻压下区间逐渐增长，这是由于水流密度相应逐渐降低造成的。因此，当第 7、8 冷却区中仅保留中间喷嘴时，从铸坯中心到 1/8 位置处的范围内，铸坯的轻压下区间逐渐增长，所以相应的轻压下应该在第 9、10 扇形段内完成，而不是仅在第 9 扇形段进行。

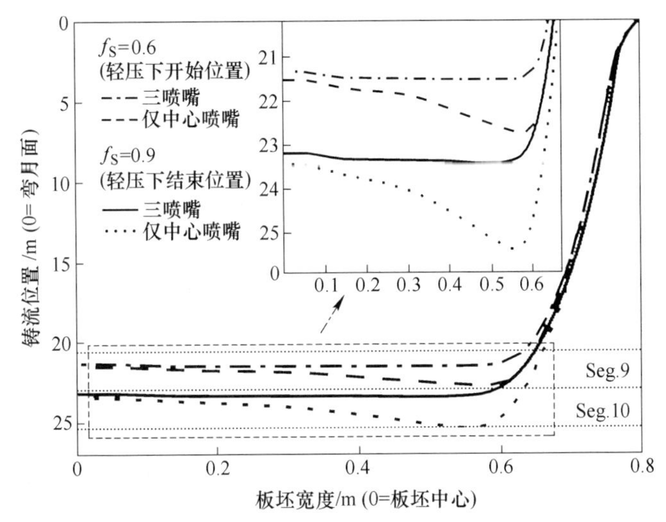

图 4.112 不同喷嘴布置下 1600mm×250mm 板坯位于宽度方向截面轻压下区间等值线

可以看出，1600mm 宽度的板坯所作的喷嘴调整对其轻压下区间的影响比对 2100mm 宽度的板坯影响更显著。一方面，对于 1600mm 宽度的板坯，其角部的水流密度在喷嘴调整前后的变化比 2100mm 宽度的板坯更加明显，因此，2100mm 宽度的板坯经由窄面冷却带出的热量在冷却过程中会起到更明显的作用。事实上，调整喷嘴布局后，在第 8 冷却区末端，1600mm 宽度的板坯角部提高了 160℃，而 2100mm 宽度的板坯角部温度只提高了约 60℃。另一方面，如图 4.112 所示，当调整喷嘴后，1600mm 宽度的铸坯其横向水流密度分布变化明显，但是 2100mm 宽度的铸坯只有其角部附近区域的水流密度发生了变化。因此，铸坯横向水流密度较大变化使得相应轻压下区间产生更加显著的不均匀性。

根据上述模拟分析结果，针对断面为 2100mm×250mm 的板坯连铸过程，轻压下通常在两个扇形段内进行，第一段主要用来消除铸坯 1/2 及 1/4 位置处的偏析，第二段主要用来消除 1/8 位置处的偏析。具体说，拉速分别为 0.9m/min、

1.0m/min、1.1m/min 时，轻压下将分别在第 8 ~ 9 段、9 ~ 10 段、10 ~ 11 段的范围内进行。在第一段内采用较大的压下率为 0.4 ~ 2.2mm/m。然而在凝固末期，由于在枝晶表面覆盖了一层富含溶质偏析元素的液膜，因此在零强度温度（ZST）与零塑性温度（ZDT）之间存在脆性温度区间。如果采用具有较大压下率的轻压下，可能会诱发中心裂纹。为了避免上述问题，在第二段的轻压下时，将压下率降低到 0.4 ~ 1.6mm/m。

对于断面为 1600mm × 250mm 的板坯，由于改变喷嘴布置后，轻压下区间延长，因此轻压下也应该在两个扇形段内进行。轻压下的压下率与 2100mm 宽度的压下率设置相似。

参考文献

[1] 林启勇. 连铸过程铸坯动态轻压下压下模型的研究与应用 [D]. 沈阳：东北大学，2008.

[2] Dalhuijsen J, Segal A. Comparison of finite element techniques for solidification problems [J]. International Journal for Numerical Methods in Engineering. 1986, 23 (10): 1807 - 1829.

[3] Uehara M, Samarasekera I V, Brimacombe J K. Mathematics modelling of unbending of continuously cast steel slabs [J]. Ironmaking and Steelmaking, 1986, 13 (3): 138 - 153.

[4] Lally B, Biegler L T, Henin H. Difference heat transfer modelling for continuous casting [J]. Metallurgical Transactions B, 1990, 21B (8): 761 - 770.

[5] 蔡开科. 浇铸与凝固 [M]. 北京：冶金工业出版社，1987.

[6] 蔡兆镇，朱苗勇. 板坯连铸结晶器内钢凝固过程热行为研究 Ⅰ数学模型 [J]. 金属学报，2011，47 (6)：671 - 677.

[7] 蔡兆镇，朱苗勇. 板坯连铸结晶器内钢凝固过程热行为研究 Ⅱ模型验证与结果分析 [J]. 金属学报，2011，47 (6)：678 - 687.

[8] Savage J, Pritchard W H. The problem of rupture of the billet in the continuous casting of steel [J]. Journal of the Iron and Steel Institute, 1954, (11): 260 - 277.

[9] Nozaki T, Matsuno J, Murata K, et al. Secondary cooling pattern for preventing surface cracks of continuous casting slab [J]. ISIJ transactions, 1978, (18) 6: 330 - 338.

[10] Ji C, Cai Z Z, Wang W L, Zhu M Y, Sahai. Effect of transverse distribution of secondary cooling water on corner cracks in wide thick slab continuous casting process [J]. Ironmaking & Steelmaking, 2014, 41 (5): 360 - 368.

[11] Louhenkilpi S, Miettinen J, Holappa L. Simulation of microstructure of as - cast steels in continuous casting, ISIJ Int., 2006, 46 (6): 916 - 920.

[12] Bryan Petrus, Zheng Kai, Zhou Xiaoxu, Brian G. Thomas, and Joseph Bentsman. Real - time, model - based spray - cooling control system for steel continuous casting [J]. Metallurgical and Materials Transactions B, 2011, 42 (1): 87 - 103.

[13] Xia G, Schiefermuller A. The Influence of Support Rollers of Continuous Casting Machines on Heat Transfer and on Stress - Strain of Slabs in Secondary Cooling [J]. Steel Research International, 2010, 81 (8): 652 - 659.

[14] Touloulian Y S, Rowell R W, Ho C Y, et al. Thermophysical Properties of Matter [M]. New York: IFI/Plenum, 1970.

[15] Luo S, Zhu M Y, Ji C, Chen Y. Characteristics of Solute Segregation in Continuous Casting Bloom with Dynamic Soft Reduction and the Determination of Soft Reduction Zone [J]. Ironmaking and Steelmaking, 2010, 37 (2): 140 - 146.

[16] Harste K. Technical University of Clausthal, Clausthal [D]. 1989: 115.

[17] Won Y M, Yeo T J, Oh K H. Analysis of mold wear during continuous casting of slab [J]. ISIJ International, 1998, 38 (1): 53 - 62.

[18] Peng Z, Bao Y P, Chen Y N, et al. Effects of calculation approaches for thermal conductivity on the simulation accuracy of billet continuous casting [J]. International Journal of Minerals Metallurgy and Materials, 2014, 21 (1): 18 - 25.

[19] Takahashi T. Solidification and segregation of steel ingot [J]. Iron and Steel, 1982, 17 (3): 57 - 61.

[20] Ito Y, Yamanaka A, Watanabe T. Internal reduction efficiency of continuously cast strand with liquid core [J]. La Revue de Metallurgie, 2000, 10: 1171 - 1177.

[21] Won Y M, Kim K H, Yeo T J, et al. Effect of cooling rate on ZST, LIT, and ZDT of carbon steels near melting point [J]. ISIJ International, 1998, 38 (10): 1093 - 1099.

[22] Wary P J. Effect of carbon content on the plastic flow of plain carbon steels at elevated temperatures [J]. Metallurgical Transactions A, 1982, 13 (1): 125 - 134.

[23] Suzuki T. Creep properties of steel at continuous casting temperatures [J]. Ironmaking and Steelmaking, 1988, 15 (2): 90 - 100.

[24] Kozlowski P F, Thomas B G, Azzi J A, et al. Simple constitutive equations for steel at high temperature [J]. Metallurgical Transactions A, 1992, 23: 903 - 918.

[25] Mizukami H, Murakami K, Miyashita Y. Mechanical properties of continuously cast steel at high temperatures [J]. Tetsu - to - Hagane, 1977, 63 (146): S652.

[26] Friedman E. Thermomechannical analysis of the welding process using the finite element method [J]. Transaction of the ASME, Journal of Pressure Vessel Technology, 1975, 8: 206 - 213.

[27] 罗森. 连铸坯凝固过程微观偏析与组织模拟及轻压下理论研究 [D]. 沈阳: 东北大学, 2011.

[28] Ueshima Y, Mizoguchi S, Matsumiya T, et al. Analysis of solute distribution in dendrites of carbon steel with δ/γ transformation during solidification [J]. Metallurgical and Materials Transactions B, 1986, 17 (4): 845 - 859.

[29] Ji C, Luo S, Zhu M Y, et al. Uneven solidification during wide - thick slab continuous casting process and its influence on soft reduction zone [J]. ISIJ International, 2014, 54 (1): 103 - 111.

5

连铸坯动态轻压下的过程控制与应用效果

轻压下关键工艺参数研究的最终目的在于工业应用，为此，对轻压下工业应用开展了研究，开发了动态轻压下过程控制系统及相应的在线控制模型，并相继在国内的宝钢梅钢、攀钢、邢钢、湘钢等企业的板坯、大方坯连铸机上实现了应用，取得了良好的应用效果。本章主要介绍凝固末端动态轻压下过程控制系统、在线控制模型及其在宝钢梅山、攀钢、邢钢等部分企业的应用及其效果。

5.1 连铸动态轻压下的过程控制

5.1.1 连铸坯动态轻压下过程控制系统

过程控制是以产品质量和工艺要求为指标的控制技术，其解决的是具体生产过程的工艺优化和控制问题。为实现连铸坯凝固末端动态轻压下工艺的有效、稳定实施，必须匹配开发相应的过程控制系统。如图5.1所示，给出了梅钢2号板

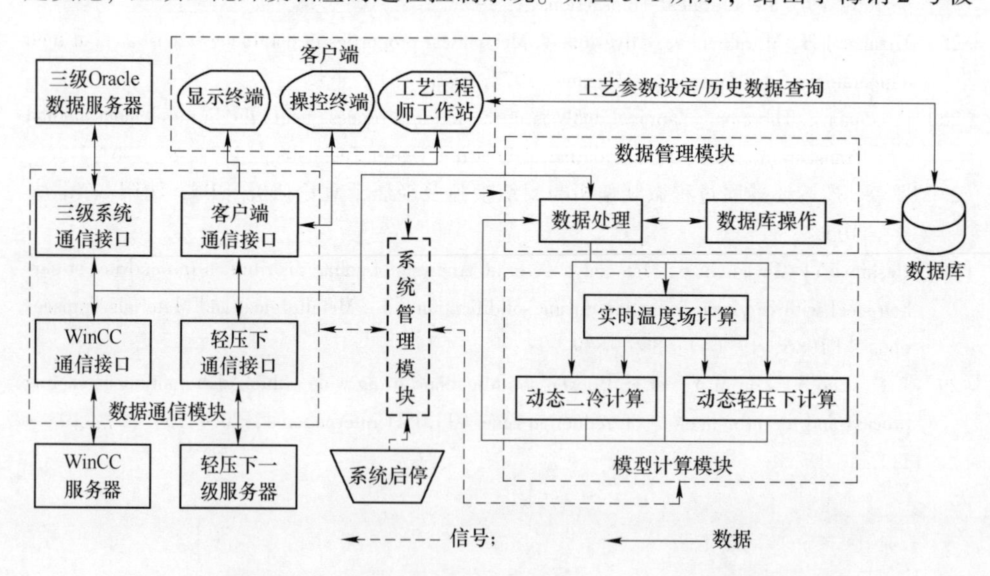

图5.1 梅钢2号板坯连铸机动态二冷与动态轻压下过程控制系统架构

坯连铸机动态二冷与动态轻压下过程控制系统（MsNeu_L2）的架构[1]。MsNeu_L2软件体系基于C/S模式架构，按功能不同分为五个主要功能模块，包括：系统管理模块、数据通信模块、数据管理模块、模型计算模块和客户端模块。其中，前四个模块均集成在应用服务器的应用服务程序中；客户端模块主要用于进行人机交换，安装在操控室的客户端电脑上。各模块所包含的子模块和对应的进程如表5.1所示。

表5.1 各模块所包含的子模块和对应的进程

模块名	子模块	对应及包含进程
系统管理		系统管理进程 - Wdog
数据通信	WinCC通信接口	L1exchange通信进程
	轻压下通信接口	MCClient通信进程
	三级系统通信接口	主进程 - Main
	客户端通信接口	主进程 - Main
数据管理	数据库操作（DBmanage）	主进程 - Main
	数据前处理	主进程 - Main
	数据后处理	主进程 - Main
模型计算	实时温度场计算	主进程 - Main
	动态二冷计算	主进程 - Main
	动态轻压下计算	主进程 - Main
客户端		MsNeu_L2Client（客户端应用程序）

MsNeu_L2承担整个2号机生产过程中的各二冷区水量设定值和各扇形段辊缝设定值的在线计算任务，其主要功能包括：

（1）系统自身的管理和维护。该功能是指MsNeu_L2的自主管理和维护，包括对应用服务程序中各功能模块的启动、停止、状态监控，应用服务程序运行信息和故障报警信息的日志保存等。

（2）数据通信。该功能负责实现MsNeu_L2与上级L3及下级L1的实时数据通信过程，同时还负责实现MsNeu_L2内部应用服务器、数据库服务器和客户端的数据交互。为实现与原有控制体系的无缝对接，二冷控制与轻压下控制为各自独立的通信端口。

（3）数据管理。该功能负责对MsNeu_L2运行过程中接收和发送的通信数据进行处理，主要功能包括：服务器和客户端接收数据的有效性检验，即对输入各工艺、控制模型的数据以及内部各实体传送信息进行检验，过滤不合理数据；负责备机冗余切换过程中检查点（CheckPoint）的写入、读取和校验处理；将生产过程数据（当前浇铸状态、流线状态等）和工艺、控制模型计算得到的设定值数据保存至数据库中。

(4) 实时温度场计算。实时温度场计算功能是 MsNeu_L2 的核心功能之一。系统能够根据流线状态和浇铸条件实时计算整个流线铸坯宽度中心剖面的温度场(中心温度、表面温度、液相等温线、固相等温线), 同时为动态二冷和动态轻压下提供相关信息。

(5) 动态二冷控制。动态二冷控制功能是 MsNeu_L2 的核心功能之一。系统能够根据浇铸条件、流线状态和表面温度分布调节各二冷区水量, 实现非稳态浇铸条件下的铸坯目标温度反馈控制。

(6) 动态轻压下控制。动态轻压下控制功能是 MsNeu_L2 的核心功能之一。系统能够根据当前浇铸状态、各扇形段工作状态、浇铸条件和温度分布, 在线计算并调整各扇形段锥度, 从而实现动态轻压下功能。

(7) 过程数据显示。该功能负责 MsNeu_L2 运行过程中实时数据的显示, 包括应用服务器端和客户端的数据显示, 能够浏览当前流线数据, 查询历史数据等。

(8) 手动在线控制。该功能负责生产过程中在线更改控制参数。针对连铸过程中可能出现的生产事故和通信故障设置手动更改控制参数功能。特别针对动态轻压下部分, 由于其一级系统只具备数据转发功能, 不能进行手动调节, 因此在 MsNeu_L2 开发中必须预留手动更改扇形段设定值的功能, 以应对滞坯等生产事故的发生。同时, MsNeu_L2 还设计有在线工艺参数调用功能, 可以在线更改二冷与轻压下工艺参数。

(9) 具有离线仿真能力。为降低系统上线调试对生产的影响, 在 MsNeu_L2 开发设计的同时匹配了相应的离线仿真系统。利用离线仿真系统, 根据生产过程的实测值和历史数据反馈信息可以对二冷与轻压下工艺参数及控制模型进行调整和优化, 同时为新钢种或钢组的生产工艺开发创造了条件。

为确保过程控制系统 MsNeu_L2 的稳定可靠运行, 在开发过程中, 采用硬件架构与软件设计相结合的方式, 实现了 MsNeu_L2 的高可用性。如图 5.2 所示, 在硬件方面 MsNeu_L2 采用双节点集群模式架构[2], 即由两台配置相同的 IBM XSeries 346 服务器构成集群服务节点。节点间通过千兆以太网心跳线直连, 传递心跳信息互相检测, 当系统工作时, 工作节点对外提供服务, 备用节点监控工作节点运行情况, 不参与对外服务。当工作节点出现异常时, 备用节点主动接管工作机的工作, 继续对外提供服务, 从而保证系统的不间断运行, 原来的工作节点进行故障处理后, 根据预先设定的配置命令以人工或自动的方式将其切回系统, 采用后向恢复技术与当前工作节点数据同步后[3], 以备用节点身份继续运行。关键的用户文件和数据保存在独立于节点之外的 IBM DS400 磁盘阵列柜中。此外, 服务器磁盘子系统和 DS400 内磁盘阵列均按 RAID 5 方式架构, 进一步保证了数据存储的安全性[4]。

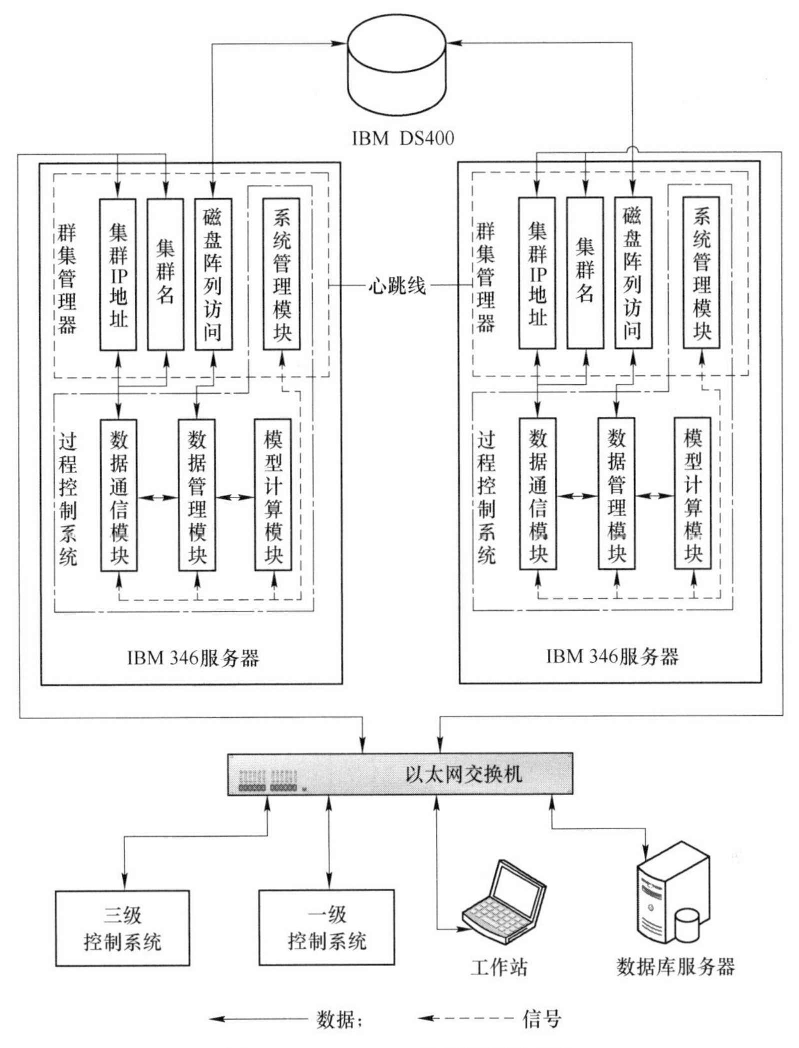

图 5.2 MsNeu_L2 的高可用性架构

在软件架构方面，在系统管理模块内开发了监控程序对系统进行监控和管理，使系统具有了在线故障自恢复能力。当 MsNeu_L2 内部出现程序异常时，系统管理模块首先在服务器内部对故障模块进行自动重启，如果系统管理模块在一定时间内无法使系统恢复正常，系统管理模块将自动关闭，群集管理器检测到其关闭状态后整个系统转入备机切换过程。

生产过程中，计算周期越短计算精度越高，对计算周期5s 和10s 两种情况进行仿真比较：稳态浇铸条件下两种情况计算无偏差；在非稳态浇铸条件下，设定铸机在10s 内拉速从2.0m/min 降至0，改变计算周期前后温度场计算偏差4%，水量设定值偏差1%，且对新生成的跟踪单元无影响。因此可以认为，当故障恢复时间小于10s时，恢复过程前后模型计算偏差小于4%，可以忽略。

系统的故障测试表明：软件引起的故障恢复时间控制在一个通信周期（5s）以内；在操作系统崩溃、硬件异常、过程控制软件连续无响应等情况下的系统恢复时间小于两个通信周期（10s）；热备系统切换前后，MsNeu_L2系统运行正常，计算结果连续，无异常跳跃。

与板坯过程控制系统相类似，图5.3给出了攀钢2号大方坯连铸机动态轻压下过程控制系统的架构，其也基于C/S模式架构，核心工艺控制模块也为实时温度场计算、动态轻压下控制、动态二冷控制[5]。为了与原控制通信无缝对接，在架构模式上，该系统通过二级Oracle服务器实现与其他控制层级以及客户端的通信。

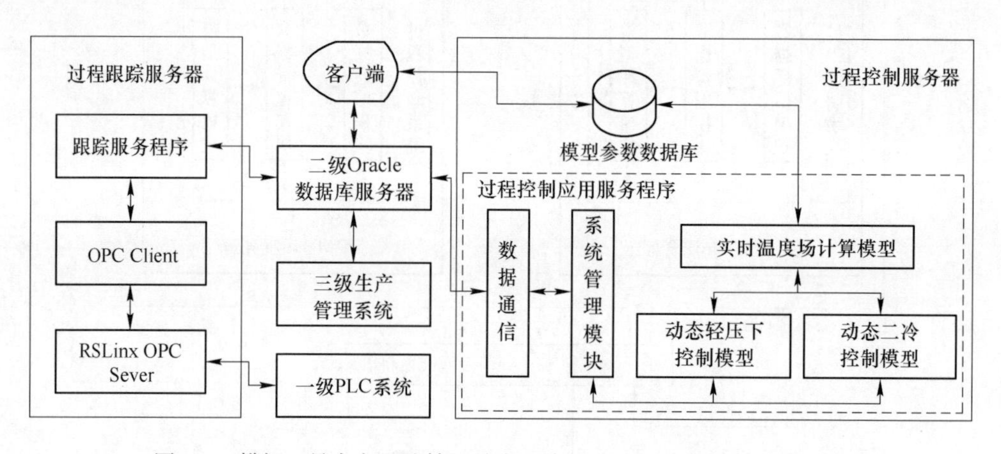

图5.3 攀钢2号大方坯连铸机动态二冷与动态轻压下过程控制系统

5.1.2 实时温度场计算模型

实时温度场计算模型也称为热跟踪模型，用于在线预测凝固末端位置与铸坯温度分布，是动态轻压下工艺控制的核心模型之一。实时温度场计算模型的架构方式与稳态浇铸条件下的离线模拟方法相类似，但离线模拟只考虑一个单元格按固定拉速从结晶器运行至出铸流全过程的温度变化。在实时温度场计算模型多采用跟踪单元法架构，如图5.4所示，将整个铸坯流线沿拉坯方向（z方向）划分为许多个跟踪单元，认为流线由不断“出生”的跟踪单元所组成。将跟踪单元的“坯龄”、初始温度、位置、所处冷却区、受水量等初始条件和过程条件与单元的温度场相关联，从而使跟踪单元与时间相关，从静态转向动态。每个跟踪单元表示流线拉坯方向上一个切面的温度分布，所有跟踪单元联动起来就可以描述一个动态的温度场。因此，实时温度场计算模型需计算整个铸流上全部单元格运动过程中的温度变化，从而实现非稳态浇铸过程中全流线温度分布的在线预测[6,7]。

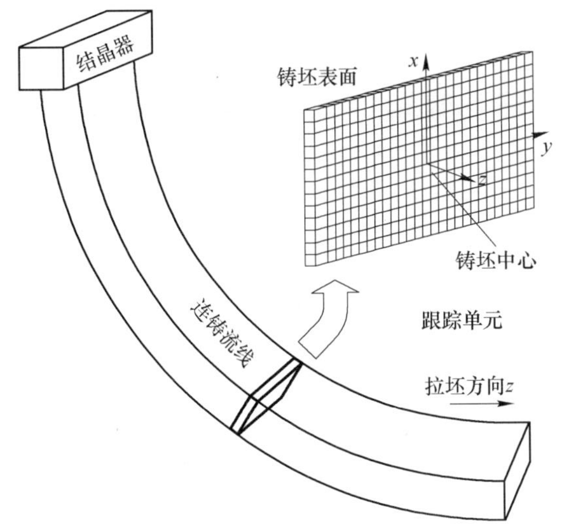

图 5.4 跟踪单元示意图

相应的，由于计算量的大幅增加，为满足实时性，在线模型不能像离线模型一样将网格、时间步长划分的十分细致，但可以利用离线凝固传热模型和红外热成像结果进行关键参数调校（如传热系数、边界条件处理方式等，详见第 4.1 节），并将这些参数应用到实时温度场计算模型中，从而确保在线预测的准确性。实时温度场计算模型开发流程如图 5.5 所示。

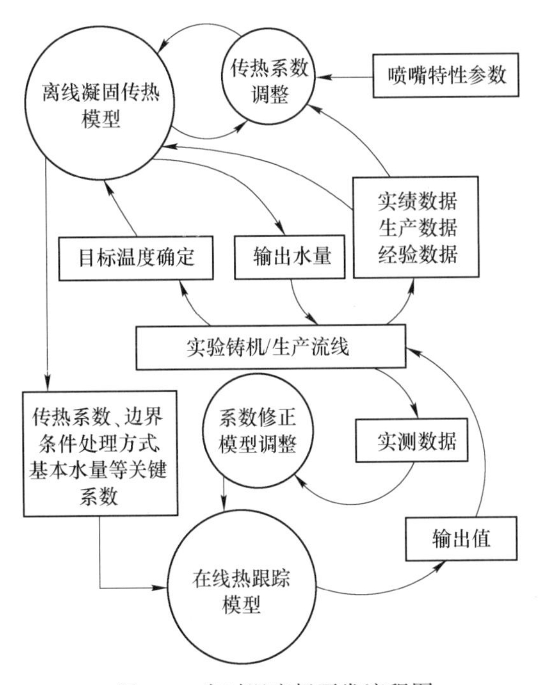

图 5.5 实时温度场开发流程图

在实际处理过程中，一般按5s的时间间隔划分流线，因此在非稳态浇铸条件下各跟踪单元格长度不一。根据生产实际，并结合模型运行时间和计算精度的需要，计算周期5s时跟踪单元的长度一般可控制在15cm以内。根据连铸机二冷区划分，最短区域一般不小于50cm，因此15cm可以保证模型的计算精度要求。在程序实现过程中，开辟跟踪单元数组，将当前跟踪单元的坯龄、位置和上一时刻温度场分布（初始时刻为浇铸温度）存储在数组中，下一周期计算时，会结合每个跟踪单元当前流线水量分布和上一周期温度场结果计算当前周期温度场。主进程通过读取跟踪单元的温度分布信息和位置信息就可以在界面上输出温度曲线。

实时温度场计算模型架构如图5.6所示，其具体流程为：

（1）跟踪单元处理。生成当前时刻跟踪单元，给新“出生”的跟踪单元赋初始温度（浇铸温度），插入保存至跟踪单元温度分布数组中；给新“出生”的跟踪单元赋当前浇铸总长信息，寿命信息（“出生”时刻时间），钢种属性信息插入跟踪单元属性数组中。

（2）求解计算。从结晶器液面开始，逐一处理跟踪单元。判断跟踪单元所处位置，选择结晶器或不同二冷区边界条件；根据跟踪单元温度分布数组中该跟踪单元上一周期温度分布，结合边界条件和钢种参数，求解当前时刻温度分布。并将计算结果更新至跟踪单元温度分布数组中。

（3）判断跟踪单元位置。根据跟踪单元“出生”时浇铸总长和当前浇铸总长，计算跟踪单元位置，如果出二冷区，删除跟踪单元属性数组、跟踪单元温度分布数组和跟踪单元温度输出数组中相应变量，跳至（7）；如果没有出二冷区，保存当前位置至跟踪单元属性数组中。

（4）计算跟踪单元“寿命”。根据当前时间和跟踪单元“出生”时刻时间，计算跟踪单元“寿命”，并保存至跟踪单元属性数组中。

（5）实时温度场结果处理。根据跟踪单元温度分布，记录跟踪单元液相凝固位置、固相凝固位置、中心温度和表面温度，连同跟踪单元属性数组中相应跟踪单元的当前位置和“寿命”信息一同保存至跟踪单元温度输出数组中。

（6）两相区信息处理。如果跟踪单元中心温度在液相或固相温度±0.5℃内，记录当前跟踪单元位置为两相区起始或结束点，并返回（2），计算下一跟踪单元。

（7）计算结束，输出信息处理。计算各区表面平均温度，供动态二冷控制模型调用，即各扇形段内连铸坯表面平均温度和中心平均温度（板坯）或拉矫机位置下连铸坯表面平均温度与中心温度（方坯）；输出铸坯截面温度分布数据，供动态轻压下控制模型计算压下率或压下量参数；输出两相区位置信息，供动态轻压下控制模型计算压下区间参数；输出铸坯表面中心、铸坯中心、铸坯角部等关键点温度以及固相、液相等温线沿流线的分布，供HMI（人机交互界面）显示调用。

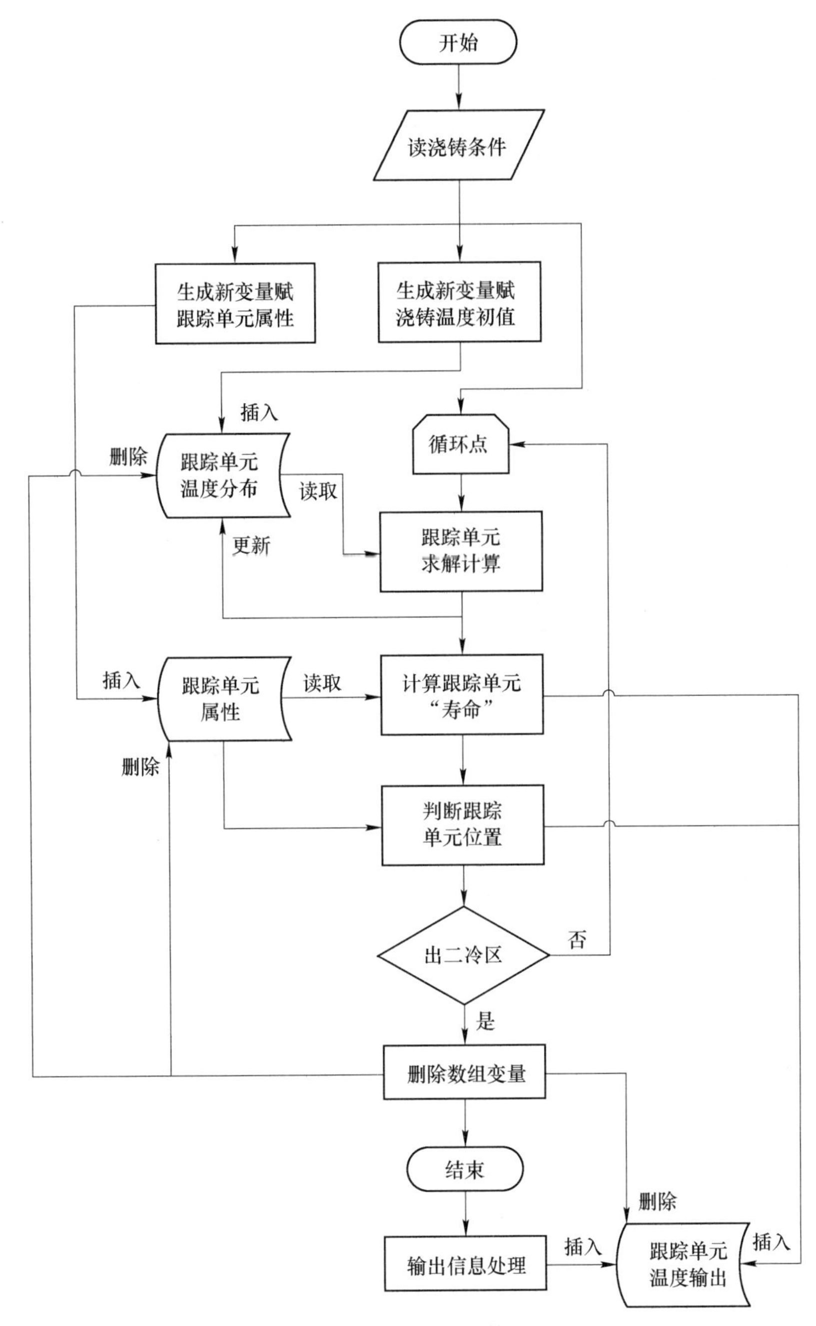

图 5.6 实时温度场计算流程图

5.1.3 动态二冷控制模型[8]

动态二冷控制是连铸的关键技术之一，合理、有效、稳定的二冷制度是获得高质量铸坯的基本保证。在动态轻压下实施过程中，需要对二冷过程进行实时控制，确保铸坯表面温度分布的合理性与稳定性。

动态二冷控制模型如图5.7所示。它由基本水量计算、表面温度反馈控制模块和水量修正计算三个功能模块组成：

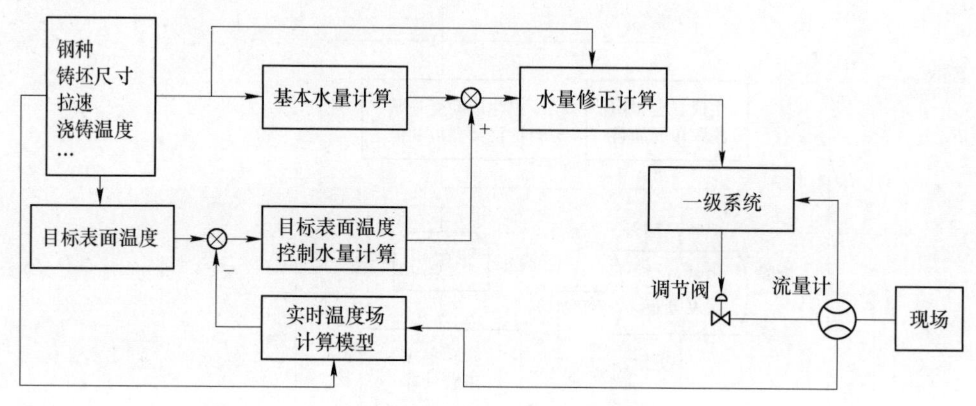

图5.7 动态二冷控制模型结构

(1) 基本水量计算模块能够根据冷却工艺（与钢种相关）、拉速和过热度的变化来制定二冷控制的基本水量，该基本水量是根据传热数值模拟计算结果和现场投用后优化分析得出的，是二冷工艺制度合理性的最直接体现。

(2) 表面温度修正水量计算模块是基本水量计算模块的有效补偿，该模块能够根据实时温度场计算值和目标表面温度差值，设定表面温度反馈控制水量，用于消除生产过程中水量波动等外部扰动引起的铸坯表面温度突变，实现了铸坯表面温度的反馈控制功能。

(3) 水量修正计算模块能够根据生产过程中铸机状态以及其他浇铸条件的变化对二冷水量进行修正调节，进一步保证了二冷水量的合理分配及生产的安全和稳定。

5.1.3.1 基本水量

基本水量是根据铸坯的目标表面温度、连铸喷嘴的实际喷水能力和具体钢种工艺条件等，利用数学模拟方法推导和现场投用反馈信息验证得出的二次冷却基本制度。基本水量的合理性将直接决定铸坯产品质量。在冷却过程中，基本水量是根据设备参数（喷嘴特性、区间划分等）和铸坯尺寸，利用凝固模型反算得到的。可以认为，基本水量是稳态浇铸条件下的最优配水制度。同时，本系统采用非稳态二冷控制方法将基本水量和铸坯的“平均拉速”相联系，即将各二冷区内铸坯“寿命”和当前位置相结合，保证了铸坯受冷过程的均匀、稳定。

第 i 区基本水流密度 w_i(L/min) 计算公式如下：

$$w_i = a_i^{\mathrm{w}} \bar{v}_i^2 + b_i^{\mathrm{w}} \bar{v}_i + c_i^{\mathrm{w}} + d_i^{\mathrm{w}} \Delta T_{\mathrm{av},i} \tag{5.1}$$

式中，a_i^{w}，b_i^{w}，c_i^{w}，d_i^{w} 分别为具体钢种条件下第 i 区的水流密度控制参数；$\Delta T_{\mathrm{av},i}$ 为第 i 区全部跟踪单元在结晶器弯月面“出生”初始时刻的过热度平均值；$\bar{v}_i$ 为 t 时刻第 i 区内铸坯的平均拉速。计算公式如下：

$$\bar{v}_i = \frac{\dfrac{Z_i^{\mathrm{end}} + Z_i^{\mathrm{begin}}}{2}}{\dfrac{1}{Z_i^{\mathrm{end}} - Z_i^{\mathrm{begin}}} \displaystyle\int_{Z_i^{\mathrm{begin}}}^{Z_i^{\mathrm{end}}} \tau_{\mathrm{lifespan}}(z,t)\,\mathrm{d}z} \tag{5.2}$$

式中，Z_i^{begin} 为从结晶器液面到跟踪单元所在冷却区间开始端点的距离；Z_i^{end} 为从结晶器液面到跟踪单元所在冷却区间末端位置的距离；τ_{lifespan}（z，t）为 z 位置处的跟踪单元在 t 时刻的“寿命”。

5.1.3.2 表面温度修正水量计算

根据在线计算的表面温度与目标表面温度差值得到的温度反馈控制水流密度 Δw_i 计算公式如下：

$$\Delta w_i = G_i (T_i^{\mathrm{surf}} - T_i^{\mathrm{aim}}) \tag{5.3}$$

式中，G_i 为第 i 区的修正水流密度控制增益；T_i^{surf} 为第 i 区的表面平均温度；T_i^{aim} 为第 i 区的目标表面平均温度，该温度是根据冶金准则、钢种特性和设备参数得出的最优目标设定温度。

第 i 区表面平均温度计算公式如下：

$$T_i^{\mathrm{surf}} = \sum_{j=1}^{n} T_{ij}^{\mathrm{surf}} \frac{L_{ij}}{Z_i^{\mathrm{end}} - Z_i^{\mathrm{begin}}} \tag{5.4}$$

式中，T_{ij}^{surf}为 i 区内第 j 个跟踪单元的表面温度；L_{ij}为 i 区内第 j 个跟踪单元的长度。

铸坯在二冷区内的传热具有单向耦合性，因此传热过程本身固有的滞后特性和实时计算周期误差会造成控制过程中的温度反馈滞后，其表现为当前区间水流密度改变会影响以后各区表面温度。特别是前 3 个二冷区间总长仅为 3.1m，且水流密度和可调节范围远大于其他区间，滞后影响十分明显，因此对第 2、3、4 区 T_i 增加修正计算。

$$T_i^{\mathrm{surf}*} = \frac{T_{i-1}^{\mathrm{surf}} \phi v t_{\mathrm{s}} + T_i^{\mathrm{surf}} (Z_i^{\mathrm{end}} - Z_i^{\mathrm{begin}} - \phi v t_{\mathrm{s}})}{Z_i^{\mathrm{end}} - Z_i^{\mathrm{begin}}} \tag{5.5}$$

式中，$T_i^{\mathrm{surf}*}$ 为修正后的第 i 区平均温度；ϕ 为修正系数；v 为瞬时拉速；t_{s} 为补偿时间。

通过式（5.5），将上一区间的平均温度引入当前区水量控制中，通过平均温度修正计算有效消除了温度反馈滞后对水量的影响。

连铸二次冷却为典型的非线性、强耦合、带有滞后环节的控制过程，难以用准确的数学模型描述。因此在动态二冷控制模型开发中采用模糊控制算法实现目标表面温度的反馈控制。模糊控制具有不依赖数学模型，对参数变化不敏感和鲁棒性强的特点，其模型简单实用，在充分借鉴现场经验的基础上实现控制过程。

模糊控制器把实时温度场计算模型得出的表面温度与目标表面温度差值作为语言变量；取偏差 e 和偏差变化率 $\mathrm{d}e/\mathrm{d}t$ 作为控制器的输入量；水量调节量占基本水量的百分比 u 为输出量。

设 e、$\mathrm{d}e/\mathrm{d}t$ 和 u 的论域均为离散的，各输入输出变量论域如下：

$$e \in \{-6, -5, -4, -3, -2, -1, -0, +0, +1, +2, +3, +4, +5, +6\}$$

$$\mathrm{d}e/\mathrm{d}t \in \{-6, -5, -4, -3, -2, -1, -0, +0, +1, +2, +3, +4, +5, +6\}$$

$$u \in \{-8, -7, -6, -5, -4, -3, -2, -1, -0, +0, +1, +2, +3, +4, +5, +6, +7, +8\}$$

设 e 的模糊集 E 为：{NB, NM, NS, NZ, PZ, PS, PM, PB}；$\mathrm{d}e/\mathrm{d}t$ 的模糊集 EC 为 {NB, NM, NS, ZO, PS, PM, PB}；u 的模糊集 U 为：{NB, NM, NS, ZO, PS, PM, PB}。控制规则采用条件语句的形式：

$$\text{if } e = E_i \text{ and } \mathrm{d}e/\mathrm{d}t = EC_j \text{ then } u = U_{ij},\ i = 1, 2, \cdots, 8,\ j = 1, 2, \cdots, 7 \tag{5.6}$$

模糊控制器的模糊控制规则如图 5.8 所示。

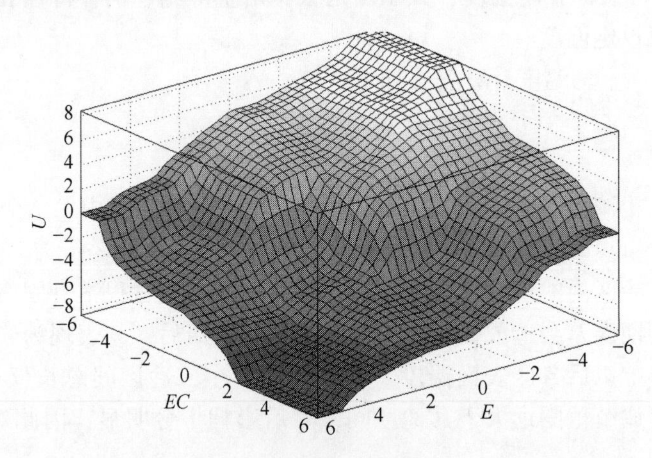

图 5.8 模糊控制规则

模糊控制器计算过程为：根据单点输入误差 e_i 和误差变化 ec_j 确定其对应的模糊子集 E_i 和 EC_j；如式（5.7），采用 Mamdani 法进行模糊推理，求得对应的控制量 U_{ij}；如式（5.8），采用重心法对模糊子集 U_{ij} 解模糊，得出论域 U 内的输出量 u_0。

$$U_{ij} = (E_i \times EC_j)R \tag{5.7}$$

式中，R 为基于 Mamdani 方法的模糊规则。

$$u_0 = \frac{\sum_{n=1}^{15} u_n \mu_{u'}(u_n)}{\sum_{n=1}^{15} \mu_{u'}(u_n)} \tag{5.8}$$

式中，u_n 为模糊子集 U_{ij}内单点，即论域 u 的第 n 个论域元素；$\mu_{u'}$ （u_n） 为 u_n 对应的隶属度。

将清晰化后的结果经量程转换后得到调节百分比，$\Delta w_i\%$ 。与调节水量 Δw_i 的关系为：

$$\Delta w_i = w_i^{\alpha} \Delta w_i \% \tag{5.9}$$

式中，w_i^{α} 为各区的调节因子，其值根据模型的优化计算得到，$0 < w_i^{\alpha} < 1$。

目标表面温度差值控制的引入，一方面在基本水量设定值的基础上进一步削弱甚至消除了非稳态浇铸过程中的表面温度波动峰值，保证了过渡过程中表面温度变化的稳定、连续；另一方面根据温度偏差及偏差变化速率，提高了浇铸过程中出现水压、气压不稳定等外部扰动时的铸坯表面温度控制精度，是基本水量设定值的有效补充。图 5.9 为最后一个矫直点处（距结晶器上口 17.96m）目标表面温度从 920℃突变至 930℃时铸坯表面温度随之变化的仿真结果。

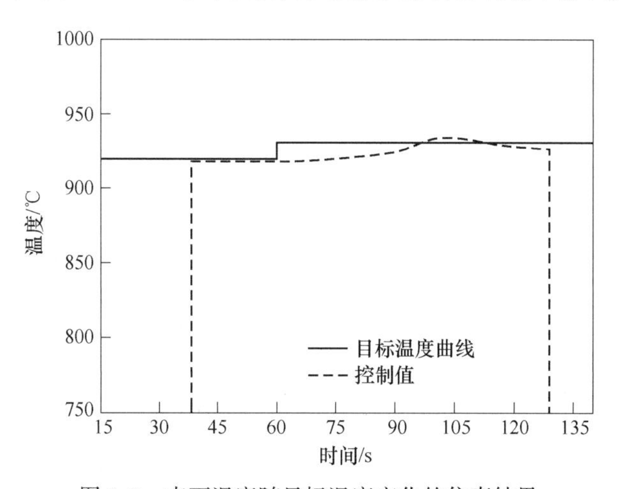

图 5.9 表面温度随目标温度变化的仿真结果

如图 5.9 所示，模糊控制器能够在 1min 内完成表面温度控制过程。如果仅依靠基本水量模块的计算功能，一方面，在拉速、过热度不变的情况下，提高目标温度设定值不会引起水量变化，无法完成表面温度控制过程；另一方面，在目标温度随拉速、过热度改变情况下，由于平均拉速的作用，其滞后过程大于 1min。

在实际生产过程中，由于水量的持续波动，目标表面温度与模型计算温度难以达到完全平衡，因此引入死区特性，即当温度偏差小于等于某个设定值时不进行调节，当偏差大于设定值时才进行调节。死区的引入在保证较大扰动被有效控制的同时，避免了模糊控制器稳态误差引起的振荡波动。同时设定上限阈值，将表面温度控制水量限定在基本水量的5% ~10%以内，以保证模糊控制器的有效补偿作用。

5.1.3.3 修正水量

实际生产过程中，为保证生产的安全稳定和控制效果的有效实施，需要结合生产实际，针对开浇、尾坯等铸机状态和其他具体生产条件的改变进行水量修正计算。水量修正计算是对基本水量和温度反馈水量的叠加结果进行最终输出修正计算实现的，这些修正计算大多依靠简单的经验公式实现，不需要进行复杂的数学模型运算，其目的是为了进一步保证生产的安全和稳定。

在引锭状态下，铸机二级系统不参与控制，各区二冷水量设定值均为零且无效；维护状态时根据现场情况由现场维护人员手动调节以进行校准设备；在开浇过程中，系统自动判断当前铸坯头部位置，当距离下一冷却区1.5m时，下一冷却区水量自动打开至准备水量，拉尾坯是水量变化趋势与之相反。

最小安全水量是为保护铸机所采用的最小水量，即保证生产过程中任何情况下阀门均处在常开状态；事故水量是指出现漏钢、滞坯等事故时所采用的冷却水量。

由于弧形连铸机的结构特点，铸机外弧水与铸坯接触后会在重力作用下滴落，而内弧水会沿铸辊流出，因此冷却效率显然不同，铸机内外弧的水量应有差别。以梅钢2号板坯连铸机为例，各二冷区的内、外弧水量分配比如表5.2所示。

表5.2 内、外弧冷却水量分配比

内、外弧独立控制的冷却区	1区	2区	3区	4区	5区	6区	7区
内、外弧水量分配比	1:1	1:1	1:1	1:1.1	1:1.3	1:1.5	1:1.7

在板坯连铸生产过程中，随着结晶器宽度的增加，二冷水量应相应增加。梅钢2号连铸机铸坯宽度尺寸调整范围为700 ~1320mm，即不超出铸机扁平气雾冷却喷嘴最大覆盖范围。修正计算设定，在铸坯宽度大于1000mm以上时不更改水量，在铸坯宽度小于1000mm以下时水量根据铸坯宽度逐渐减少，计算公式如下(各冷却区均适用)：

$$w_1 = \begin{cases} w_f & w > 1000\text{mm} \\ (0.3333 + 6.6667 \cdot Slab_w \times 10^{-4}) w_f & w \leqslant 1000\text{mm} \end{cases} \tag{5.10}$$

式中，w_1 为修正后的水量；w_f 为修正前的水量，L/min；$Slab_w$ 为铸坯宽度，mm。

由于连铸生产过程的连续性，因此异钢种连续浇铸成为生产过程中经常出现的情况。异钢种连浇一般均需要更换中间包，以减少混合钢液对铸坯的影响，因此在实时温度场计算和动态二冷控制建模过程中需考虑同一冷却区间出现不同钢种的情况。系统假定异钢种连浇过程中不同钢种的铸坯界线分明，基于二冷过程采用区间控制的原则，在同一区间内出现不同钢种时，按如下原则进行冷却。

（1）一般情况下按钢种所占区间比例进行折算后配水：

$$w_{mix} = w_{s1}S_1\% + w_{s2}S_2\% + \cdots + w_{sn}S_n\% \tag{5.11}$$

式中，w_{mix}为计算后的输出水量；w_{s1}，w_{s2}，…，w_{sn}分别为混钢冷却区内各钢种对应的配水量，L/min；$S_1\%$，$S_2\%$，…，$S_n\%$分别为二冷区内钢种所占比例。

（2）当区间内存在裂纹敏感钢时（如含硼、铌、钒等元素的微合金钢等），按最低配水量进行。

5.1.4 板坯连铸动态轻压下控制模型[9]

5.1.4.1 控制模型的建立

如图5.10(a) 所示，理想状态下的轻压下实施应该是：在铸坯表面的内、外弧上均存在一个收缩挤压面，当铸坯运动过程中遇到这两个面时受到阻力，由于拉坯力的作用，铸坯被迫从两个倾斜面中挤过，铸坯形成收缩锥度；这两个收缩挤压面可以随铸坯的两相区位置变化而前后移动，随两相区长度变化而改变倾角，以保持铸坯两相区移动或变化过程中收缩总量和作用区间的恒定。

如图5.10(b) 所示，生产实际中的动态轻压下实施是靠扇形段内、外框架形成锥度完成的。与理想状态相比：

（1）由于设备所限，生产实际中的扇形段只有内框架调整，外框架保持不变。

（2）由于扇形段内框架采用段压下，在两相区移动过程中无法始终保持压下区间上的压下率一致，压下总量恒定。

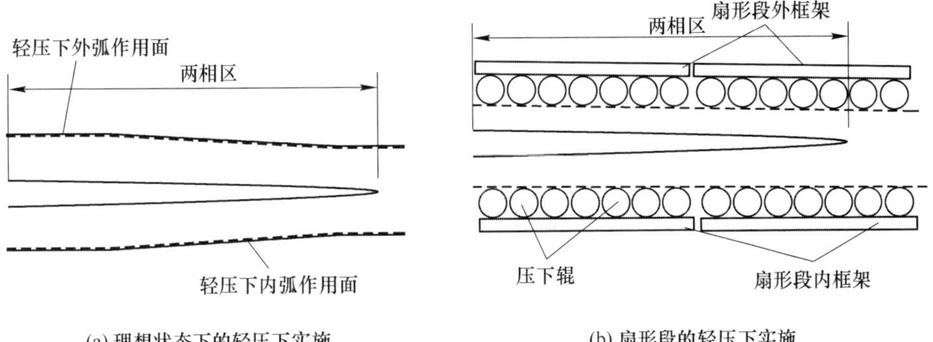

(a) 理想状态下的轻压下实施　(b) 扇形段的轻压下实施

图5.10　理想状态下的轻压下实施与通过扇形段的轻压下实施

(3) 扇形段压下过程中与铸坯实际接触的是分节辊，因此轻压下的面实施实际上是同一面上的多条分节辊的实施。

因此，针对上述三个无法避免的问题，结合扇形段分布位置和设备特点，开发动态轻压下控制模型，保证生产过程中压下参数的稳定、准确实施，同时尽可能降低动态轻压下实施过程中对铸坯质量和设备稳定带来的负面影响。

如图5.11所示，动态轻压下的在线计算其流程为：根据实时温度场计算得出的铸坯凝固末端两相区内的固相率分布，结合扇形段分布位置，确定实施轻压下的扇形段；根据扇形段内压下区间的位置，修正压下作用起始段入口和结束段出口辊缝设定值，位置并计算轻压下辊缝设定值；根据中心温度分布计算自然热收缩辊缝设定值；根据铸机的工作模式，将自然热收缩辊缝设定值与轻压下辊缝设定值叠加，结合扇形段工作状态将控制值和控制命令一同下发给各扇形段。

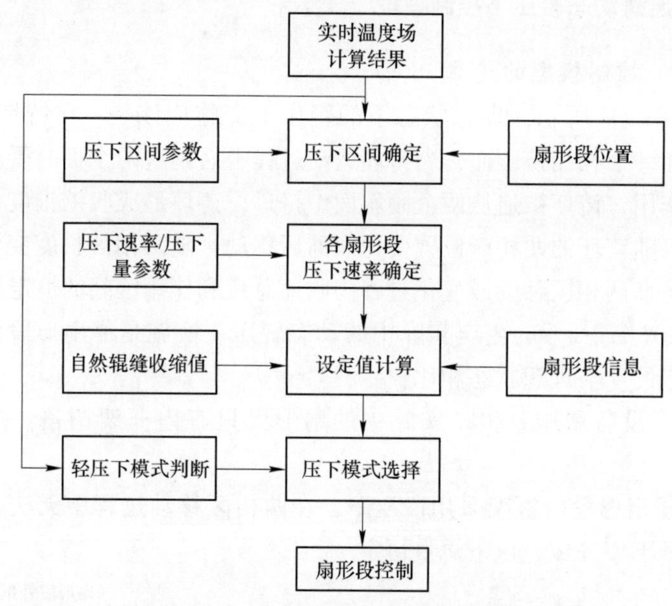

图5.11 动态轻压下在线控制模型

只有轻压下压下区间与扇形段良好匹配才能充分发挥轻压下的工艺作用。当轻压下压下区间完全在一个扇形段内时，该区间按平均压下率和压下区间计算压下起点和压下终点的辊缝设定值。当出现多段同时作用时，不能进行连续面压下或单辊线压下，因此有必要根据扇形段占压下区间长度比例的不同，尽可能将压下量分配到占压下区间较多的扇形段内。修正后的压下区间比例 γ_1' 如式(5.12)所示：

$$\gamma_1' = \begin{cases} 0 & 0 \leqslant \gamma_1 < \gamma_\alpha \\ \gamma_1 & \gamma_\alpha \leqslant \gamma_1 \leqslant 0.8 \\ 1 & \gamma_\beta < \gamma_1 \leqslant 1 \end{cases} \tag{5.12}$$

式中，γ_{α} 为轻压下区间起点控制参数，一般 $0.08<\gamma_{\alpha}<0.2$，其中 0.08 对应的是第一个分节辊轴心距扇形段起点距离与扇形段总长的百分比；γ_{β} 为轻压下区间终点控制参数，一般 $0.8<\gamma_{\beta}<0.92$，其中 0.92 对应的是最后一个分节辊轴心距扇形段起点距离与扇形段总长的百分比。γ_1 为当前段内占有压下区间长度与压下区间总长度的比值，如式（5.13）所示：

$$\gamma_1 = \frac{R_{\mathrm{length}}^{\mathrm{one}}}{R_{\mathrm{length}}} \tag{5.13}$$

式中，$R_{\mathrm{length}}^{\mathrm{one}}$ 表示单个扇形段内压下区间长度。

当采用多扇形段进行轻压下时，一个扇形段段内往往会同时存在需要被压下的和不需要轻压下作用的铸坯，因此在保证轻压下在压下区间范围内有效实施的同时，要减少辊缝改变对压下区间之外铸坯引起的影响。以生产过程中最常见的两个扇形段完成轻压下实施过程为例，对起始段和结束段的轻压下辊缝设定值进行说明。

5.1.4.2 压下起始段轻压下辊缝设定计算

如图 5.12 所示，A、B 为扇形段入口和出口点，a 点为轻压下起点。为达到最佳轻压下实施效果，轻压下应从 a 点开始施加，即保证 $a \sim B$ 之间的压下率。此时 B 点轻压下辊缝设定值如式（5.14）所示：

$$SegGap_B = Mould_{\mathrm{thk}} - R_{\mathrm{rate}}(StrPos_B - StrPos_a) \tag{5.14}$$

式中，$SegGap$ 表示该点轻压下辊缝设定值，mm；$Mould_{\mathrm{thk}}$ 表示结晶器出口厚度，mm；$StrPos$ 表示该点铸流坐标值，m。

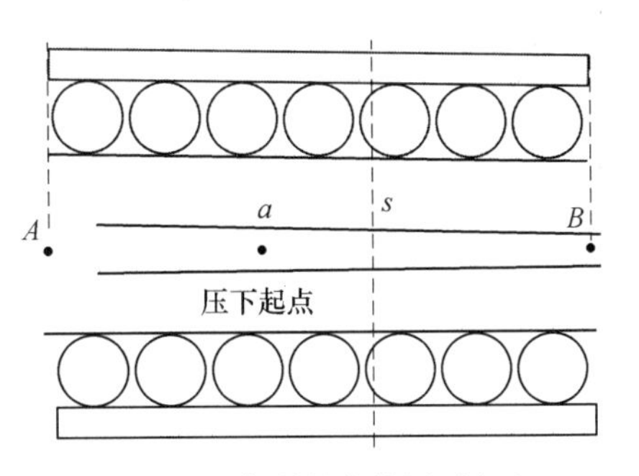

图 5.12 扇形段中的压下起点

在实际生产过程中，如果仅从 $a \sim B$ 压下率保持不变角度计算 A 点的轻压下辊缝设定值，会因为确保 $a \sim B$ 之间的锥度，使 A 点轻压下辊缝设定值大于结晶器出口厚度，此时扇形段外框架呈“翘起”状态。特别当 a 点过于靠近 B 点时，会造成 A 点过度上翘，使得 $A \sim a$ 区间内辊子脱离铸坯。因此，对 a 过于靠近 B 点的情况下，不再单纯考虑保持 $a \sim B$ 之间的压下率，设置比例系数，即在 $A \sim a$ 之间距离的占 $A \sim B$ 距离的 $\sigma_{\mathrm{star}}\%$ 时，A 点不再上提，保持轻压下辊缝设定值不变，A 点轻压下辊缝设定值计算如式（5.15）：

$$\begin{cases} SegGap_A = Mould_{thk} + R_{rate}(StrPos_a - StrPos_A) \\ \qquad (StrPos_a < StrPos_A + \sigma_{star}(StrPos_B - StrPos_A)) \\ SegGap_A = Mould_{thk} + \sigma_{star}R_{rate}(StrPos_B - StrPos_A) \\ \qquad (StrPos_a > StrPos_A + \sigma_{star}(StrPos_B - StrPos_A)) \end{cases} \tag{5.15}$$

式中，σ_{star} 为起始段压下实施比例系数，其大小根据扇形段类型和辊子排列而各异。

5.1.4.3 压下结束段轻压下辊缝设定计算

如图 5.13 所示，b 点为轻压下结束点。为保证压下率的连续、有效实施效果，A 点轻压下辊缝设定值可以根据上一扇形段结束点 B' 点的设定值的基础上保持相同的压下率，计算如式（5.16）：

$$SegGap_A = SegGap_{B'} - R_{rate}(StrPos_A - StrPos_{B'}) \tag{5.16}$$

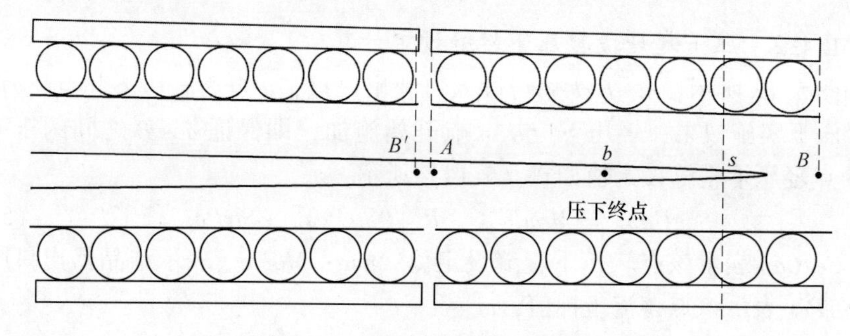

图 5.13 扇形段中的压下终点

在终点段，应尽量保持 $A \sim b$ 间的压下率符合工艺设定值。由于扇形段采用面压下方式，因此在扇形段长度范围内的各个位置均对铸坯实加轻压下作用。当 $b \sim B$ 间距离较小的情况下，b 点后继续施加轻压下的作用较弱，可以忽略不计；当 $b \sim B$ 间距离较大时，如果保持压下率不变，会在 b 点后很长一段距离内继续对铸坯施加压下作用，势必扩大压下作用区间，增加压下总量，引起内裂纹，造成铸坯厚度不符合生产标准。因此，有必要对 B 点和 A 点的轻压下辊缝设定值进行折算和修正。对 b 过于靠近 A 点的情况下，不再单纯考虑保持 $A \sim b$ 之间的压下率，设置比例系数，即在 $A \sim b$ 之间距离的占 $A \sim B$ 距离的 $\sigma_{end}\%$ 时，B 点不再上提，即保持扇形段出口轻压下辊缝设定值不变，B 点轻压下辊缝设定值计算如式（5.17）：

$$\begin{cases} SegGap_B = SegGap_A - R_{rate}(StrPos_B - StrPos_A) \\ \qquad (StrPos_b > StrPos_A + \sigma_{end}(StrPos_B - StrPos_A)) \\ SegGap_B = SegGap_A - \sigma_{end}R_{rate}(StrPos_B - StrPos_A) \\ \qquad (StrPos_a < StrPos_A + \sigma_{end}(StrPos_B - StrPos_A)) \end{cases} \tag{5.17}$$

式中，σ_{end}为结束段实施轻压下区域的比例系数，其大小根据各段位置和辊子排列而各异。

当压下区间分布在多个扇形段时，按式（5.14）和式（5.15）计算起始段轻压下辊缝设定值，并按其出口设定值和压下率 R_{rate} 计算中间各段入口和出口轻压下辊缝设定值。按式（5.16）和式（5.17）计算结束段轻压下辊缝设定值。这种计算方法在某些情况下会导致的压下总量偏小，但其有效地兼顾了入口与出口两方面的限定要求，保证了生产的安全稳定和铸坯的基本质量要求。

在生产过程中，要根据铸机的工作状态制定相应的扇形段辊缝设定值。

（1）当铸机处于维护状态时，扇形段辊缝设定值由现场控制，MsNeu_L2 不设定辊缝值。

（2）无论是上装还是下装引锭杆，在引锭过程中，扇形段内框架随引锭杆头前行而依次抬起，同时驱动辊压下，夹紧并驱动引锭杆。引锭杆的断面尺寸一般远小于铸坯厚度，因此在引锭和准备开浇模式下按铸坯的自然热收缩辊缝设定值设定各扇形段。

（3）开浇初期，铸坯两相区终点在引锭与铸坯连接位置附近很短的距离内，尚未完全形成，如果此时进行轻压下会造成铸坯与引锭杆脱落；随着铸坯的逐渐冷却，两相区逐渐扩大，凝固终点与引锭杆头距离也逐渐拉大，此时可以进行轻压下实施。如图 5.14 所示，由于拉速较低，两相区位置靠前，靠近引锭杆头附近的铸坯由于没有施加轻压下，其厚度较大，辊缝设定值为该位置的铸坯的自然热收缩值。与此同时，前部已实施轻压下的铸坯厚度较小，辊缝设定值为该位置铸坯的自然热收缩值减去轻压下压下总量。此时扇形段呈现与拉坯方向相反的倒锥度现象。

（4）浇铸过程中，各扇形段的辊缝设定值由轻压下辊缝设定值和铸坯冷却过程中的自然热收缩辊缝设定值叠加而成。

（5）拉尾坯过程中，随着铸坯的不断冷却，两相区逐渐减小，直到消失，在这一过程中扇形段辊缝设定值均按两相区的实际大小进行判定，其扇形段辊缝设定与正常生产过程中相似。

目前板坯连铸扇形段大多采用位置控制方式，即扇形段对铸坯施以较大压力，使铸坯变形，直至扇形段达到并保持在设定辊缝位置上，使轻压下得以有效实施。但由于位置控制方式没有考虑铸坯表面及内部应力的分布，在某些情况下，扇形段对铸坯的强制压下作用会反而会引起铸坯质量问题，甚至造成设备损坏。因此有必要在其实施过程中对引入软压下模式作为位置控制的补充。软压下模式是指采用较小的设定压力，按压力控制方式对铸坯施以的轻压下作用。从本质上分析，软压下模式是压力控制方式的一种，但其设定压力为固定值，当铸坯对扇形段的反作用力与压下力达到平衡时，扇形段内框架保持在当前位置，此时

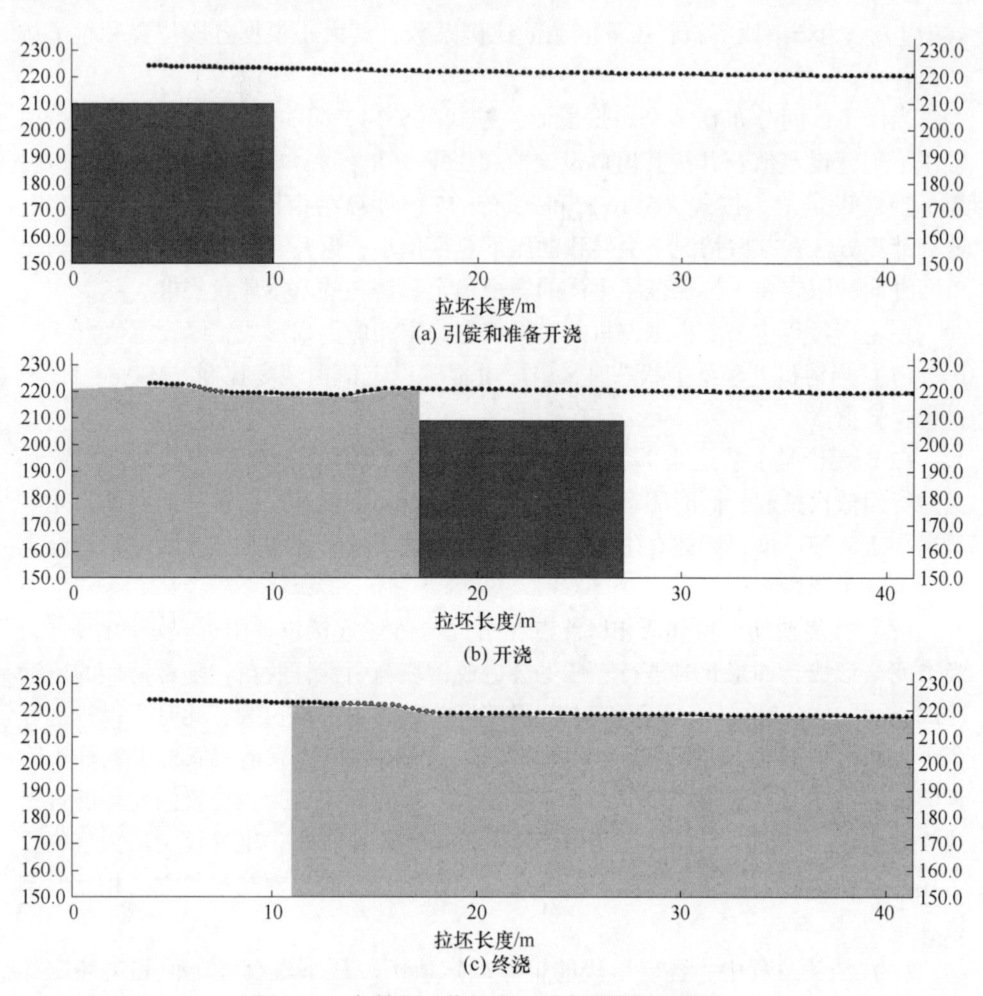

(a) 引锭和准备开浇

(b) 开浇

(c) 终浇

图 5.14 各铸机工作状态下的扇形段辊缝设定

并不考虑该位置是否已经达到辊缝设定要求。因此，当铸坯“过硬”时，实际压下量较小；当铸坯“较软”时，实际压下量较大。

如图 5.15 所示，软压下模式的激活和转出条件为：当扇形段内铸坯的平均中心温度低于某一设定温度 $T_{\mathrm{center}}^{\mathrm{SCmin}}$ 时，转入软压下模式；当平均中心温度高于某一设定温度 $T_{\mathrm{center}}^{\mathrm{SCmax}}$ 时转回轻压下模式。其中，$T_{\mathrm{center}}^{\mathrm{SCmax}}$ 和 $T_{\mathrm{center}}^{\mathrm{SCmin}}$ 的大小与具体钢种有关。

其中，扇形段中心温度是扇形段内全部跟踪单元中心温度值平均值，计算如式（5.18）：

$$T_{\mathrm{center}}^{\mathrm{Segment}} = \frac{1}{n}\sum_{i=1}^{n} T_{\mathrm{center}}^{i} \tag{5.18}$$

式中，T_{center}^{i} 是扇形段内第 i 个跟踪单元的中心温度。

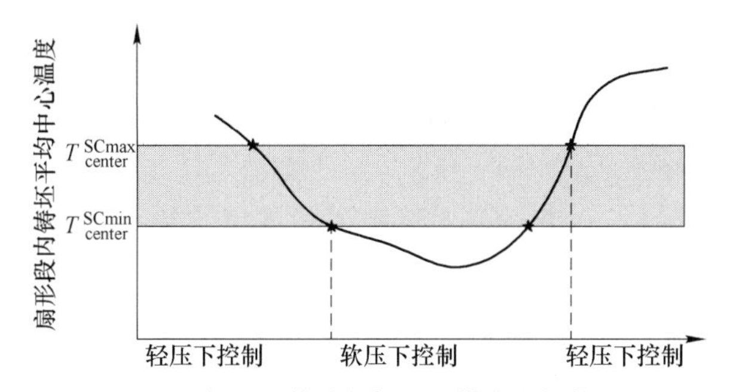

图 5.15 轻压下模式与轻压下模式的切换过程

5.1.5 方坯连铸动态软压下控制模型

大方坯主要通过空冷区的拉矫机实现轻压下，因此常用压下量参数进行在线控制。图 5.16 给出了大方坯连铸动态轻压下压下量的计算流程，其主要包括铸坯液芯凝固收缩量计算、液芯压下量计算、表面压下量计算和各辊设定值计算。

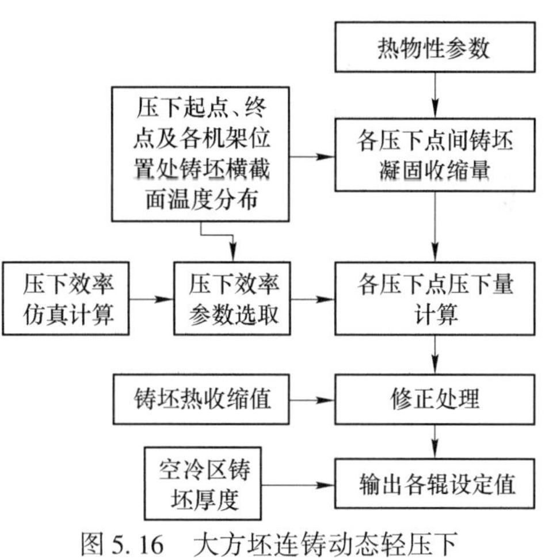

图 5.16 大方坯连铸动态轻压下压下量在线计算流程图

图 5.16 中压下效率参数为依据第 4.3 节所述方法，经过离线仿真模拟计算后得到并存储在数据库中的，在线计算过程中根据实时温度场计算得出的液芯面积等信息进行在线调用。压下量在线计算方法如第 4.2 节所述。热收缩值也是由离线仿真计算得到并存储在数据库中的，在线计算过程中进行实时调用获取的。

采用动态轻压下工艺后，铸坯受驱动辊强行挤压变形，易诱发裂纹缺陷，因此在改善铸坯的中心偏析与疏松的同时，应防止单辊压下量过大，以抑制裂纹缺陷的加剧趋势。在实际生产过程中，常出现 1 号和 2 号拉矫机均位于压下区间的情况，由于 1 号拉矫机不参与轻压下实施（作为检测辊测定铸坯厚度），2 号拉矫机压下辊将直接以较大的单辊压下量压坯。与此同时，一般情况下，2 号拉矫机是第一个参与轻压下实施的机架，因此有必要对其单辊压下量进行单独限定，如式（5.19）所示：

$$R_2' = \begin{cases} R_2 & R_2 \leqslant R_{L2} \\ R_{L2} & R_2 > R_{L2} \end{cases} \tag{5.19}$$

式中，R_2'为修正后的 2 号拉矫机压下辊压下量，mm；R_{L2}为 2 号拉矫机压下辊最大单辊压下量限定值，mm。

大方坯连铸机的拉矫机大多参与铸坯矫直，当铸坯液芯较厚时较大的压下量会诱发铸坯中间裂纹缺陷。因此，同样有必要对其他拉矫机也进行压下量限定，如式（5.20）所示：

$$R_i' = \begin{cases} R_i & R_i \leqslant R_{\mathrm{Li}} \\ R_i & R_i > R_{\mathrm{Li}} \end{cases} \tag{5.20}$$

式中，$i \geqslant 3$；R_i 为修正后的第 i 个拉矫机压下辊压下量，mm；R_{Li} 为最大压下量限定值，mm。

在铸坯凝固过程中，除轻压下实施引起铸坯收缩外，铸坯本身还存在凝固收缩。图5.17给出了不同拉速下 280mm×325mm 冷坯断面轴承钢 GCr15 与 72A 连铸坯厚度方向自然热收缩分布[10]。由图中可以看出，随着拉速的升高，铸坯自然热收缩量越来越小，这是因为铸坯的自然热收缩是温度直接作用的结果。拉速越小，连铸机出口的铸坯温度越低，即铸坯降温幅度越大，自然热收缩量越大。在空冷区铸坯凝固热收缩率基本相同，GCr15 和 72A 分别为 0.143mm/m 和 0.140mm/m，这是由于在空冷区冷却速率相同而导致的。

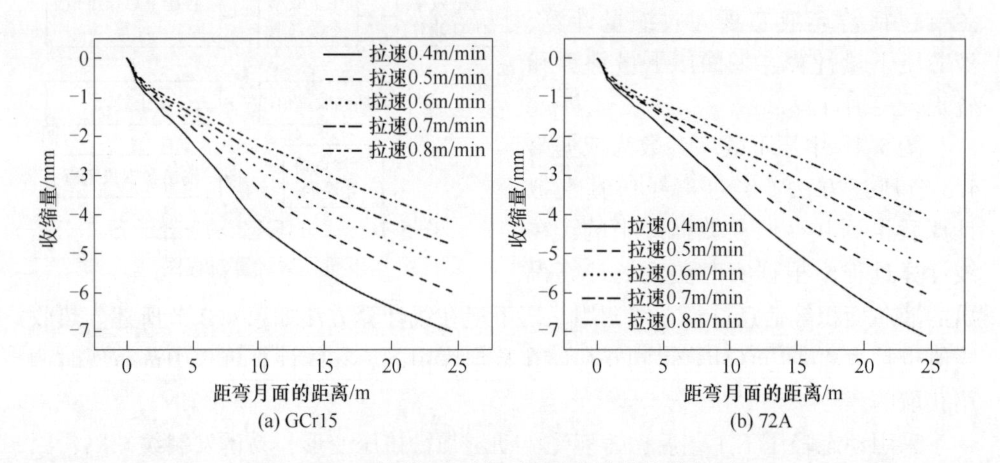

(a) GCr15　　(b) 72A

图5.17　不同拉速下典型钢种的热收缩分布图

如式（5.21）所示，将铸坯自然热收缩制度与第 i 个拉矫机压下辊的压下量叠加处理后即可求得第 i 个拉矫机压下辊的设定值 Gap_i。

$$Gap_i = Gap_1^* - R_i' - R_i^{\mathrm{Shkg}} \tag{5.21}$$

式中，$i \geqslant 2$；Gap_1^* 为1号拉矫机检测辊的检测值，mm；R_i'为修正后的第 i 个拉矫机压下辊的压下量，mm；R_i^{Shkg} 为第 i 个拉矫机内铸坯自然热收缩值，mm。

板坯连铸过程中采用扇形段四个角部液压缸形成辊缝从而完成轻压下作用，各液压缸均配备位移传感器，可互相对比监测从而及时发现某个液压缸的辊缝偏差，因此在开浇前辊缝标定准确的前提下，扇形段的辊缝控制精度较高。与之相比，大方坯拉矫机采用单点控制，每架拉矫机只有一个位移传感器测量辊缝，而在辊缝频繁调整过程中易形成辊缝检测累计偏差且不能得到有效监测，从而导致生产过程中的实际压下量过大或过小，不但不能起到轻压下工艺效果，反而会诱发鼓肚、中心裂纹等质量问题[11]。

目前，连铸生产过程中多采用离线人工测量或用辊缝仪标定机架辊缝等方法[12,13]。采用手工测量标定误差较大，且费时费力；采用辊缝仪标定虽测量准确但测量周期较长，成本较高。上述两种标定方法均只能离线进行，不能真实反映实际浇铸过程中机架受力及高温变形条件下的实际辊缝偏差。为此，基于大方坯连铸热收缩仿真计算结果，以热坯厚度为检测标尺，设计开发了一种大方坯连铸拉矫机辊缝在线标定方法，保证了轻压下压下量的准确实施[14]。

大方坯连铸机空冷区的第一个机架为检测机架，其内弧辊以较小的压力夹住坯子，目的是检测进入空冷区的铸坯厚度，不参与轻压下动作。液压缸密封良好的前提下，各拉矫机液压缸位移传感器检测值与实际辊缝值之间的偏差相对保持稳定。因此如能准确检测出各拉矫机传感器检测误差，即可在生产过程中通过误差修正处理，准确计算生产过程中的辊缝真实值。根据这一特点，以不参与轻压下的1号检测辊检测值为参照，设计开发辊缝在线计算方法，具体流程为：

(1) 根据铸坯自然热收缩计算结果可得到1号机架处热坯厚度，由于1号辊不参与轻压下，可视计算得到的热坯厚度为1号机架辊缝真实值。

(2) 利用稳定拉速下浇铸的热坯厚度为标尺，当铸坯依次走过各辊时，测定各拉矫机辊缝检测值，同时计算其他各机架辊缝检测值与1号机架辊缝检测值的偏差量。

(3) 根据步骤(1)求得的1号机架辊缝真实值和步骤(2)测定的1号机架辊缝检测值，可求得1号机架位移传感器检测误差。

(4) 根据步骤(2)与步骤(3)求得的两类偏差量，计算得到各拉矫机位移传感器检测误差。生产过程中通过对检测误差的修正可计算得到各拉矫机辊缝实际值。

可以看出，第(2)步，即各机架辊缝检测偏差量测定是标定的核心所在。如图5.18所示，在拉速稳定且未投用轻压下时，选取3m长的铸坯（图中灰色部分所示）开始进行在线标定。当检测部分通过第 i 个拉矫机架时，每隔5s记录第 i 个拉矫机架的第 j 次实时辊缝检测值 Gap_i^j，共记录总数 n_i 次。检测结束时，第 i 个拉矫机架平均辊缝检测值 Gap_i^* 为：

$$Gap_i^* = \sum_{1}^{n_i} Gap_i^j / n_i \tag{5.22}$$

第 i 个拉矫机架与1号拉矫机架辊缝检测值差值 D_i^* 为：

$$D_i^* = Gap_i^* - Gap_1^* \tag{5.23}$$

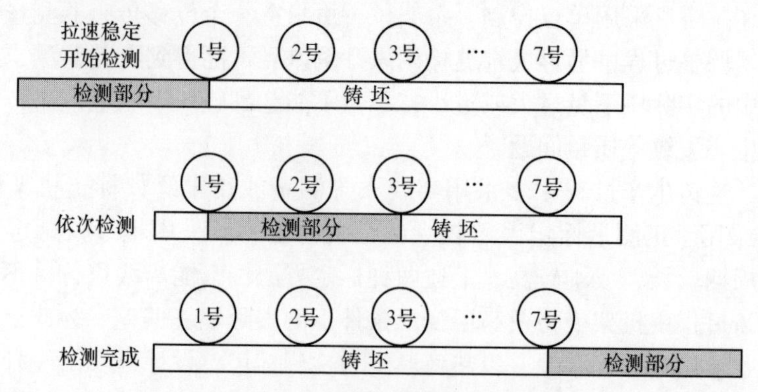

图 5.18 辊缝在线检测示意图

拉速稳定条件下，1 号拉矫机架辊缝计算值与设定值偏差为 ΔGap_1 为：

$$\Delta Gap_1 = Gap_1^{cal} - Gap_1^{*} \tag{5.24}$$

式中，Gap_1^{cal} 为计算得到的凝固热收缩计算结果，据此求得的该拉速下 1 号拉矫机架辊缝计算值，该数值可存储在数据库中以供在线调用。

在实际生产过程中，过程控制系统会自动记录拉矫机辊缝调整次数，当辊缝调整次数达到一定值后，认为辊缝累计偏差较大，并在界面给出需要进行辊缝在线标定的提升。在未达到调整次数上限时，可以认为各拉矫机架辊缝检测传感器相对误差稳定，即检测结束后得到的 D_i^* 与 ΔGap_1 保持不变。当铸坯上的某个跟踪单元 P_0 行至 1 号拉矫机架时，记录当前辊缝检测值 Gap_1^* 并写入到跟踪单元属性数组中，此时 1 号拉矫机架辊缝实际值 Gap_1^{act} 为：

$$Gap_1^{act} = Gap_1^{*} + \Delta Gap_1 \tag{5.25}$$

当该跟踪单元 P_0 行至第 i 个拉矫机架时，该机架辊缝值 Gap_i^{act} 为：

$$Gap_i^{act} = Gap_1^{act} + D_i^{*} \tag{5.26}$$

根据式（5.25）和式（5.26），随着跟踪单元的不断产生和运动，每个周期都会计算一次各机架辊缝值，为压下量的准确实施提供了保障。

当实施轻压下时，对式（5.21）进行相应的修正，得到最终的第 i 个拉矫机的辊缝设定值 Gap_i^{set} 为：

$$Gap_i^{set} = Gap_1^{act} + R'_i - R_i^{shkg} \tag{5.27}$$

5.2 凝固末端轻压下的应用效果

5.2.1 宝钢梅山 2 号板坯连铸机的应用

宝钢梅山 2 号板坯连铸机是我国引进的第一台具有全流线动态轻压下功能的垂直弯曲型高拉速板坯连铸机。该铸机主体部分由 VAI 和 SIEMENS 设计，冶金长度为41.3m，基本半径为8.0m，铸机工作拉速为0.8～2.4m/min，设计年生产能力为140万吨，主要以生产低碳钢、包晶钢、中碳钢和微合金钢为主[15]。

随着生产规模的扩大和对产品质量要求的日益提高，原引进系统的功能、开展系统已渐渐不能满足生产要求。因此，以国家技术创新计划项目“板坯连铸机动态轻压下技术的研究、开发与应用”为依托，开展板坯动态轻压下核心工艺、控制技术的研究，开发了板坯连铸凝固末端轻压下工艺理论模型、热跟踪模型、在线控制模型等核心工艺与控制技术，开发的过程控制系统（MsNeu_L2）替代了原VAI过程控制系统并实现了工业投用。在MsNeu_L2热试过程中和正式投产后针均进行了铸坯取样，并按YB/T4003—1997《连铸钢板坯低倍组织缺陷评级图》进行判定，以分析动态轻压下控制模型的可靠性和稳定性。其中，热试过程中浇铸低碳钢（SPHC）5炉，最高拉速达2m/min，包晶钢（Q235B）2炉，最高拉速达1.5m/min，表5.3为低倍检测结果统计。

表5.3 热试过程低倍检验结果统计

类　型	低碳钢（SPHC）				包晶钢（Q235）				
	0	0.5	1.0	总数	0	0.5	1.0	1.5	总数
中心偏析（C级）	0	28	0	28	0	16	0	0	16
中心疏松	17	9	2		2	4	9	1	
中间裂纹	18	10	0		16	0	0	0	
角裂纹	14	14	0		15	1	0	0	
三角区裂纹	14	13	1		0	3	0	0	

从统计结果分析可以看出：低碳钢的中心偏析和中心疏松均控制效果较好，其中中心偏析均控制在C级0.5以内。包晶钢中心偏析均控制在C级0.5以内，但有一个铸坯样中心疏松达到C级1.5。

系统正式投产后，对投产半年内的各生产钢种进行了取样分析，具体分析统计结果如表5.4所示。

表5.4 正式投产后低倍检验结果统计

类　型	低碳钢				包晶钢及低合金钢				超低碳钢			
评级	0	0.5	1.0	总数	0	0.5	1.0	总数	0	0.5	1.0	总数
中心偏析（C级）	0	19	0	19	0	32	0	32	10	0	0	10
中心疏松	13	6	0		26	5	1		10	0	0	
中间裂纹	3	14	2		25	7	0		10	0	0	
角裂纹	7	6	6		24	7	1		10	0	0	
三角区裂纹	3	14	2		9	23	0		10	0	0	

从统计分析可以看出：系统投产后，各钢种的中心偏析均控制在C级0.5以内；低碳钢的中心疏松全部控制在0.5以内，包晶钢和低合金钢的中心疏松的0.5级比率达98.0%；包晶钢和低合金钢的中间裂纹、三角区裂纹均控制在0.5以内；低碳钢的中间裂纹和三角区裂纹也基本控制在0.5以内；部分低碳钢角裂纹达到1.0，占取样总数的31.5%；98%的包晶钢和低合金钢角裂纹均控制在0.5以内；超低碳钢取样分析后没有发现质量缺陷。

表5.5给出了梅钢2号板坯连铸机MsNeu_L2投用后半年内（2006年7~12月）低倍质量统计（共计51个低倍样）与原系统（VAI系统）生产过程中（2003年3~12月）的低倍质量统计（共计102个试样）的对比结果，同时为对比轻压下对铸坯质量改善的效果，对相同钢水质量、钢种体系下的梅钢1号普通板坯连铸生产过程中（2003年1~6月）的194个试样的低倍质量作为无轻压下实施的对比样板。

表5.5 MsNeu_L2、原系统和1号铸机生产铸坯的低倍检测结果比较 （%）

生产系统	中心偏析级别B级率	中心偏析级别C级率	中心疏松（0.5及优于0.5级比率）	中间裂纹（0.5及优于0.5级比率）	三角区裂纹（0.5及优于0.5级比率）	无窄边鼓肚率
MsNeu_L2	0	100	98.0	96.1	96.1	100
原系统	10.8	89.2	98.0	80.4	83.3	75.5
1号机	78.9	21.1	98.4	90.7	88.7	—

根据对比结果可以看出，与未带凝固末端轻压下功能的1号机相比，轻压下能显著改善铸坯中心偏析与疏松缺陷。在拉速、钢种、钢水质量等生产条件相近的情况下，新系统（MsNeu_L2）生产铸坯的各项质量检验指标均优于原系统。其中，中心偏析的C级率达到100%，中间裂纹和三角区裂纹的C级0.5级比率达到96.1%，均优于原引进系统，铸坯质量达到了较高水平。图5.19给出了部分钢种的低倍质量照片。

5.2.2 攀钢2号大方坯连铸机的应用

2005年，攀钢建成投产了当时国内最大断面方坯连铸机（断面尺寸360mm×450mm），主要用于轧制型材，其产品结构多以车轴钢、钻铤钢等中、低碳合金钢为主。该铸机是由中国重型机械研究院设计建造的三点矫直全弧形大方坯连铸机，其空冷区由7组拉矫机机架组成，具备远程辊缝调节功能[16]。为保证大方坯连铸机尽快达产达效，解决大方坯中心偏析与疏松严重的质量问题，攀钢与我们自主开发并形成了大方坯连铸凝固末端轻压下工艺、控制集成技术。利用开发形成的核心工艺、控制集成技术，首次实现了连铸工艺流程（平均压缩比1:4）代替模铸工艺流程（平均压缩比1:6）批量生产大规格JZ35和LZ50列车车轴

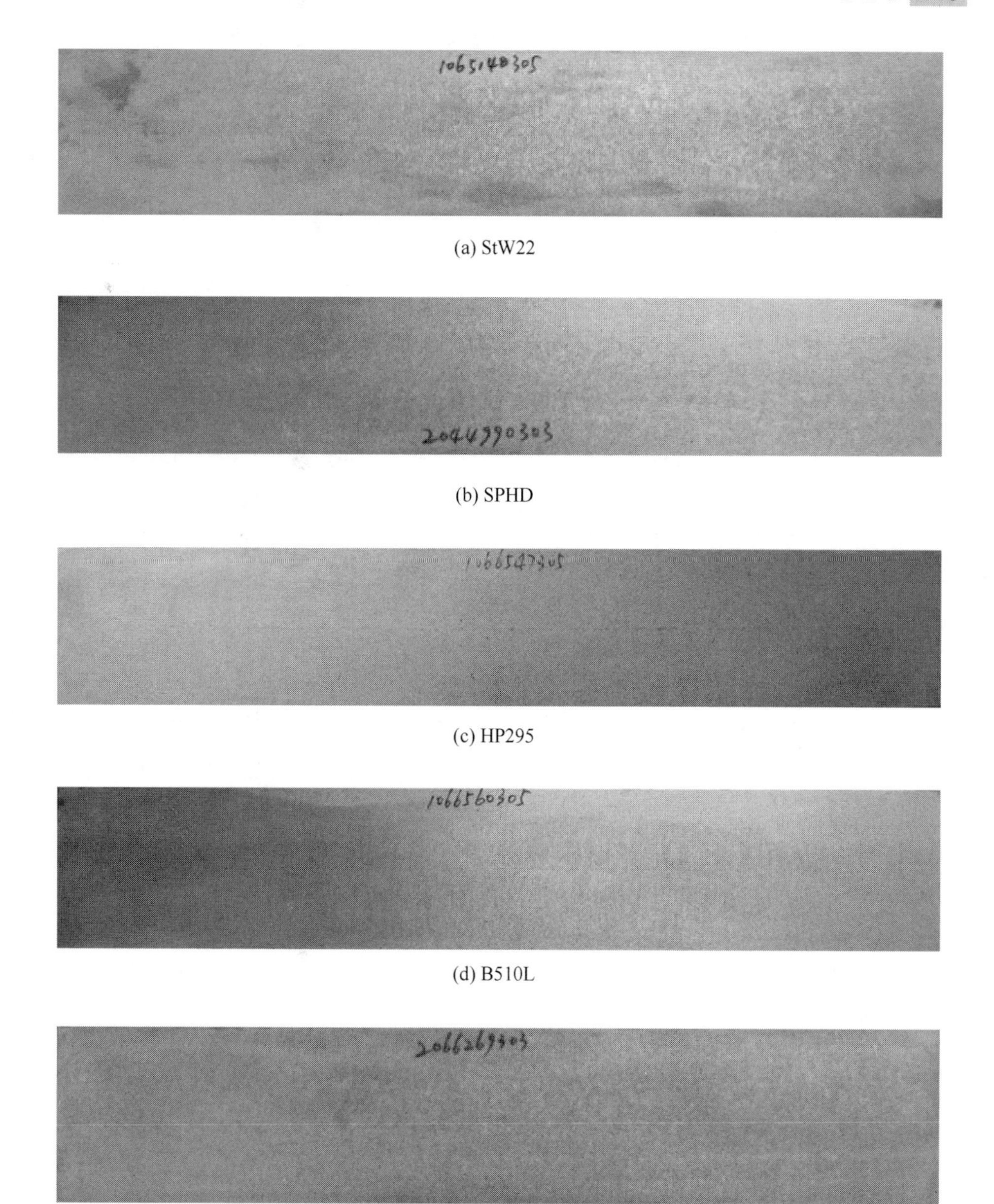

(a) StW22

(b) SPHD

(c) HP295

(d) B510L

(e) SAE1006

图 5.19 采用轻压下后部分钢种的低倍质量照片

钢、高压气瓶钢、4145H 石油钻铤钢等高质量、高性能和高附加值产品，为攀钢型材产品的品种结构调整提供了重要的技术保障。

表 5.6 给出了 2008 年 1 ~ 8 月，360mm × 450mm 大方坯连铸典型钢种的硫印、低倍组织检验结果，其中钢种分类如表 5.7 所示。

表 5.6 2008 年 1~8 月大方坯硫印低倍组织检验结果

钢种	内部缺陷评级/级					
	中心偏析	中心疏松	中心缩孔	中心裂纹	中间裂纹	角部内裂
合金钢	0~1.0 / 0.5(95.20%)	0~1.0 / 1.0(100%)	0~0.5 / 0.5(100%)	0~1.0 / 0.5(96.0%)	0~1.0 / 0.5(97.60%)	0~1.0 / 0.5(98.40%)
中碳钢	0~0.5 / 0.5(100%)	0~1.0 / 0.5(98.98%)	0~0.5 / 0.5(100%)	0~1.5 / 0.5(97.98%)	0~1.5 / 1.0(96.97%)	0~0.5 / 0.5(100%)
低碳钢	0~0.5 / 0.5(100%)	0~1.0 / 0.5(97.30%)	0~0.5 / 0.5(100%)	0~1.0 / 0.5(98.5%)	0~1.0 / 0.5(99.25%)	0~0.5 / 0.5(100%)

注：1. 分子表示评级范围，分母表示评级≤1.0 或 0.5 级的比例；

2. 42CrMo 等合金钢铸坯 125 块，45 号等中碳钢铸坯 99 块，16Mn 等低碳钢铸坯 135 块。

表 5.7 大方坯连铸典型钢种的轻压下工艺制度

钢种类别	钢　种
合金钢	40Cr、30CrMo、42CrMo、35CrMo、25MnVMo、45CrMnMo、38CrMoAl 等 CrMo 合金钢
中碳钢	45 号、LZ50、45Y 等中碳钢
低碳钢	20 号、B1、Q195、Q215、Q235、Q345、25 号等低碳钢

由表 5.6 可以看出，42CrMo 等中碳合金钢连铸坯各项指标均≤1.0 级比例达到 100%，其中中心缩孔与中心疏松均≤0.5 级；45 号等中碳钢连铸坯中心偏析与中心缩孔均≤0.5 级，中心疏松缺陷均≤1.0 级且≤0.5 级比例达 98.40%，中心裂纹与中间裂纹缺陷均≤1.5 级；20 号等低碳钢中心偏析、中心缩孔缺陷均控制在 0.5 级以内，中心疏松缺陷≤0.5 级比例达到 97.30%，中心裂纹与中间裂纹缺陷也均控制在 1.0 级以内。图 5.20 与图 5.21 分别给出了相应的典型钢种连铸坯横剖与纵剖低倍照片。

(a) YQ450NQR1

(b) 37Mn2

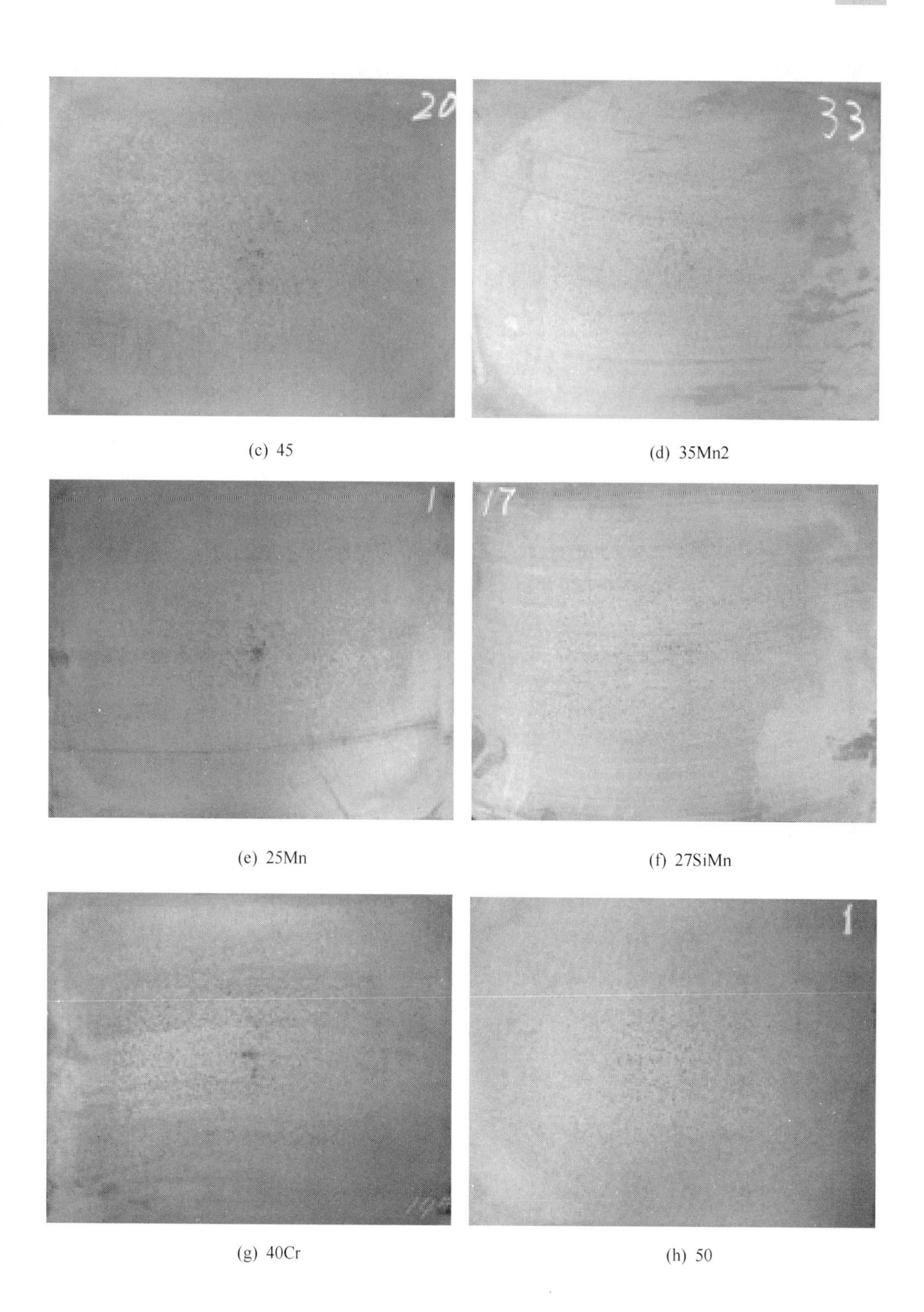

(c) 45

(d) 35Mn2

(e) 25Mn

(f) 27SiMn

(g) 40Cr

(h) 50

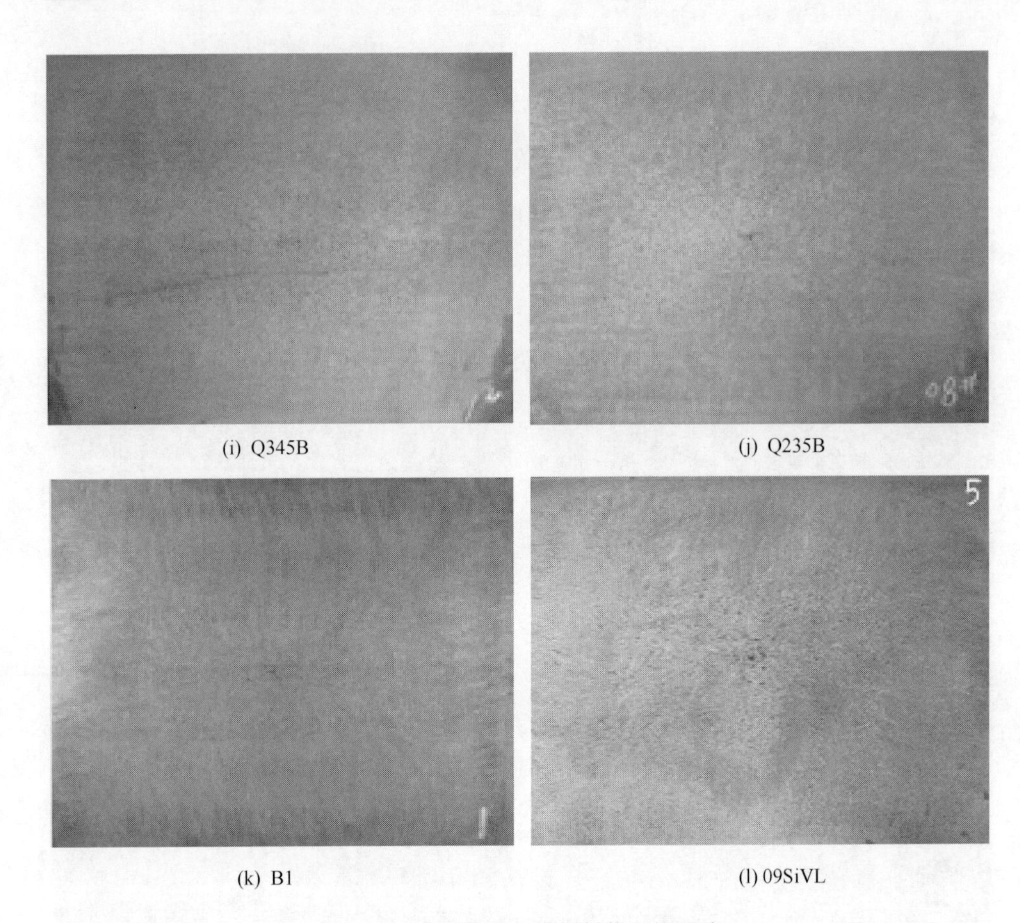

(i) Q345B　(j) Q235B

(k) B1　(l) 09SiVL

图 5.20　典型钢种的横剖低倍组织照片

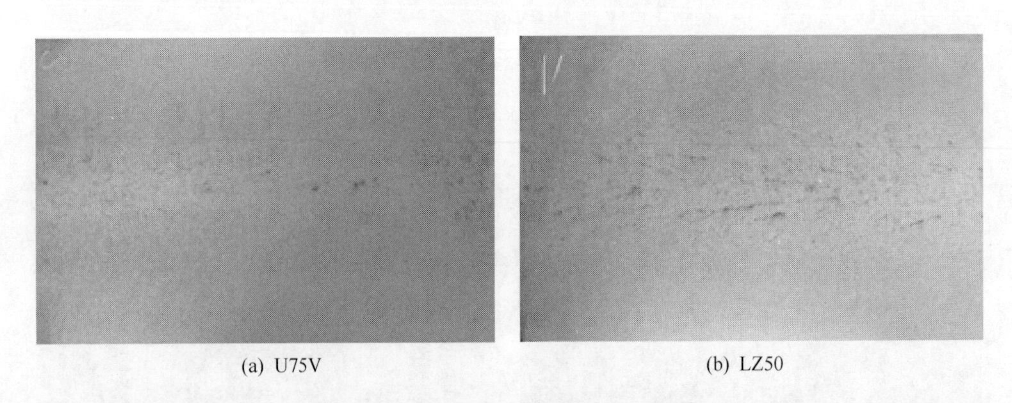

(a) U75V　(b) LZ50

图 5.21　典型钢种的纵向低倍组织照片

为进一步验证铸坯内部质量的改善效果，在大方坯中心线上每隔 15mm 进行钻屑取样，根据直读光谱测试结果计算得到碳偏析指数。图 5.22 给出了 42CrMo 钢连铸坯中心碳偏析指数 C/C_0 的分布。可以看出，连铸坯中心碳偏析指数为 1.01~1.05，平均 1.03。

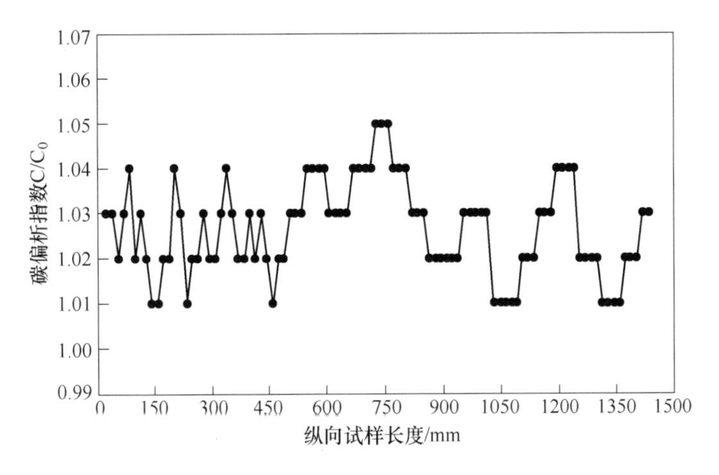

图 5.22 42CrMo 合金钢大方坯中心碳偏析

5.2.3 邢钢 5 号大方坯连铸机的应用

邢钢 280mm × 325mm 大方坯连铸机由中国重型机械设计院建设于 2009 年，空冷区采用 7 机架布置，全部具有压下功能，以生产轴承钢 GCr15、帘线钢 72A 等高碳合金钢为主。为推动企业产品结构升级，突破高碳合金钢中心偏析与疏松严重的质量瓶颈，保证大方坯连铸机尽快达产达效，解决大方坯中心偏析与疏松严重的质量问题，邢钢与我们联合开发并形成了高碳钢连铸大方坯凝固末端轻压下工艺、控制集成技术，并相继在轴承钢 GCr15、帘线钢 72A、硬线钢 82B、弹簧钢 60Si2Mn 等典型钢种上投用，有力保障了子午线轮胎帘线用钢、大规格高铁轨道板预应力钢丝用钢等高附加值钢铁产品的大方坯连铸生产顺行，铸坯质量满足了下游用户的使用要求，其中生产轮胎子午线用帘线钢 72A、82A 成品盘条均获得了贝尔卡特资质认证；生产高速铁路轨道板预应力钢丝用钢已成功应用于京沪与京武高铁线路，并占据 70% 以上市场份额，取得了显著的经济和社会效益。

由表 5.8 给出了凝固末端动态轻压下技术投前后铸坯低倍质量检测对比结果。可以看出，动态轻压下投用后，铸坯中心疏松、一般疏松、中心缩孔、中心裂纹等缺陷均得到有效改善，其中：中心疏松 ≤1.0 级比例由 50% 提高至 84.14%；中心缩孔 ≤1.0 级比例由 65.48% 提高至 93.22%；中心裂纹 ≤0.5 级比例由 72.62% 提高至 94.92%。

表 5.8 凝固末端动态轻压下投用前后的铸坯低倍检测结果

钢种	投用前后	取样数	缺陷类型	中心疏松	一般疏松	中心缩孔	中心裂纹	中间裂纹	角部内裂
			级别	0~1.0	0~1.0	0~1.0	0~0.5	0~0.5	0~0.5
GCr15	投用前	91	比例/%	49.45	90.11	63.74	64.84	92.31	93.41
	投用后	40	比例/%	85.00	95.00	87.50	90.00	97.50	97.50
72A	投用前	41	比例/%	48.78	90.24	68.29	65.85	92.68	92.68
	投用后	23	比例/%	86.95	95.65	95.65	91.30	95.65	95.65
82B	投用前	36	比例/%	52.78	91.67	66.67	100	83.33	77.78
	投用后	55	比例/%	90.91	96.36	96.36	100	94.55	96.36
全部钢种	投用前	168	比例/%	50.00	90.48	65.48	72.62	90.48	89.88
	投用后	118	比例/%	88.14	95.76	93.22	94.92	95.76	96.61

图 5.23 给出了轴承钢 GCr15、帘线钢 72A、硬线钢 82B 投用前后铸坯纵剖片低倍质量对比结果。可以看出，压下投用前，铸坯中心出现明显的中心偏析与 V 型偏析，且伴随着贯穿性连续缩孔。相比较而言，轴承钢 GCr15 中心缺陷更加严重，这主要是因为铸坯液芯需补缩体积随着碳含量增加而增加，因此中心疏松愈加严重。轻压下投用后，铸坯中心偏析基本消除，偶见针孔状缩孔，内部质量改善十分显著。

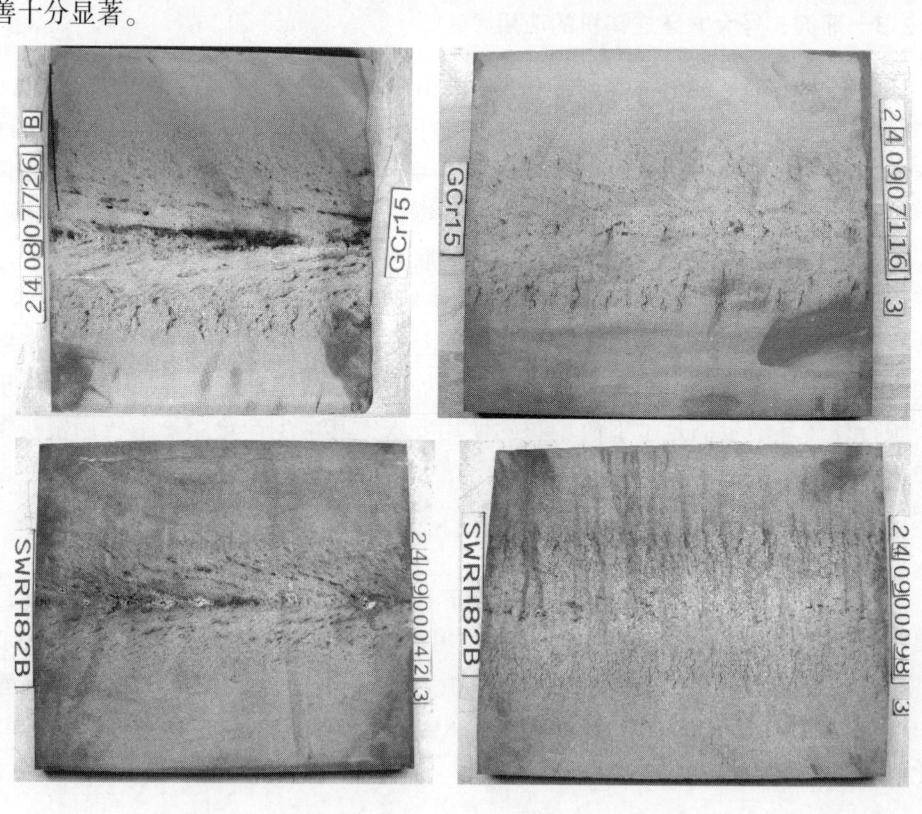

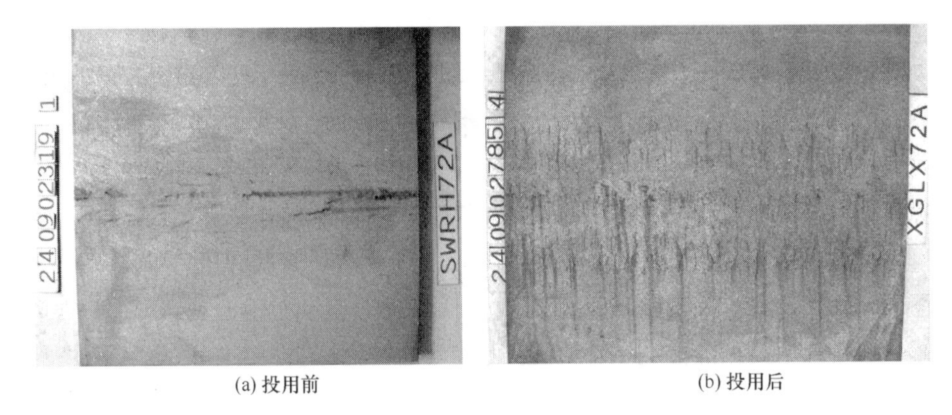

(a) 投用前 (b) 投用后

图 5.23 连铸坯纵剖低倍质量对比

图 5.24 给出了轴承钢 GCr15 连铸坯横剖片低倍质量对比。与图 5.23 相类似，铸坯中心缩孔改善十分显著。

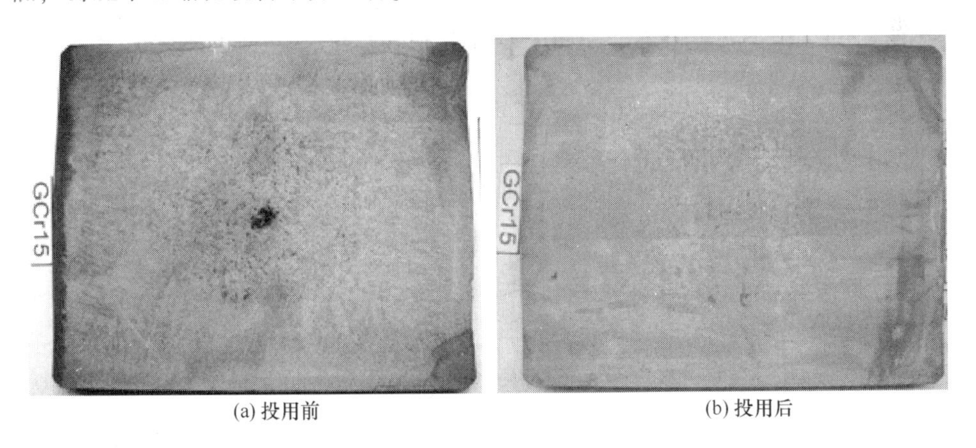

(a) 投用前 (b) 投用后

图 5.24 连铸坯横剖低倍质量对比

为检验动态轻压下投用后对铸坯断面碳元素偏析的改善效果，采用碳偏析检测的方法分析铸坯断面碳元素分布。如图 5.25 所示，为保证铸坯中心碳偏析检验的准确性和全面性，设计沿铸坯拉坯方向中心线和铸坯厚度方向中心线取样，其具体步骤为：

（1）取 500mm 长铸坯样，切头切尾后，沿铸坯拉坯方向取铸坯中心 300mm 横剖切片，厚度 30mm；其后连续取五块横切，厚度 30mm。

（2）沿横切片中心线，即铸坯中心线钻取屑样，钻头直径 5mm，各点间隔 10mm，采用碳硫分析仪分析屑样成分。

（3）在横切片中心线进行取样，钻头直径 5mm，各点间隔 10mm，采用碳硫分析仪分析屑样成分。

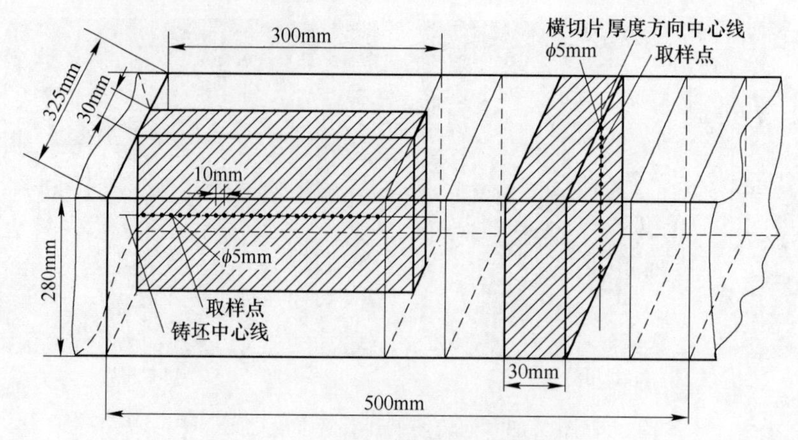

图 5.25 铸坯碳偏析检测示意图

从图 5.26 给出了铸坯中心线碳偏析指数检测结果。可以看出，动态轻压下投用后铸坯中心偏析改善明显，预应力钢 SWRH82B 中心碳偏析范围由未采用轻压下的 0.98 ~ 1.39 变为 0.94 ~ 1.09，碳偏析值在 0.96 ~ 1.03 的比例由 21.2% 提

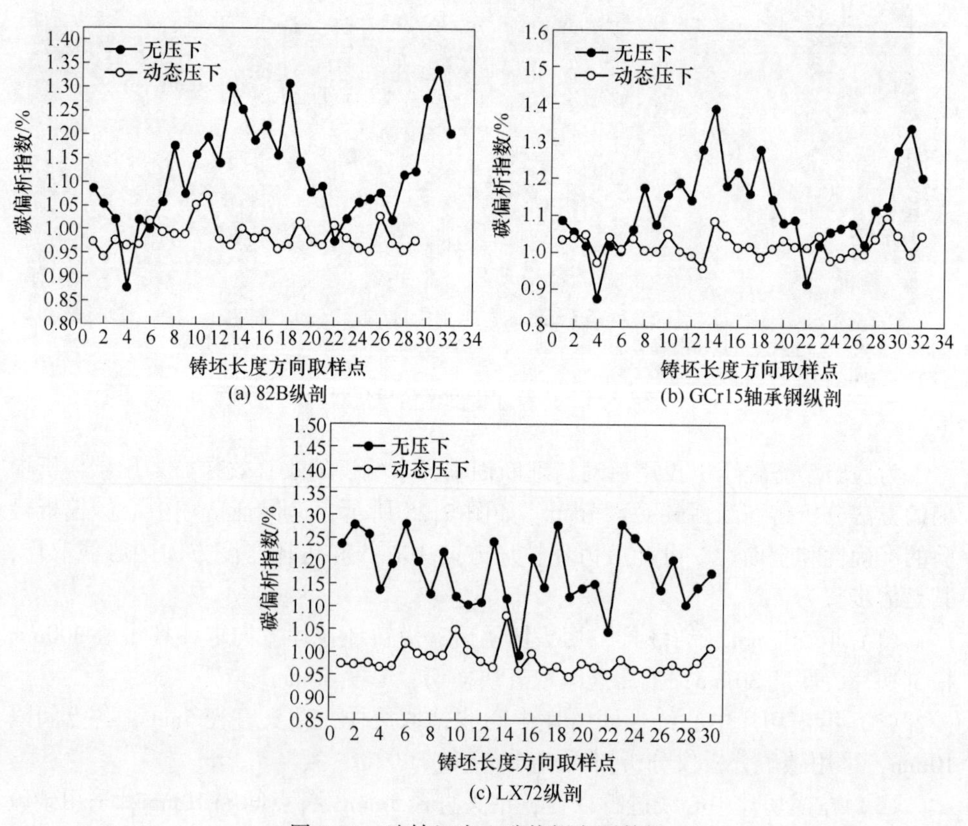

图 5.26 连铸坯中心碳偏析实测数据

高至92.9%；轴承钢GCr15碳偏析范围由未采用轻压下的0.92～1.45变为0.94～1.10，偏析值在0.95～1.05的比例由18.7%提高至94.6%；帘线钢72A中心碳偏析范围由未采用轻压下的0.95～1.38变为0.93～1.08，碳偏析值在0.96～1.03的比例由3.3%提高至96.7%。

图5.27为沿铸坯横切片厚度方向中心线碳偏析指数检测结果。可以看出，投用动态轻压下后，铸坯成分的均匀性得到了明显的改善。对于轴承钢GCr15，铸坯横断面上的碳偏析指数范围由0.908～1.269改善为0.924～1.060；对于帘线钢LX72A，铸坯横断面上的碳偏析指数范围由0.99～1.28改善为0.94～1.05；对于SWRH82B，铸坯横断面上的碳偏析指数范围由0.867～1.459改善为0.918～1.069。可见几个典型钢种的碳偏析指数波动范围更小，铸坯成分更加均匀。

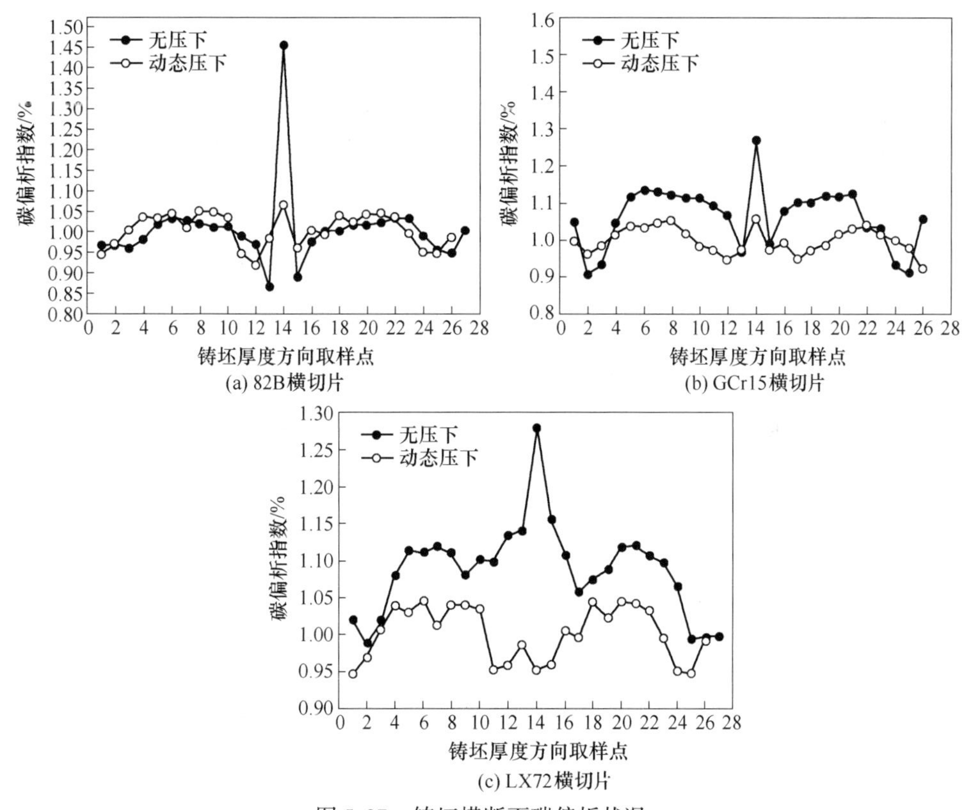

图5.27 铸坯横断面碳偏析状况

5.2.4 天钢4号宽厚板坯连铸机的应用

天津钢铁集团有限公司4号宽厚板坯连铸机引进于奥钢联，主要生产的铸坯断面规格包括2100mm×250mm、2100mm×180mm、1800mm×250mm、1800mm×180mm、1600mm×250mm以及1600mm×180mm，用于生产Q345系列包晶钢、含 Nb 高强船板钢、含 B 微合金等钢种。为提高铸坯内部质量，实现宽厚板连铸机的高质和高效化生产，自 2011 年起，天钢集团与我们针对该铸机的结构特点，共同开发了宽厚板连铸坯凝固末端轻压下技术。

经过优化后的轻压下工艺自 2012 年 1 月起应用于实际生产中。表 5.9 给出了投用前后铸坯低倍检测结果中心偏析与疏松的改善情况。可以看出，轻压下投用后，包晶钢宽厚板连铸坯中心偏析 C 级≤1.0 级比例由原来的 21.7% 提升至 98%，中心疏松≤1.0 级比例由原来的 86.1% 提升至 100%；中碳钢宽厚板连铸坯中心偏析 C 级≤1.0 级比例由原来的 18.8% 提升至 96%，中心疏松≤1.0 级比例由原来的 83.7% 提升至 100%。表 5.10 给出了轻压下投用前后≤100mm 的中厚板探伤合格率，其中包晶钢探伤合格率由原来的 90.6% 提升至 97.9%，中碳钢探伤合格率由原来的 88.5% 提升至 96.4%。

表 5.9 轻压下投用前后宽厚板连铸坯低倍质量检测结果

钢种	中心偏析		中心疏松	
	应用前	应用后	应用前	应用后
包晶钢	≤1.0 级 21.7%（C 级率 82.1%）	≤1.0 级 98%（C 级率 100%）	≤1.0 86.1%	≤1.0 100%
中碳钢	≤1.0 级 18.8%（C 级率 79.4%）	≤1.0 级 96%（C 级率 100%）	≤1.0 83.7%	≤1.0 100%

表 5.10 轻压下投用前后中厚板轧材探伤合格率

钢 种	100mm 以下厚度中厚板探伤合格率	
	应用前	应用后
包晶钢	90.6%	97.9%
中碳钢	88.5%	96.4%

图 5.28 给出了优化前后 2100mm×250mm 断面 Q235B 连铸坯质量对比结果。可以看出，工艺优化后铸坯中心偏析得到明显改善。

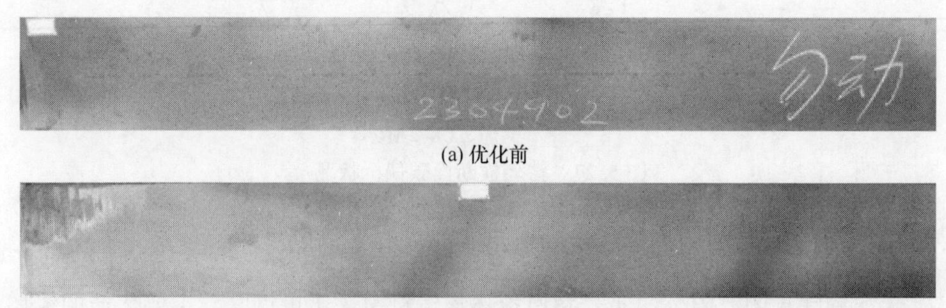

(a) 优化前

(b) 优化后

图 5.28 优化前后 2100mm×250mm 断面 Q235B 铸坯横剖低倍照片

图 5.29 给出了工艺优化前后 2100mm×250mm 断面 Q345 连铸坯低倍质量对比。如图 5.29(a) 所示，在原轻压下工艺下，铸坯中心为点状偏析，铸坯宽向 1/4～1/8 区域为更为严重的线状偏析，说明原工艺下只能起到改善铸坯中间区域质量的效果，而对铸坯边部液芯延伸位置并无明显效果。如图 5.29(b) 所示，采用优化后的轻压下工艺后，无论铸坯中间区域还是边部区域，中心偏析与疏松缺陷均得到了明显改善。

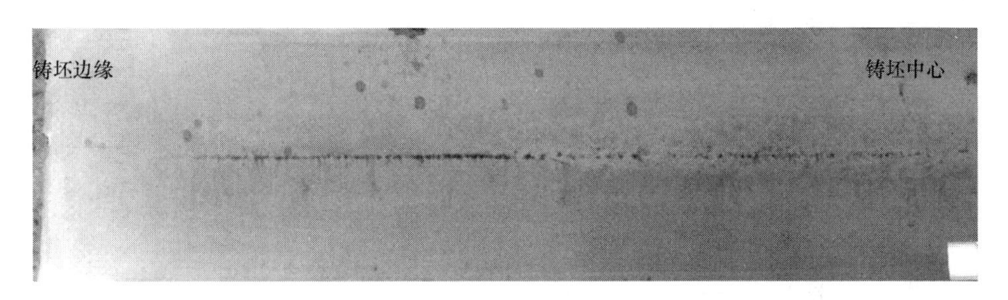

(a) 优化前

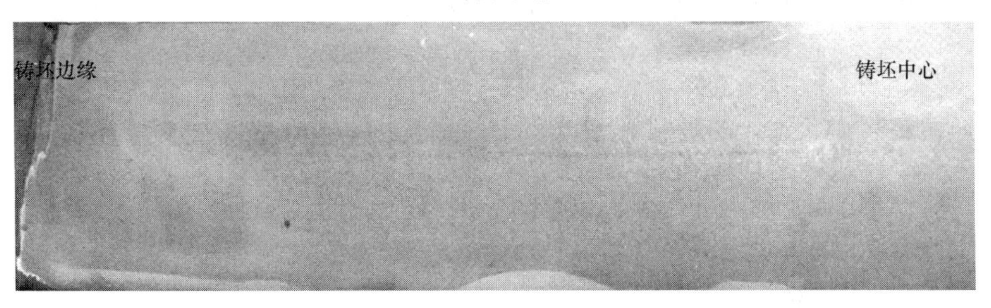

(b) 优化后

图 5.29 优化前后 2100mm×250mm 断面 Q345 铸坯横剖低倍照片

参考文献

[1] 祭程，朱苗勇，程乃良．板坯连铸机动态轻压下过程控制系统研究与实现［J］．冶金自动化，2007，1：51－65.

[2] Rajkumar Buyya. High Performance Cluster Computing Architecture and System［M］. 北京：电子工业出版社，2001：68－82.

[3] 沙丽杰，武秀川，韦�．分布式系统检查点算法中程序卷回时文件系统的状态恢复［J］．计算机工程与应用，2002，17：131－134.

[4] P. M. Chen，E. K. Lee，G. A. Gibson，et al. RAID：high－performance，reliable secondary storage［J］. ACM Computing Surveys，1994，26（2）：145－185.

[5] Ji C，Zhu M Y，Chen Y，et al. Development and Study of Dynamic Soft Reduction Process Control System in Bloom Casting Machine［J］. Journal of Iron and Steel Research International，15（S1）：334－339.

[6] 祭程，张书岩，赵琦，等. 连铸板坯轻压下实时温度场计算及动态二冷控制模型的研究与开发 [A]. 2005 中国钢铁年会论文集 - 3 [C]. 北京：冶金工业出版社，2005：340 - 345.

[7] 郭薇，赵琦，祭程，等. 板坯连铸温度场实时仿真系统的研究和实现 [J]. 冶金自动化，2007，2：49 - 52.

[8] 祭程，陈志平，宋景欣，等. 高拉速板坯连铸机动态二冷控制模型研究 [J]. 冶金自动化，2007，3：52 - 56，61.

[9] 祭程，朱苗勇，程乃良，等. 板坯连铸动态轻压下控制模型的开发与应用 [J]. 钢铁，2008，43 (9)：38 - 40，52.

[10] 曹学欠，朱苗勇，祭程. 连铸大方坯热收缩行为的有限元分析 [J]. 连铸，2010，6：1 - 4.

[11] Wenjun Wang，Linxin Ning，Raimund Bulte，et al. Formation of Internal Cracks in Steel Billets During Soft Reduction [J]. Journal of University of Science and Technology Beijing，2008，15 (2)：114.

[12] 朱国军. 多功能辊缝检测仪的使用与维护 [J]. 机械与电子，2008，25：93.

[13] 王覃，刁红敏. 辊缝仪传感器的设计原理与应用 [J]. 工业控制技术，2009，2：84.

[14] 祭程，蒋毅，肖文忠，等. 连铸拉矫机辊缝在线标定方法研究与应用 [J]. 中国冶金，2012，22 (2)：10 - 13.

[15] 程乃良，陈志平. 应用动态轻压下改善板坯内部质量的实践 [J]. 炼钢，2005，21 (5)：29 - 32.

[16] Zhou Y P，Chen Y. Key Technology Development for 360mm × 450mm Bloom Caster at PISCO [J]. Journal of Iron and Steel Research International，15 (S1)：368 - 375.

连铸结晶器电磁搅拌过程数值模拟与工艺优化

电磁搅拌作用下，连铸结晶器内的过程包含流体流动、传热、传质及相变等诸多现象，是一个非常复杂的冶金过程，其中电磁场、流场和温度场相互耦合、相互作用。钢液流动状态直接影响到钢液凝固过程中质量、热量的传输，进而影响凝固组织的形态和偏析程度。本章将以方坯和圆坯连铸结晶器电磁搅拌过程为研究对象，通过建立描述连铸结晶器电磁搅拌三维电磁场、流场与温度场的数学模型，研究三场耦合的计算方法，深入研究电磁场、流场和温度场的分布规律及其影响因素，为制定结晶器电磁搅拌工艺提供依据。在此基础上，结合现场试验，优化电磁搅拌工艺参数。本章的主要内容涉及了于海岐[1]、陈永[2]等的学位论文工作。

6.1 电磁搅拌结晶器电磁场数值模拟

6.1.1 基本假设

为便于建立描述连铸结晶器电磁搅拌过程电磁场分布的三维数学模型，在电磁搅拌过程中，做如下假设：

(1) 电磁搅拌过程所用的交变磁场频率一般为低频或工频（频率在 1 ~ 10Hz)，属于磁准静态场，所以忽略位移电流的产生；

(2) 电磁搅拌过程中，钢液的流速较小，磁雷诺数远小于 1，因而可忽略钢液流动对电磁场的影响；

(3) 电磁搅拌过程中，假设钢液、铜板和铁芯均为各向同性材料，电导率和磁导率等物性参数均为标量常数；

(4) 模拟结果分析中，电磁力用时均值表示，并用时均电磁力代替时变电磁力与其他物理场耦合计算。

6.1.2 电磁搅拌基本控制方程

电磁搅拌过程搅拌器线圈通入交变电流，故电磁场均随时间而变化，产生的磁场属于谐波磁场。为获得结晶器内的空间电磁场分布规律，需要求解电磁场控制方程，即麦克斯韦（Maxwell）方程组。对于磁准静态场，麦克斯韦方程组的微分表述形式如下：

$$\nabla \times \boldsymbol{E} = -\frac{\partial \boldsymbol{B}}{\partial t} \tag{6.1}$$

$$\nabla \times \boldsymbol{H} = \boldsymbol{J} \tag{6.2}$$

$$\nabla \cdot \boldsymbol{B} = 0 \tag{6.3}$$

$$\nabla \cdot \boldsymbol{D} = \rho_0 \tag{6.4}$$

式中，$\boldsymbol{E}$ 为电场强度，V/m；$\boldsymbol{B}$ 为磁感应强度，T；$\boldsymbol{H}$ 为磁场强度，A/m；$\boldsymbol{J}$ 为感应电流密度，A/m^2；$\boldsymbol{D}$ 为电位移矢量，C/m^2；ρ_0 为自由电荷体密度，C/m^3；t 为时间，s。

通过上述微分方程组的求解，可计算实际问题中的电磁场分布。在实际问题中应用麦克斯韦方程组时，还必须考虑介质对电磁场的影响。对于各向同性介质来说，描述介质电磁特性的本构方程为：

$$\boldsymbol{D} = \varepsilon_0 \varepsilon_r \boldsymbol{E} \tag{6.5}$$

$$\boldsymbol{B} = \mu_0 \mu_r \boldsymbol{H} \tag{6.6}$$

$$\boldsymbol{J} = \sigma \boldsymbol{E} \tag{6.7}$$

式中，ε_0 为真空介电常数，$\varepsilon_0 = 8.85 \times 10^{-12}$ F/m；ε_r 为相对介电常数，无量纲；μ_0 为真空磁导率，$\mu_0 = 4\pi \times 10^{-7}$ H/m；μ_r 为相对磁导率，无量纲；σ 为介质电导率，S/m。

模拟结果分析及耦合计算中，采用时均电磁体积力作为搅拌力，其表达式为：

$$\boldsymbol{F}_m = \frac{1}{2}\mathrm{Re}\ (\boldsymbol{J} \times \boldsymbol{B}^*) \tag{6.8}$$

式中，$\boldsymbol{F}_m$ 为时均电磁力，N/m^3；$\boldsymbol{B}^*$ 为 $\boldsymbol{B}$ 的共轭复数，T；Re 为复数的实部。

6.1.3 电磁场的求解

由麦克斯韦方程组可以看出，电、磁变量相互交织在一起，增加了求解难度。为了简化问题，通常借助于定义一个标量电势和一个矢量磁势的方法，将电场变量和磁场变量分离开来，从而形成一个独立的电场或磁场的偏微分方程，以便于数值计算[3]。

电磁场问题的求解通常是通过引入各种位函数求得，这里采用磁矢势法引入矢量磁势 $\boldsymbol{A}$ 和标量电势 φ，其定义如下：

$$\boldsymbol{B} = \nabla \times \boldsymbol{A} \tag{6.9}$$

$$\boldsymbol{E} = -\frac{\partial \boldsymbol{A}}{\partial t} - \nabla \varphi \tag{6.10}$$

由式（6.9）可见，仅限定一个矢量的旋度并不能唯一地确定该矢量（这里为矢量磁势 $\boldsymbol{A}$），为了保证矢量磁势的唯一性，还应该对它的散度加以限制。通常选用洛伦兹（Lorentz）条件，将矢量磁势 $\boldsymbol{A}$ 和标量电势 φ 联系起来，洛伦兹限定条件可以表达为：

$$\nabla \cdot \boldsymbol{A} = -\mu\varepsilon \frac{\partial \varphi}{\partial t} \tag{6.11}$$

以上定义的矢量磁势和标量电势能自动满足法拉第电磁感应定律和高斯磁通定律，然后再应用到安培环路定律和高斯电通定律中，经推导，得到磁场偏微分方程和电场偏微分方程：

$$\nabla^2 \boldsymbol{A} - \mu\varepsilon \frac{\partial^2 \boldsymbol{A}}{\partial t^2} = -\mu \boldsymbol{j} \tag{6.12}$$

$$\nabla^2 \varphi - \mu\varepsilon \frac{\partial^2 \varphi}{\partial t^2} = -\frac{\rho}{\varepsilon} \tag{6.13}$$

式中，∇^2 为拉普拉斯算子：

$$\nabla^2 = \frac{\partial^2}{\partial x^2} + \frac{\partial^2}{\partial y^2} + \frac{\partial^2}{\partial z^2} \tag{6.14}$$

式（6.12）和式（6.13）具有相同的形式，求解方法相同，如采用有限元法，解得磁势和电势的场分布，然后再经过转化，可得到电磁场的各种物理量，如磁感应强度、电磁力等。

采用有限元方法，借助 ANSYS11.0 有限元软件采用磁矢量势方法来求解上述数学模型，以获得连铸结晶器电磁搅拌过程的磁场分布。

6.1.4 结晶器电磁搅拌的有限元模型

本章介绍的结晶器电磁搅拌器为旋转型电磁搅拌器，其装置结构如图 6.1 和图 6.2 所示。搅拌器线圈由铁芯和铜线绕组而成，当线圈通入三相交流电时，就激发绕轴旋转的磁场，该磁场不仅有一定的旋转速度而且还有方向的交替变化。当切割钢液时就会在其中感生感应电流。载流钢液与磁场相互作用产生作用在钢液体积单元上的旋转电磁体积力，从而驱动钢液运动。图 6.1(a) 为方坯结晶器电磁搅拌的示意图，图中标明了搅拌器的主要尺寸和安装位置，并建立了计算过程中所用到的坐标系，坐标原点位于铸坯顶表面中心。针对结晶器电磁搅拌的结构特征，建立如图 6.1(b) 所示的有限元模型（未显示空气部分），除空气之外均采用六面体单元。圆坯结晶器电磁搅拌几何装置如图 6.2(a) 所示。电磁搅拌器安装在结晶器外部，具体安装位置如图 6.2(b) 中标注所示（单位：mm）。应用有限元软件 ANSYS 计算电磁场的分布情况，并提取时均电磁力。计算中选用三维实体六面体单元，单元数约为 40 万。所有几何参数均完全由现场提供，结晶器尺寸和实际工艺及物性参数如表 6.1 和表 6.2 所示。

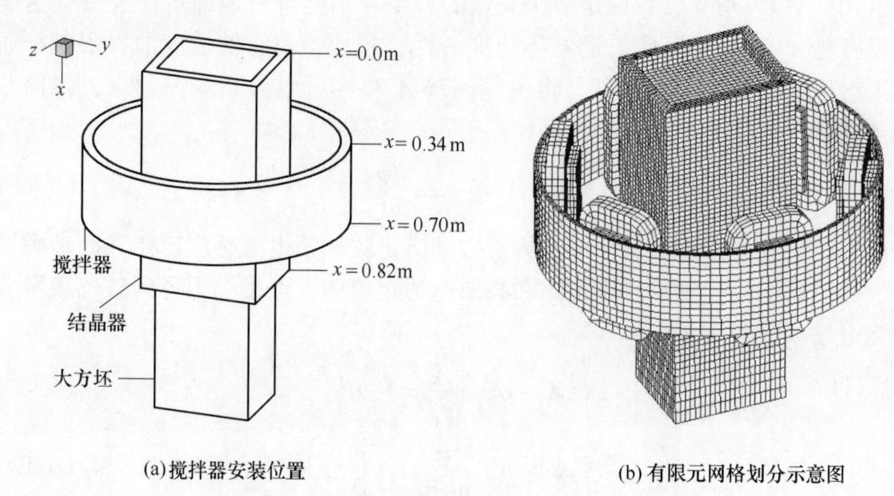

图 6.1 结晶器电磁搅拌器结构图及有限元网格图

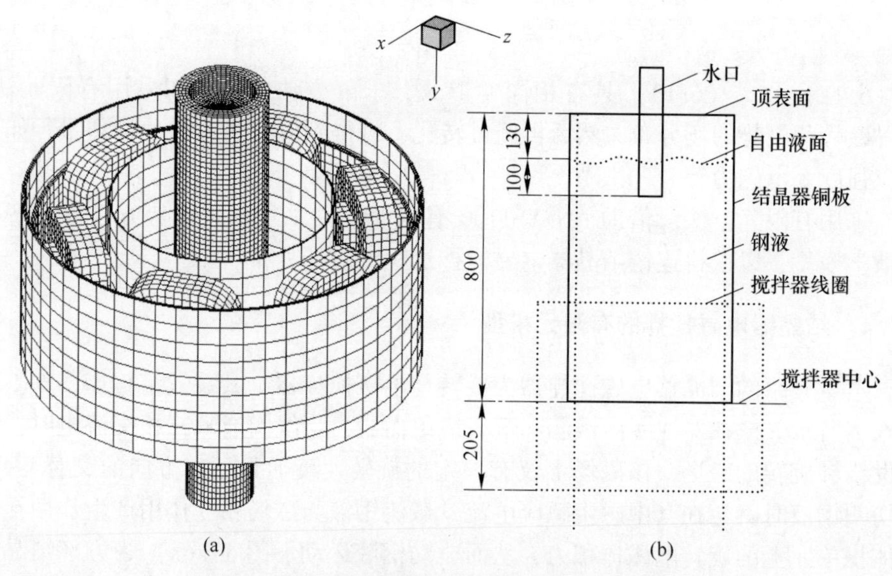

图 6.2 结晶器电磁搅拌器几何结构及安装位置

表 6.1 方坯结晶器电磁搅拌几何尺寸及工艺参数

参 数	数 值	参 数	数 值
铸坯断面尺寸/mm	450×360	搅拌器高度/mm	360
结晶器长度/mm	820	线圈匝数/匝	210
铜板厚度/mm	40	搅拌电流/A	200~600
搅拌器内径/mm	1280	搅拌频率/Hz	2~8

表 6.2 圆坯结晶器电磁搅拌几何尺寸及工艺参数

参 数	数 值	参 数	数 值
圆坯直径/mm	150	钢液磁导率/H·m^{-1}	1.257×10^{-6}
结晶器计算长度/mm	1800	铜板磁导率/H·m^{-1}	1.257×10^{-6}
结晶器铜板厚度/mm	30	铁芯磁导率/H·m^{-1}	1.257×10^{-3}
钢液电导率/S·m^{-1}	7.14×10^{5}	搅拌器线圈电流强度（I）/A	100～400
铜板电导率/S·m^{-1}	4.70×10^{7}	励磁电流频率（f）/Hz	2～8
空气磁导率/H·m^{-1}	1.257×10^{-6}		

6.1.5 边界条件及初值条件

6.1.5.1 边界条件

（1）对称面：$x=0$ 和 $y=0$ 两个平面为对称面。在对称面上，标量电位为零；矢量磁位在法线方向上的梯度为零，在切线方向上的分量为零。

（2）外边界：由于磁场在离开感应线圈一定距离后迅速衰减，在无穷远处为零。通常取相对感应线圈尺寸 3～4 倍远处为无穷远边界，满足第一类边界条件。

（3）磁介质交界面：在两种不同磁介质交界面上满足磁介质交界面条件，此条件在有限元方程中自动满足。

6.1.5.2 初值条件

磁场为三对极旋转交变磁场，三对极之间的电磁场相位差为 $2\pi/3$：

$$B_a = B_{max}\cos(2\pi ft) \tag{6.15}$$

$$B_b = B_{max}\cos\left(2\pi ft + \frac{2\pi}{3}\right) \tag{6.16}$$

$$B_c = B_{max}\cos\left(2\pi ft + \frac{4\pi}{3}\right) \tag{6.17}$$

电磁场初值条件有电磁搅拌的输入电流、电压和电源频率，由于搅拌器外壳能起到屏蔽作用，忽略漏磁，则设定搅拌器最外层节点的磁势位为零。

6.1.6 模型验证

为验证数值模拟结果的准确性，需将模拟结果与现场实测的磁感应强度相比较。测试采用的主要仪器是 CT-3 型特斯拉计，其工作原理是利用霍尔效应将磁场转换为电动势。置于磁场中的载流体，如果电流方向与磁场垂直，则在垂直于电流和磁场的方向会产生一附加的横向电场，在载流体两端会出现微弱的电动势，称之为霍尔效应。

把一载流导体薄板放在磁场中时，薄板上下端面上的霍尔电势差的大小和电流强度 I 及磁感应强度 B 成正比，而与薄板沿 B 方向的厚度 d 呈反比，即：

$$U = R_{\mathrm{H}} \frac{I_{\mathrm{H}} B}{d} \tag{6.18}$$

式中，R_{H} 为霍尔系数，仅与导体的材料有关，为常量；I_{H} 为霍尔工作电流；d 为导体沿 B 的厚度。

特斯拉计就是利用霍尔效应中电动势和磁感应强度的关系来测量磁场中的磁感应强度大小的。

为验证计算结果的可靠性，对不同搅拌电流和频率下搅拌器中心的磁感应强度进行现场实测，结果如图 6.3 和图 6.4 所示。从图中可以看出，数值模拟的结果和现场测试结果吻合良好，表明模型的计算精度较高，较为真实地反映了连铸结晶器电磁搅拌过程的磁场。

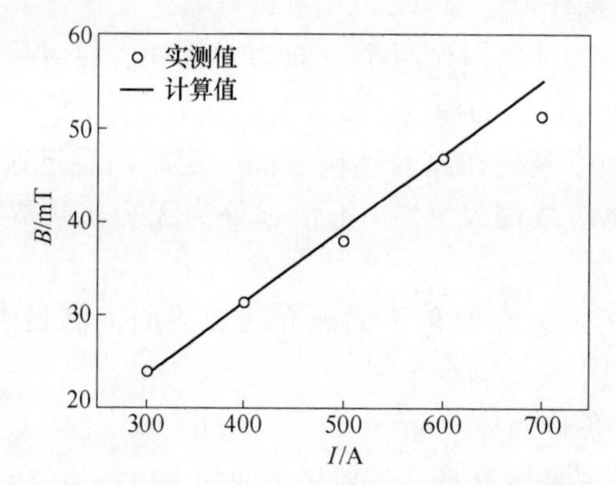

图 6.3　450mm×360mm 大方坯连铸结晶器搅拌器中心磁感应强度计算值与实验数据（f=2.4Hz）

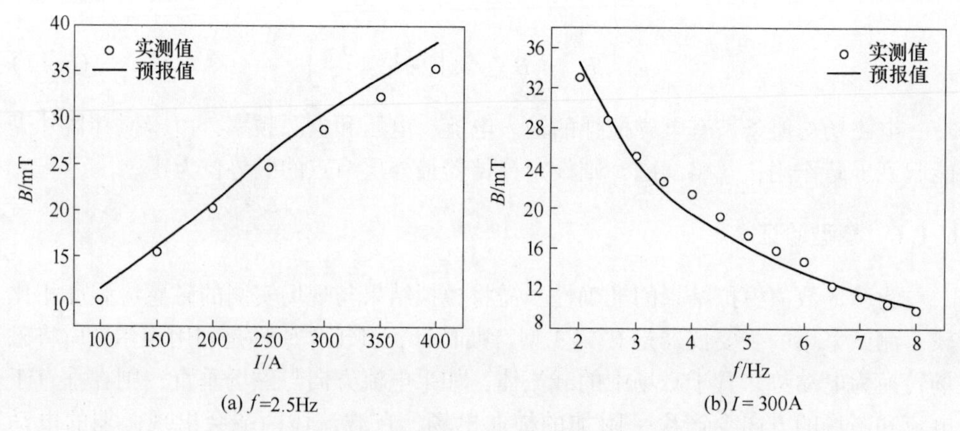

图 6.4　ϕ150mm 圆坯连铸结晶器搅拌器中心磁感应强度计算值与实验数据

6.2 电磁搅拌结晶器内流场和温度场的数值模拟

结晶器内钢液流动状态与铸坯质量密切相关，不仅对钢中夹杂物的分离去除、防止保护渣卷入有较大影响，而且对凝固初期坯壳的均匀形成、防止注流严重冲刷局部凝固壳造成拉漏或产生铸坯表面裂纹也有较大影响。特别是在 M-MES 条件下，钢液的流动特性与常规连铸方式差异较大，掌握电磁搅拌条件下钢液的流动特性，并控制结晶器内的钢液流动行为是提高连铸坯质量的关键。在上述电磁场模拟的基础上，本节将介绍结晶器内钢液流场和温度场的计算方法及结果。

6.2.1 基本假设

建立数学模型时做如下假设：

（1）结晶器内的钢液流动为稳态流动，将时变的电磁力用时均值代替；

（2）结晶器内钢液按均相介质处理，将整个铸坯均视为液态；

（3）钢液为不可压缩牛顿流体，其物性参数为常数。

6.2.2 流场和温度场控制方程

（1）质量守恒方程：

$$\frac{\partial(\rho u_i)}{\partial x_i} = 0 \tag{6.19}$$

式中，ρ 为密度，kg/m^3；$u_i(i=1,2,3)$ 为不同坐标方向下的速度，m/s。

（2）动量守恒方程：

$$\frac{\partial(\rho u_j u_i)}{\partial x_j} = -\frac{\partial p}{\partial x_i} + \frac{\partial}{\partial x_j}\left[(\mu_l + \mu_t)\left(\frac{\partial u_i}{\partial x_j} + \frac{\partial u_j}{\partial x_i}\right)\right] + \boldsymbol{F}_{m,i} \tag{6.20}$$

式中，p 为压力，Pa；μ_t 为湍流黏度系数，Pa·s，由采用低雷诺数 $k-\varepsilon$ 双方程湍流模型确定；$\boldsymbol{F}_{m,i}$为电磁力分量，由式（6.8）确定，N/m^3。

（3）能量守恒方程：

$$\frac{\partial(\rho u_j T)}{\partial x_j} = \frac{\partial}{\partial x_j}\left[\left(\frac{\mu}{Pr} + \frac{\mu_t}{\sigma_T}\right)\frac{\partial T}{\partial x_j}\right] \tag{6.21}$$

式中，T 为热力学温度，K；Pr 为普朗特数，$Pr = \mu c_p/\lambda$；c_p 为钢液比热容，$J/(kg \cdot K)$；λ 为钢液热导率，$W/(m \cdot K)$，$\sigma_T = 1.0$。

（4）湍流模型采用低雷诺数 $k-\varepsilon$ 模型[4]，表达如下：

湍动能（k）方程：

$$\frac{\partial(\rho u_j k)}{\partial x_j} = \frac{\partial}{\partial x_j}\left[\left(\mu + \frac{\mu_t}{\sigma_k}\right)\frac{\partial k}{\partial x_j}\right] + G - \rho\varepsilon - D_k \tag{6.22}$$

其中:

$$G = \mu_t \left(\frac{\partial u_i}{\partial x_j} + \frac{\partial u_j}{\partial x_i} \right) \frac{\partial u_i}{\partial x_j}, \qquad D_k = 2\mu \left(\frac{\partial \sqrt{k}}{\partial x_i} \right)^2$$

湍动能耗散率(ε)方程:

$$\frac{\partial(\rho u_j \varepsilon)}{\partial x_j} = \frac{\partial}{\partial x_j}\left[\left(\mu + \frac{\mu_t}{\sigma_\varepsilon} \right) \frac{\partial \varepsilon}{\partial x_j} \right] + f_1 C_1 G \frac{\varepsilon}{k} - f_2 C_2 \rho \frac{\varepsilon^2}{k} + E_\varepsilon \tag{6.23}$$

其中:

$$E_\varepsilon = 2 \frac{\mu_t \mu}{\rho} \left(\frac{\partial^2 u_i}{\partial x_j \partial x_k} \right)^2, \quad f_1 = 1.0, \quad f_2 = 1 - 0.3\exp(-Re_t^2), \quad Re_t = \frac{\rho k^2}{\mu \varepsilon}$$

湍流黏度定义为:

$$\mu_t = \rho C_\mu f_\mu \frac{k^2}{\varepsilon} \tag{6.24}$$

其中:

$$f_\mu = \exp[-3.4/(1 + Re_t/50)^2] \tag{6.25}$$

6.2.3 边界条件

(1)水口入口。入口位置设在直水口顶端入口处,其入口速度根据拉速由质量守恒定律确定:

$$u_x = u_z = 0 \tag{6.26}$$

$$u_y = v_{inlet} = v_c S_{out}/S_{inlet} \tag{6.27}$$

$$k_{inlet} = 1.5(v_{inlet} T_i)^2 \tag{6.28}$$

$$\varepsilon_{inlet} = c_\mu^{0.75} k_{inlet}^{1.5}/l \tag{6.29}$$

$$l = 0.07 d_{dia} \tag{6.30}$$

式中,u_x、u_y 和 u_z 分别为 x、y 和 z 方向的速度矢量,m/s;v_{inlet} 为水口入口速度,m/s;v_c 为拉速,m/s;S_{out} 为结晶器出口截面积,m^2;S_{inlet} 为水口入口截面积,m^2;k_{inlet} 为水口入口湍动能,m^2/s^2;ε_{inlet} 为水口入口湍动能耗散率,m^2/s^3;T_i 为湍流强度,取5%;l 为湍流长度尺寸,m;d_{dia} 为水口入口水力直径,m。

水口入口温度设置为浇铸温度。

(2)结晶器液面。结晶器液面设为自由液面,所有变量的法向梯度为零,法向速度为零;自由液面处设为绝热边界条件。

(3)结晶器和水口壁面。结晶器和水口壁面采用无滑移边界条件,近壁处采用标准壁面函数处理;水口壁面设为绝热边界条件,结晶器壁面处温度设置为钢液液相线温度。

(4)结晶器出口。设结晶器出口处流动充分发展,各物理量沿该截面的法向导数为零。

6.2.4 流场和温度场模型的求解

6.2.4.1 控制方程的离散化

上述的各控制方程可以写成如下形式的通用微分方程[4]：

$$\mathrm{div}(\rho\phi\boldsymbol{u}) = \mathrm{div}(\Gamma \cdot \mathrm{grad}\phi) + S_{\phi} \tag{6.31}$$

式中，ϕ 为通用变量；Γ 为扩散系数；S_{ϕ} 为源项。

式（6.31）的偏微分方程，需要通过数值方法（即离散化）把计算域内有限数量位置（即网格节点上）上的因变量值当作基本未知量来处理，建立一组关于这些未知量的代数方程，然后通过求解代数方程组来得到这些节点值，而计算域内其他位置上的值则根据节点位置上的值来确定。离散化的目的就是将控制方程在网格上离散，将偏微分格式的控制方程转化为各个节点上的代数方程组，进而求解代数方程组，得到离散点上的数值解，用以表示和代替连续解。目前主要应用的离散方法有：有限差分法、有限体积法、有限元法和边界元法等。目前有限体积法和有限元法应用比较广泛。

有限体积法（Finite Volume Method，FVM）的基本思想是：将计算区域划分为网格，并使每个网格点周围有一个互不重复的控制体积；将待解微分方程（控制方程）对每个控制体积积分，从而得出一组离散方程。其中的未知数是网格节点上的因变量。为了求出控制体积的积分，必须假定因变量的值在网格节点之间的变化规律。从积分区域的选取方法看，有限体积法属于加权余量法中的子域法，从未知解的近似方法看来，有限体积法属于采用局部近似的离散方法。简言之，子域法加离散，就是有限体积法的基本方法。离散方程的物理意义就是因变量在有限大小的控制容积中的守恒原理，如同微分方程表示因变量在无限小的控制体积中的守恒原理一样。有限体积法得出的离散方程，要求因变量的积分守恒对任意一组控制体积都得到满足，对整个计算区域自然也得到满足。这是有限体积法的优点。有一些离散方法，如有限差分法，仅当网格极其细密时，离散方程才满足积分守恒；而有限体积法即使在粗网格情况下，也显示出准确的积分守恒[5]。

使用有限体积法建立离散方程时，需要用到一定的离散格式。目前使用较广泛的离散格式主要有一阶迎风格式、中心差分格式、混合格式、指数格式、QUICK 格式及二阶迎风格式等。对模型控制方程离散后得到的三维离散化方程的通用形式[4,5]：

$$a_{\mathrm{P}}\phi_{\mathrm{P}} = a_{\mathrm{W}}\phi_{\mathrm{W}} + a_{\mathrm{E}}\phi_{\mathrm{E}} + a_{\mathrm{S}}\phi_{\mathrm{S}} + a_{\mathrm{N}}\phi_{\mathrm{N}} + a_{\mathrm{B}}\phi_{\mathrm{B}} + a_{\mathrm{T}}\phi_{\mathrm{T}} + b \tag{6.32}$$

6.2.4.2 求解方法

目前工程上应用最为广泛的流场计算方法就是压力修正法，其实质是迭代法。在每一时间步长的运算中，先给出压力场的初始猜测值，据此求出猜测的速度场。再求解根据连续性方程导出的压力修正方程，对猜测的压力场和速度场进行修正。如此往复，可以得出压力场和速度场的收敛解。

压力修正法有多种实现方式，其中，压力耦合方程组的半隐式方法（SIMPLE 算法）应用最为广泛，也是各种商业 CFD 软件普遍采纳的算法。SIMPLE 算法自问世以来，在被广泛应用的同时，也以不同方式得到不断的改善和发展，其中最著名的改进算法包括 SIMPLEC、SIMPLER 和 PISO 算法。

PISO 算法（Pressure Implicit with Splitting of Operators），意为压力隐式算子分割算法。此算法是 Issa 于 1986 年提出[5]，起初是针对非稳态可压流动的无迭代计算所建立的一种压力速度计算程序，后来在稳态问题的迭代计算中也较广泛地使用了该算法。PISO 算法与 SIMPLE、SIMPLEC 算法的不同之处在于：SIMPLE 和 SIMPLEC 算法是两步算法，即一步预测和一步修正；而 PISO 算法增加了一个修正步，包含一个预测步和两个修正步，在完成了第一步修正得到速度和压力场后寻求二次改进值，目的是使它们更好地同时满足动量方程和连续方程。PISO 算法由于使用了“预测—修正—再修正”三步，从而可加快单个迭代步中的收敛速度。

采用 Fortran 语言编程或 FLUENT 软件对所有控制方程进行离散和求解及边界条件的处理。计算过程中采用 SIMPLEC 和 PISO 算法。具体的计算求解过程如图 6.5 所示（流场和温度场计算以使用 FLUENT 软件为例），计算过程分三步完成。首先，由 ANSYS 采用磁矢量势方法求解结晶器电磁搅拌条件下的电磁场分布，导出结晶器内钢液区域的时均电磁力数据文件；其次，由于在 ANSYS 和 FLUENT 计算中结晶器模型的网格划分不一致，所以通过 FLUENT 提供的“用户定义功能（Used - Defined Function）”，结合自编 C 程序将时均电磁力线性插值加载到 FLUENT 计算用的结晶器模型中，以便在下一步计算中载入电磁力动量源项；最后，通过 FLUENT 进行多场耦合求解，通过其自身的“用户定义功能”将电磁力源项程序载入，在动量方程中加入电磁力源项。

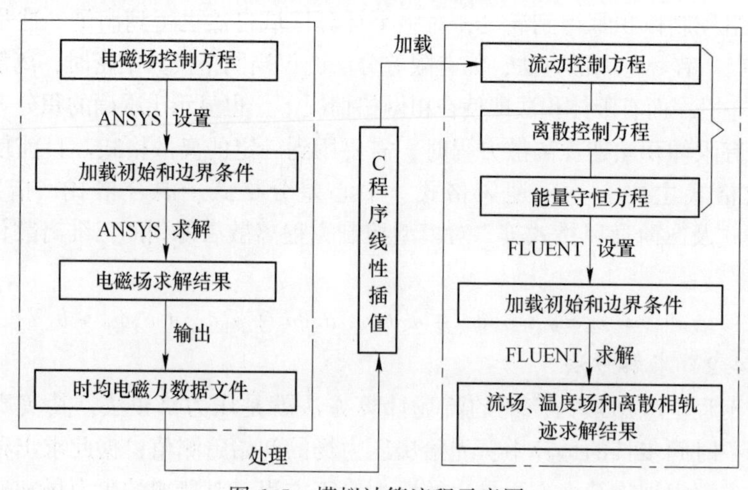

图 6.5 模拟计算流程示意图

6.2.5　数值计算参数

数值模拟计算中所有几何参数和工艺及物性参数均由现场提供，对于方坯连铸而言，水口结构如图 6.6 所示，浸入深度为 100mm。计算中钢液密度为 $7100kg/m^3$，黏度 0.0055Pa·s，液相线温度 1490℃，浇铸温度 1520℃；对于圆坯连铸而言，模拟过程所需的具体参数如表 6.3 所示。

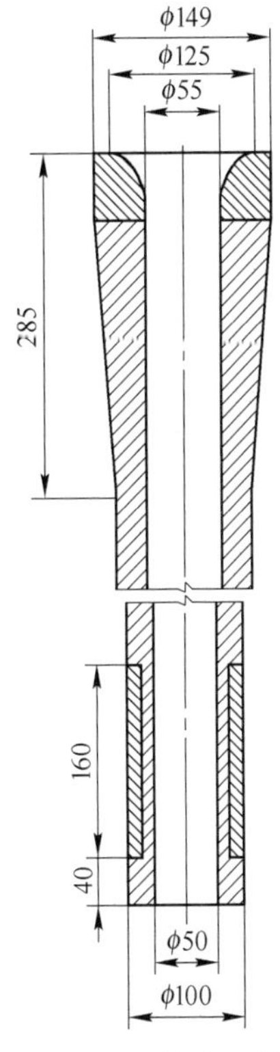

图 6.6　方坯连铸水口结构图

表 6.3　圆坯连铸模拟计算使用的工艺及物性参数

参　数	数　值
水口内/外径/mm	32/75
水口浸入深度/mm	100
拉速/$m \cdot min^{-1}$	3.0
钢液密度/$kg \cdot m^{-3}$	7100
钢液黏度/Pa·s	5.5×10^{-3}
钢液热导率/$W \cdot (m \cdot K)^{-1}$	34
钢液比热容/$J \cdot (kg \cdot K)^{-1}$	680
钢液浇铸温度/K	1773
钢液液相线温度/K	1739

6.3　结晶器电磁搅拌过程数值模拟结果及其分析

6.3.1　电磁场分布规律

图 6.7 是大方坯连铸结晶器电磁搅拌器内磁力线分布随时间变化的情况。由图可见，每隔 1/6 周期，三相电流所产生的合成磁场方向就逆时针旋转 60°。在 1/2 周期后，三相电流的相位从 0°变化到 180°，而合成磁场的方向也在空间上旋转了 180°。一个周期后，三相电流相位变为 360°，而此时磁场方向却回到了初始位置。旋转磁场的周期与搅拌电流的周期一致。

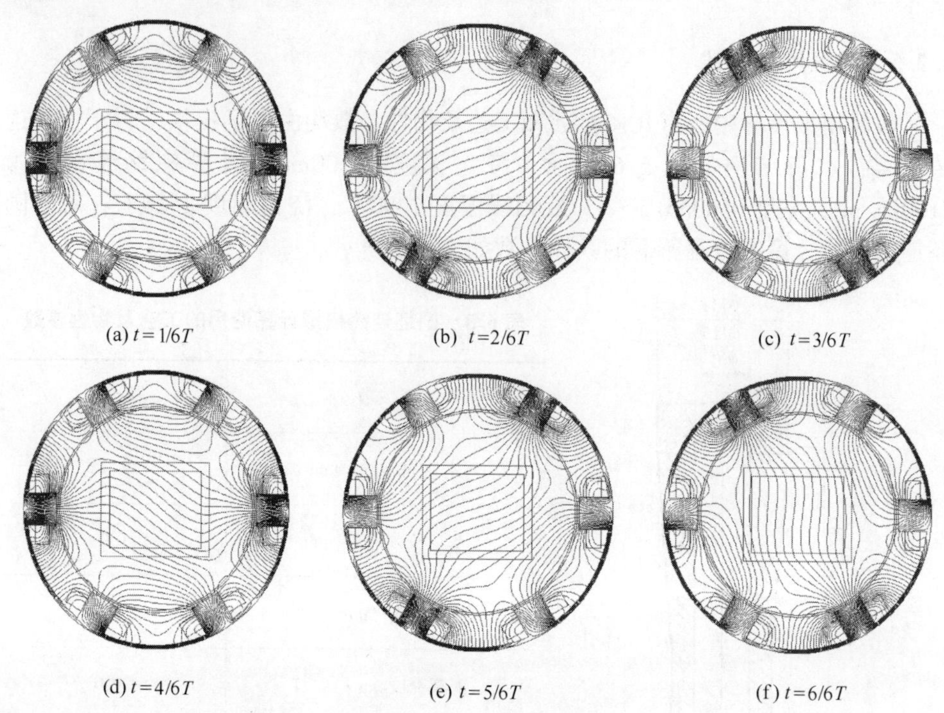

(a) $t=1/6T$　(b) $t=2/6T$　(c) $t=3/6T$

(d) $t=4/6T$　(e) $t=5/6T$　(f) $t=6/6T$

图 6.7 结晶器搅拌器内磁力线随时间变化情况

图 6.8 为铸坯横截面内电磁力随时间变化关系。可以看出，在各时刻，电磁力对铸坯形成一个力矩，正是这不断旋转的力矩驱动钢液旋转流动。可以看出电

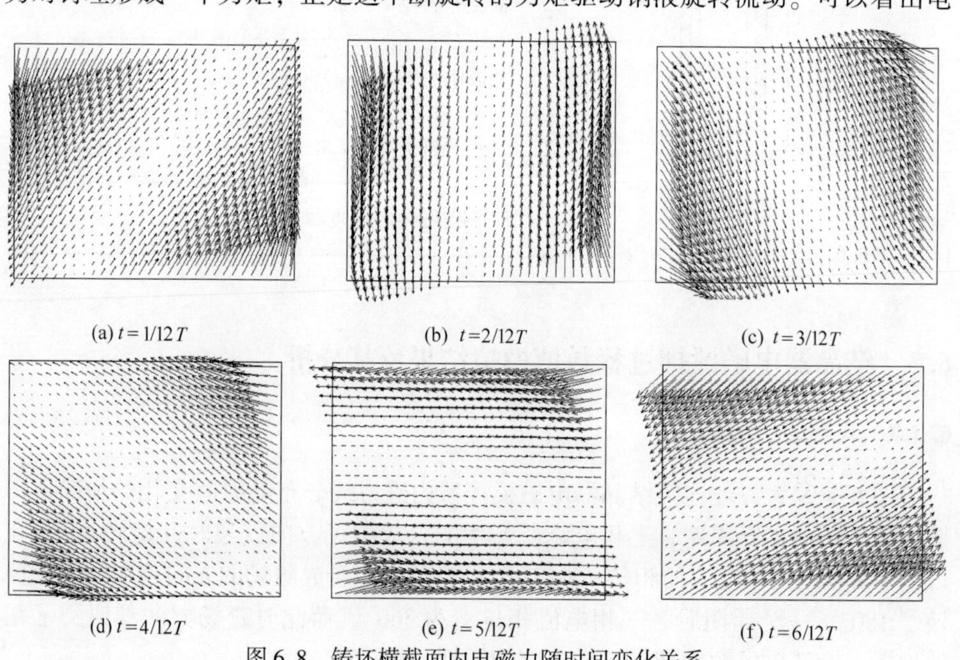

(a) $t=1/12T$　(b) $t=2/12T$　(c) $t=3/12T$

(d) $t=4/12T$　(e) $t=5/12T$　(f) $t=6/12T$

图 6.8 铸坯横截面内电磁力随时间变化关系

磁力的变化周期为磁场周期的二分之一，即其变化频率为搅拌频率的二倍。

从二维磁场随时间变化规律可以看出，不同时刻的磁场分布形式完全相似，只是磁场的相位发生了变化，故采用三维谐性分析更为合理。

图6.9(a) 为400A、2.4Hz时，铸坯中的磁感应强度分布。可以看出，磁场在铸坯轴向方向上的分布并不均匀，电磁搅拌器中心部分最大，向两边逐渐减小，即有“中间大，两头小”的规律，这一规律在图6.9(b) 中表现得更为明确。

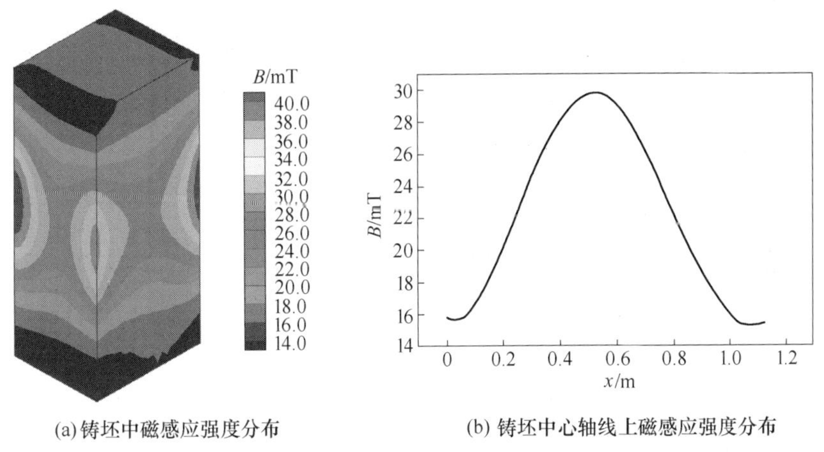

(a) 铸坯中磁感应强度分布　　(b) 铸坯中心轴线上磁感应强度分布

图6.9　铸坯中磁感应强度分布图

图6.10(a) 为铸坯横截面内磁感应强度分布。可以看出，磁感应强度在中心部分最低，越靠近铸坯边缘越大，但最大值和最小值差别不大，磁场的分布基

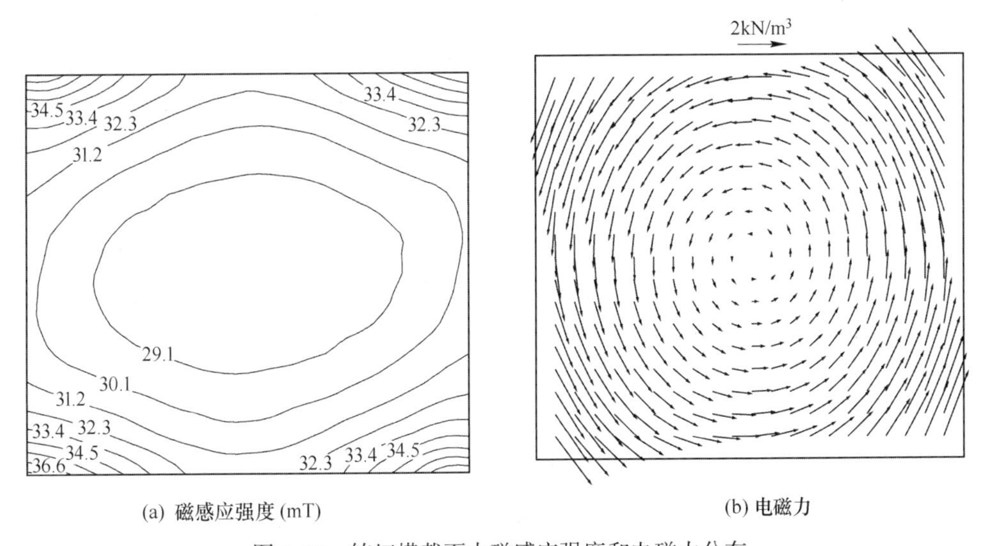

(a) 磁感应强度 (mT)　　(b) 电磁力

图6.10　铸坯横截面内磁感应强度和电磁力分布

本上是均匀的。图6.10(b) 为搅拌器中心横截面内电磁力分布。可以看到，整个水平面内钢液均受到电磁力，电磁力总体上呈周向分布，作用方向与磁场的旋转方向一致。在同一截面内，相同径向距离处的电磁力大小相等，即电磁力在横截面周向上分布均匀。电磁力的总体的效果是产生一个旋转力矩，这正是结晶器内钢液绕中心做水平旋转流动的成因。电磁力在铸坯边缘最大，向中心不断衰减。

6.3.2 电磁搅拌参数对电磁场的影响

图6.11为不同搅拌电流下铸坯中心轴线上磁感应强度分布。可以看出，随着搅拌电流的增大，磁感应强度相应增大。随电流强度由200A增至400A，搅拌器中心对应的最大磁感应强度随之增加近一倍。

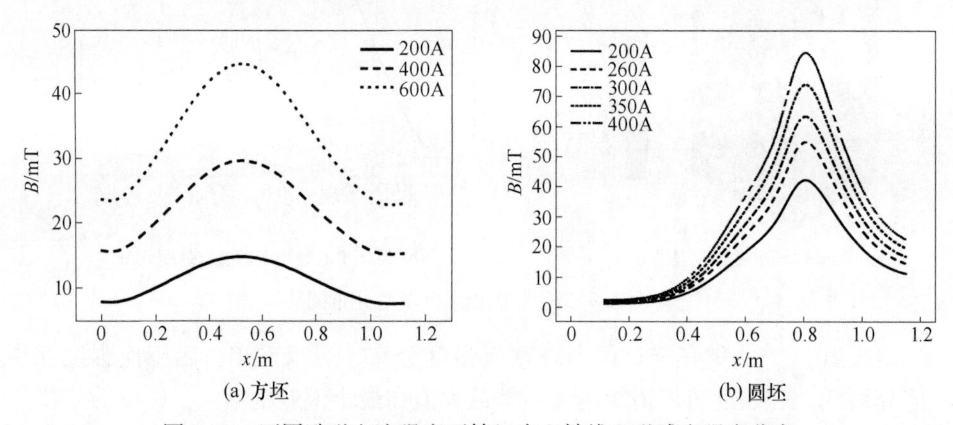

(a) 方坯　　(b) 圆坯

图6.11 不同励磁电流强度下铸坯中心轴线上磁感应强度分布

图6.12为不同搅拌电流下铸坯横截面内电磁力的分布。由图可见，电磁力随搅拌电流的增大而增大，这是由于搅拌电流越大，磁感应强度越高，产生的感应电流就越强，导致电磁力也越大。

图6.13为不同频率下铸坯中心轴线上磁感应强度分布。可以看出，磁感应强度随搅拌频率的增大而变小。由图6.13(b) 可见，随励磁电流频率由3Hz增加到8Hz，磁感应强度随之递减，搅拌器中心对应的最大磁感应强度由72mT减至31mT。可见，随电流频率每增加1Hz，最大磁感应强度相应随之减小约8mT。

图6.14(a) 为圆坯铸坯边部切向电磁力随励磁电流频率的变化关系。随着频率的增加，电磁力先迅速增大后缓慢减小，在频率为9Hz时达到最大值，此为最佳励磁电流频率值。这是因为当电流频率较低时，铸坯内产生的感应电流也较小，不利于钢液内部电磁力的提高；当电流频率大于9Hz时，由于结晶器铜板具

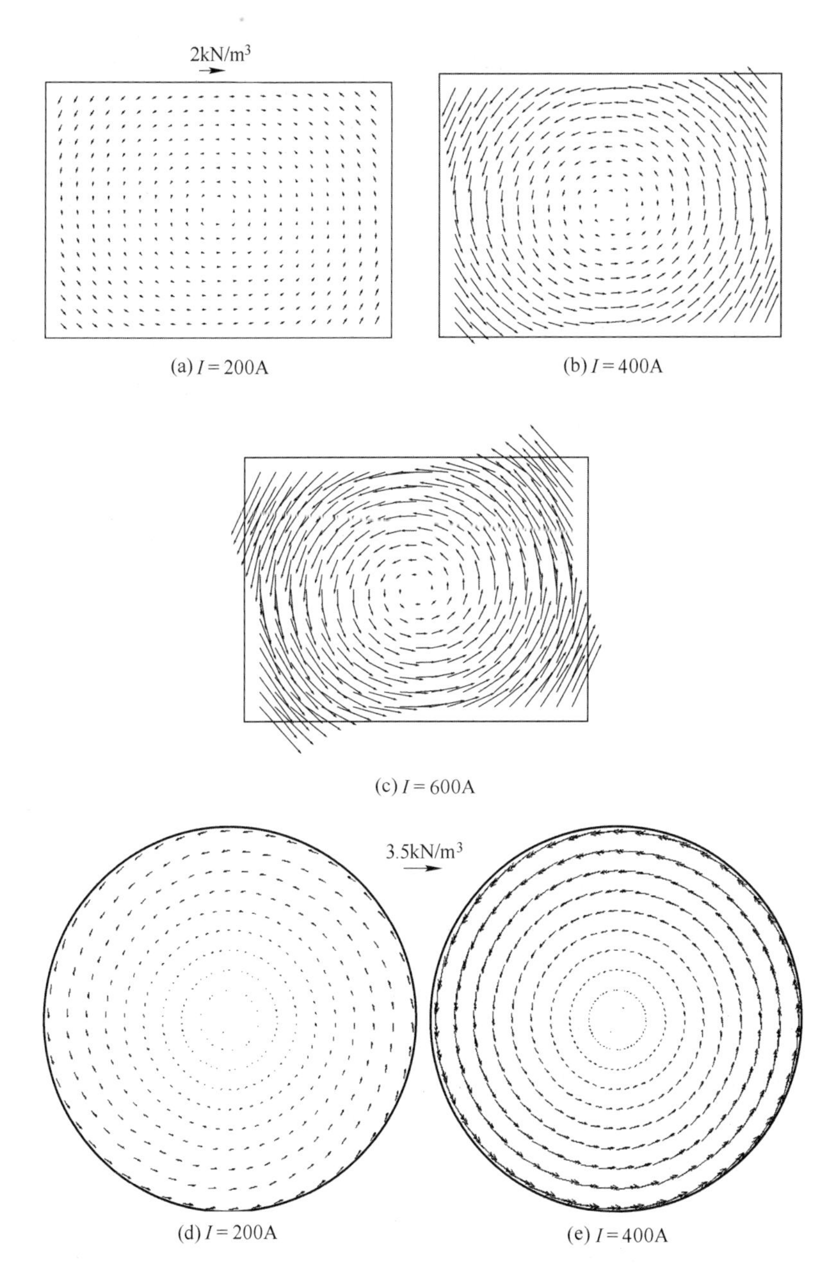

图 6.12 不同励磁电流强度时搅拌器中心横截面内电磁力分布

(a)~(c) 方坯$f=2.4$Hz；(d)，(e) 圆坯$f=4$Hz

有良好的导电性，磁场在穿透铜板时磁耗较大，这样最终进入钢液内部的磁感应强度变小，从而导致电磁力降低。图 6.14(b) 为方坯铸坯边部切向电磁力随励磁电流频率的变化关系，同样可以发现类似的规律。

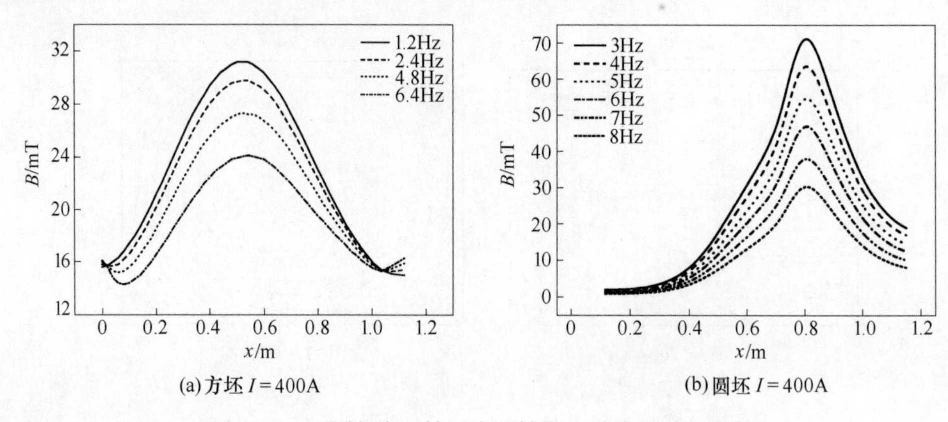

(a) 方坯 $I=400\mathrm{A}$ (b) 圆坯 $I=400\mathrm{A}$

图 6.13 不同频率下铸坯中心轴线上磁感应强度分布

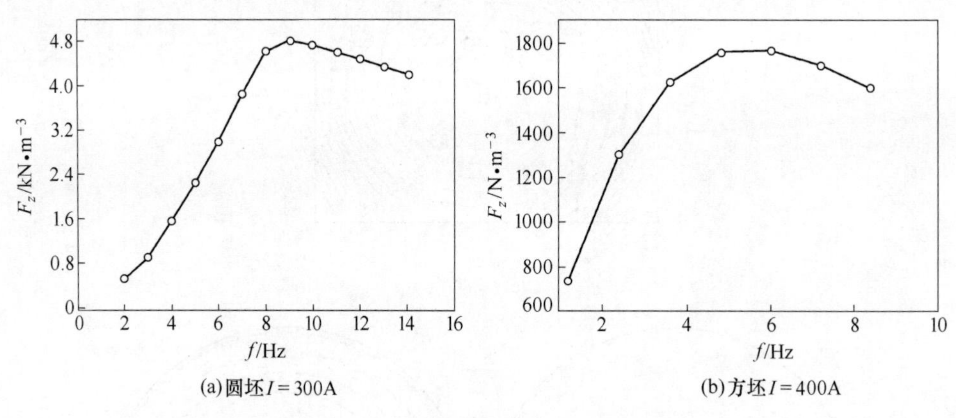

(a) 圆坯 $I=300\mathrm{A}$ (b) 方坯 $I=400\mathrm{A}$

图 6.14 铸坯中心横截面边部切向电磁力与电流频率的关系

6.3.3 结晶器内流场和温度场

图 6.15 为常规连铸条件下，无电磁搅拌时，方铸横截面上的流场分布图。可以看出，无电磁搅拌时，水平面上的速度很小，最大仅为 0.008m/s。图 6.16 为结晶器电磁搅拌下（$I=400\mathrm{A}$，$f=2.4\mathrm{Hz}$），铸坯顶表面（图 6.16(a)）、搅拌器中心横截面（图 6.16(b)）以及结晶器下口处横截面（图 6.16(c)）上的速度分布图。可以看出：水平面上流动呈旋涡状，顶表面上旋涡已基本形成，但尚未充分发展，此时边缘部分的切向速度达到 0.07m/s，而在结晶器中部旋涡已充分发展（见图 6.16(b)），最大切向速度达到了 0.28m/s，正是这一切向速度能有效地折断枝晶形成晶核，从而有利于等轴晶生长，同时清刷凝固面前沿，使坯壳生长均匀，减少表面与皮下裂纹和漏钢事故。图 6.16(c) 表明在结晶器下口处仍有较强的搅拌强度，最大切向速度为 0.19m/s。

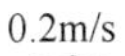

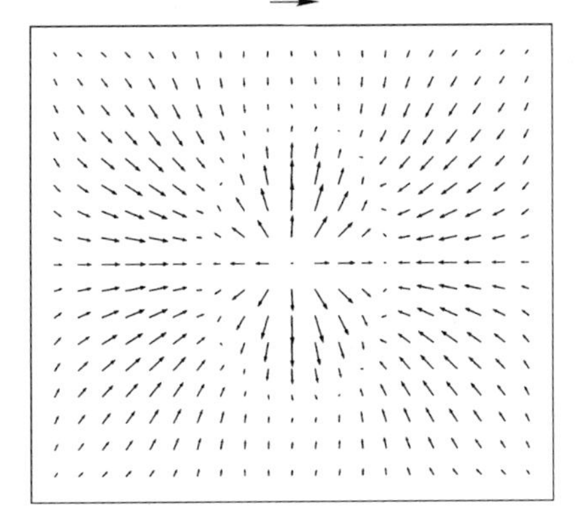

图 6.15 常规连铸下无电磁搅拌结晶器表面的流场分布图

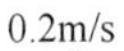

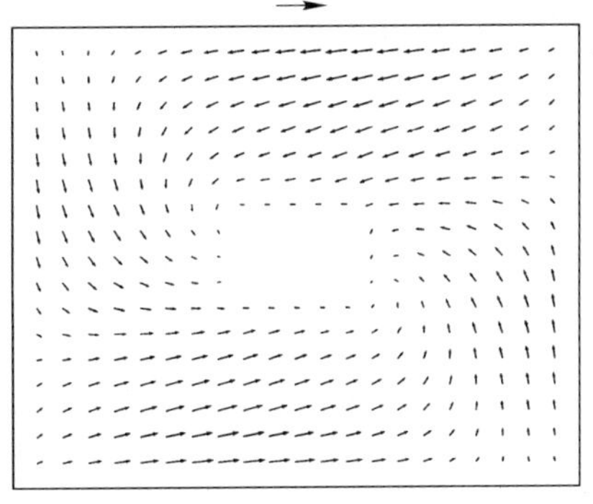

(a) $x=0.0$m

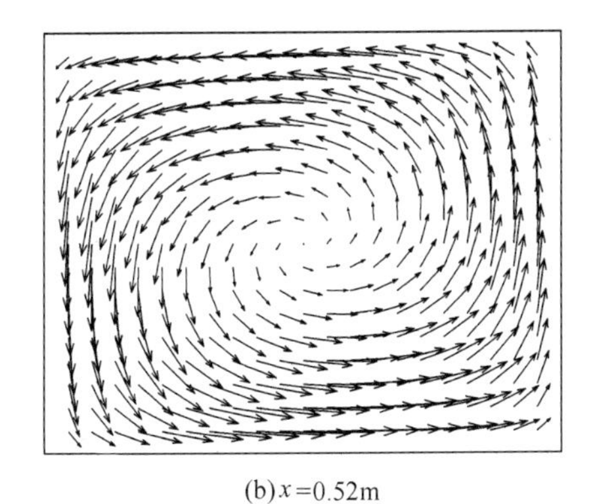

(b) $x=0.52$m

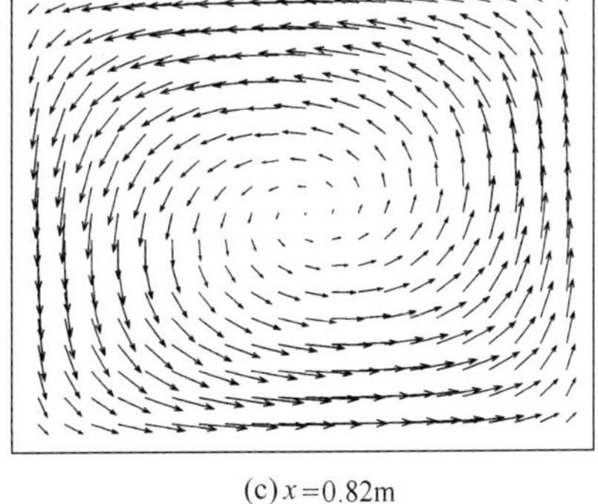

(c) $x=0.82$m

图 6.16 M－EMS 条件下铸坯横截面流场分布图（$I=400$A，$f=2.4$Hz）

图 6.17 为铸坯边缘切向速度沿 x 轴方向（即拉坯方向）的分布。可以看出，切向速度的分布与电磁力的分布相对应，在搅拌器中心处最大，而在结晶器下口

处出现一小平台，使得电磁搅拌的作用范围向下得到更大的延伸。切向速度虽然在搅拌器中心处高达 0.28m/s，但在顶表面仅为 0.032m/s，既保证了液面的稳定，同时又有利于提高弯月面附近温度，促进保护渣的熔融与流动。

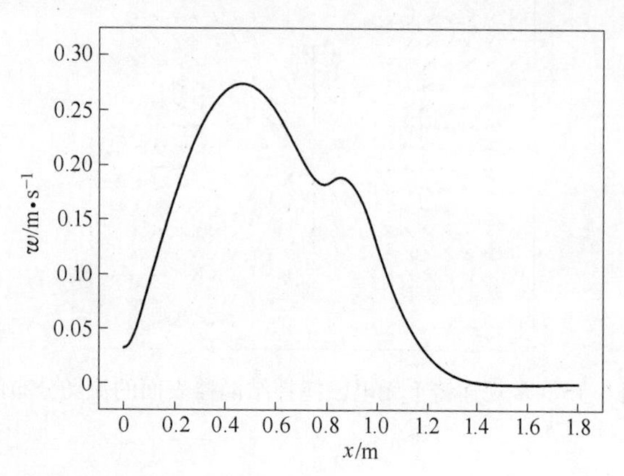

图 6.17 结晶器内钢液的切向速度沿轴向方向的分布（$I=400\text{A}$，$f=2.4\text{Hz}$）

图 6.18(a) 为未加电磁搅拌时，铸坯中心纵截面的流场分布图。可以看出，钢液从浸入式水口流出，向下流入液相穴深处，然后沿凝固面一侧向上回流，由于流体的连续性，从而形成单一的环流。结晶器电磁搅拌下的流动状态如图 6.18(b) 所示。由于旋转磁场的作用，钢液在水平面上绕中心轴线做近似圆周运动，另一方面，旋转钢液形成的离心力使搅拌器中心的钢液向铸坯边缘运动，到达凝固前沿后，再向上、向下运动，最终又会回到搅拌器中心，形成一个奇特的二次流模式。从图 6.18(a) 和图 6.18(b) 的比较可以看出，电磁搅拌施加前后，纵截面上流动情况发生明显变化，由未加电磁搅拌时的两个旋涡，变为上下两对旋涡，且对应的上下旋涡旋转方向相反。

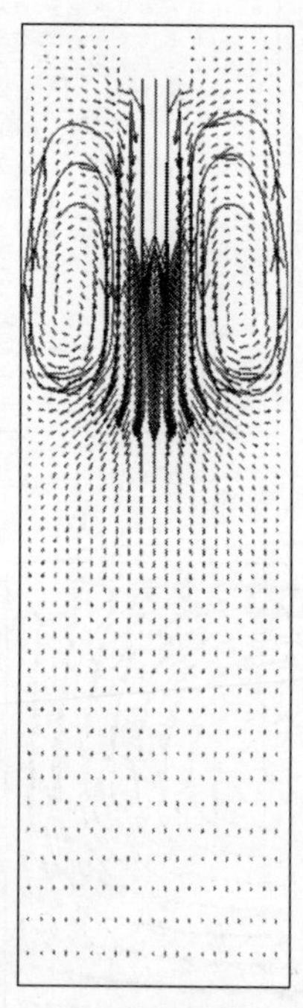

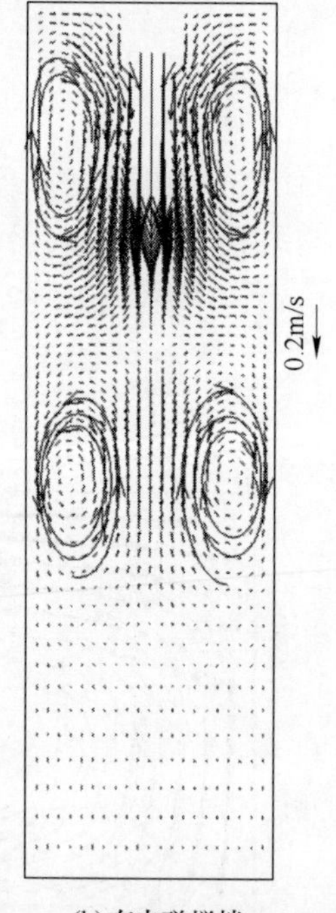

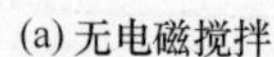
(a) 无电磁搅拌

(b) 有电磁搅拌

图 6.18 铸坯纵截面内流场分布

图 6.19 为大方坯中心、边缘和角部的轴向速度沿轴向的分布图。可以看出，由于水口流速的原因，铸坯中心的速度一开始很大，随着位置下移，速度不断减小，至搅拌器中心以下 180mm（$x=0.7\text{m}$），速度减为 0，随后速度为负，变为向

上流动。向上回流的钢液与浸入式水口向下流出的钢液流股发生了相互作用，一方面流股的浸入深度变浅，另一方面流股变得发散并向四周流动。其结果是轴向温度迅速降低，而径向温度升高，使凝固面前沿的温度梯度增大，有利于传热。而边部和角部的流动情况刚好相反，先向上流动，后向下流动，且速度方向的转变点出现在搅拌器中心附近。在相同高度，角部的速度比边缘的速度更大。

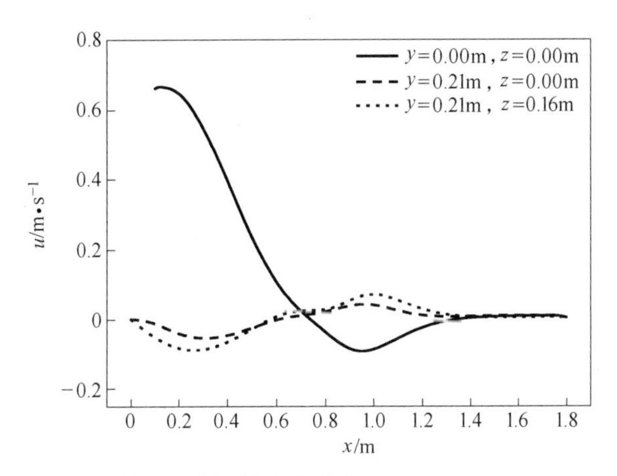

图 6.19 轴向速度沿轴向的分布（$I=400$A，$f=4.0$Hz）

图 6.20 为结晶器电磁搅拌下，铸坯内的三维流线图。结合图 6.16(b) 和 (b)，可以得出M－EMS 条件下，结晶器内钢液流动可分为三个区域：主流区、上环流区和下环流区。

主流区：在 M－EMS 的有效作用范围内，由于切向电磁力的作用，使钢液产生旋转流动，使从浸入式水口流出的钢液改变了流动方向，由垂直向下转变为水平旋转，形成旋转流动的主流区。

上环流区：在 M－EMS 有效作用区上方的钢液受三个力的作用：一是由中心向上的径向电磁力；二是由下向上的电磁力梯度；三是由浸入式水口流出的钢液动压。由于这三者的作用，使主流区上方的钢液形成由中心向下而由凝固面一侧向上的环流。

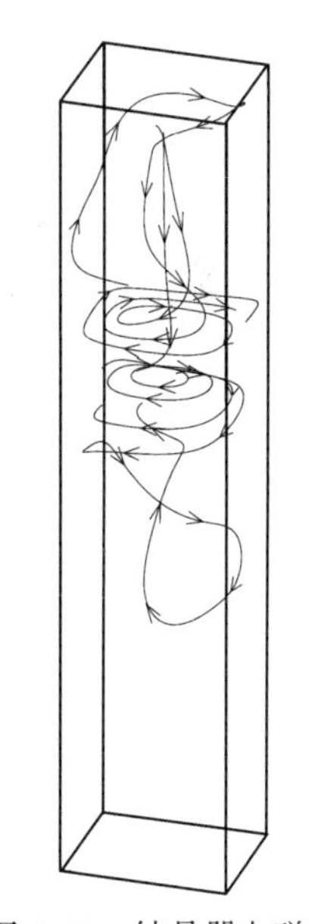

图 6.20 结晶器电磁搅拌下铸坯内三维流线图

下环流区：与上环流区类似。在 M－EMS 有效作用区下方的钢液主要受两个力的作用：一是由中心向外的径向电磁力；二是由上向下的电磁力梯度。由于这两者的作用，使得主流区下方的钢液形成由凝固面一侧向下而由中心向上的环流。由此可见，其环流方向与上环流方向正好相反。

图6.21(a) 为未加电磁搅拌时，铸坯中心纵截面的温度分布图。可以看出，过热的钢液从浸入式水口流出，向下流动，过热度缓慢消失，在铸坯断面上，其心部温度高，而向凝固面一侧急剧下降，其温度分布成驼峰状。

图6.21(b) 为加电磁搅拌时铸坯中心纵截面的温度分布图。M－EMS条件下，由于旋转搅拌导致从浸入式水口流出的钢液的流动方向由垂直向下变为水平旋转，即阻断了从浸入式水口流出的过热钢液，使其浸入深度变浅，从而使轴向温度迅速降低，而径向温度升高，使凝固面前沿的温度梯度增大，有利于传热。总体上说，M－EMS条件下结晶器内钢液温度分布的主要特点如下：

(1) 过热钢液大部分滞留在上环流区，使其凝固速度减缓；

(2) 通过主流区后除凝固面前沿很小区域外钢液过热度很快消失；

(3) 心部温度急剧降低，而凝固面前沿温度升高，有利于传热。

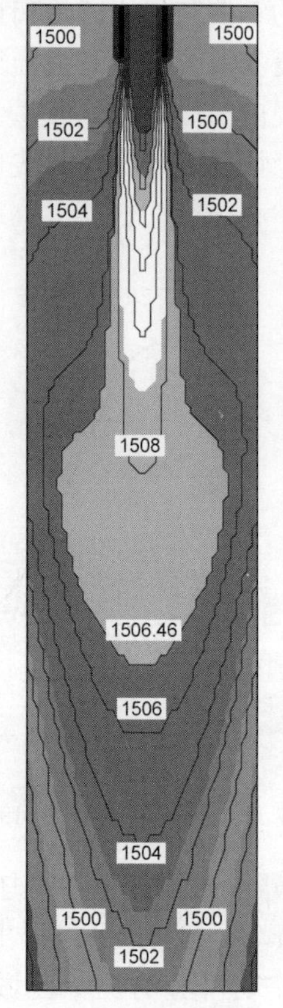

(a) 无电磁搅拌

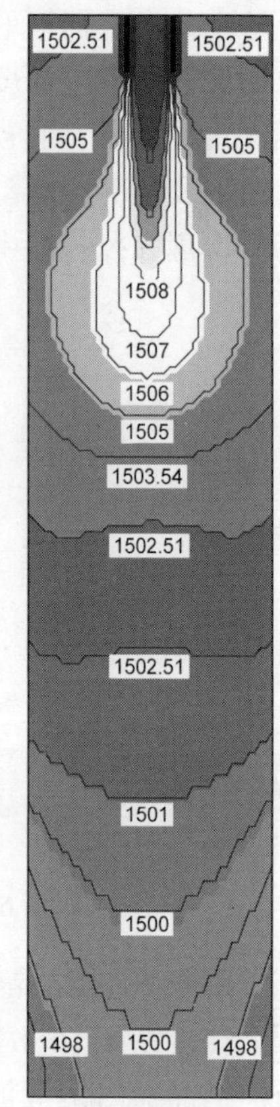

(b) 有电磁搅拌

图6.21 方坯纵截面上温度分布（℃）

6.3.4 电磁搅拌参数对流场和温度场的影响

6.3.4.1 电流强度的影响

图6.22为不同电流强度下圆坯连铸结晶器中心对称面的速度和温度分布。由图6.22(a) 可知，当电流强度较小（200A和260A）时，结晶器下部区域不能形成明显的回流区；当电流达350A时，下部区域的回流已相当明显；回流速度和范围随电流强度增加而增大。由图6.22(b) 可知，随电流强度的增大，结晶器内过热钢液更多的集聚到上部区域，热区位置不断上移，心部温度越来越低，高温区范围随之缩小。

图6.23为不同电流强度下搅拌器中心位置对应的结晶器水平截面内的速度分布。由图同样可见，随励磁电流强度的增加，钢液在结晶器水平截面内的旋转切向速度随之增大，尤其是边部的切向速度增加幅度更为明显。

图6.24为不同电流强度时结晶器内钢液的切向速度（w）沿轴向和径向的

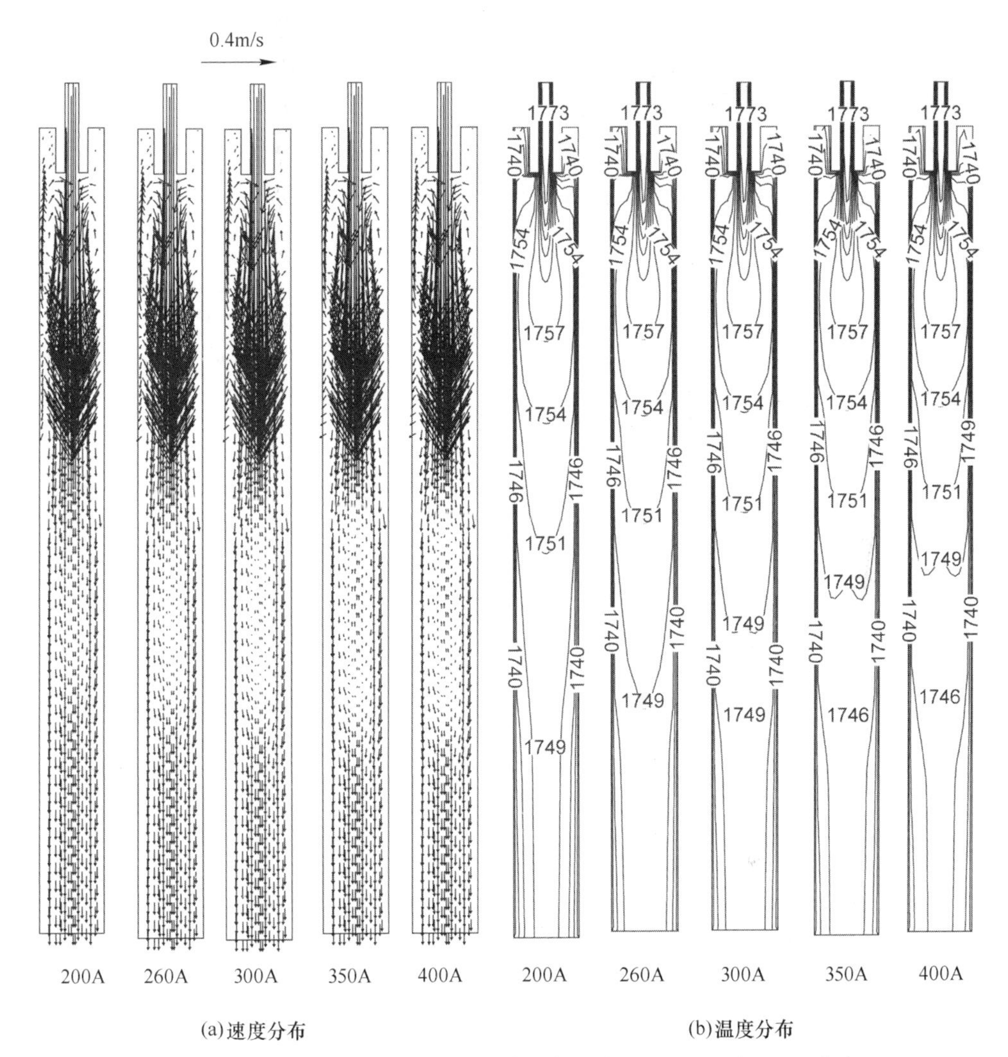

图 6.22 不同励磁电流强度时结晶器中心对称面的速度（a）和温度（b）分布（$f=4$Hz）

分布。切向速度随电流增加而增大，最大值同样出现在搅拌器中心对应的位置，边部最大切向速度由电流 200A 时的 0.1m/s 增至电流 400A 时的 0.18m/s。图 6.25 为不同搅拌电流下方坯连铸结晶器内钢液轴向速度沿轴向的分布，由图可见，搅拌电流越大，从水口流出的钢液流股减速越快，而在下环流区，向上流股的速度也相应较大，随着搅拌电流的增大，轴向速度的方向转折点向上移动，200A 时在 0.94m，而 600A 时在 0.64m，位置上移了 30cm，这也是搅拌强度增加的一种体现。

图 6.26 为不同电流强度时结晶器中心轴线上的温度分布。由图可知，随电流由 200A 增加到 400A，距自由液面 0.5m 范围内的温度没有变化，此为钢液由

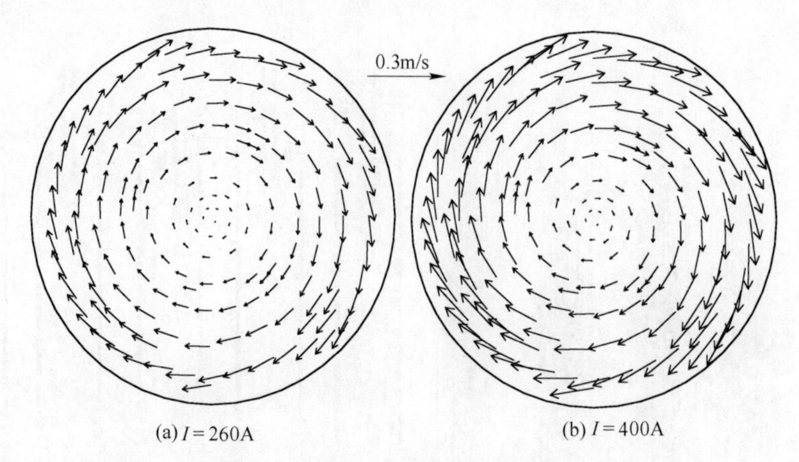

图 6.23 不同励磁电流强度时结晶器水平截面内的速度分布（$y=0.67$m，$f=4$Hz）

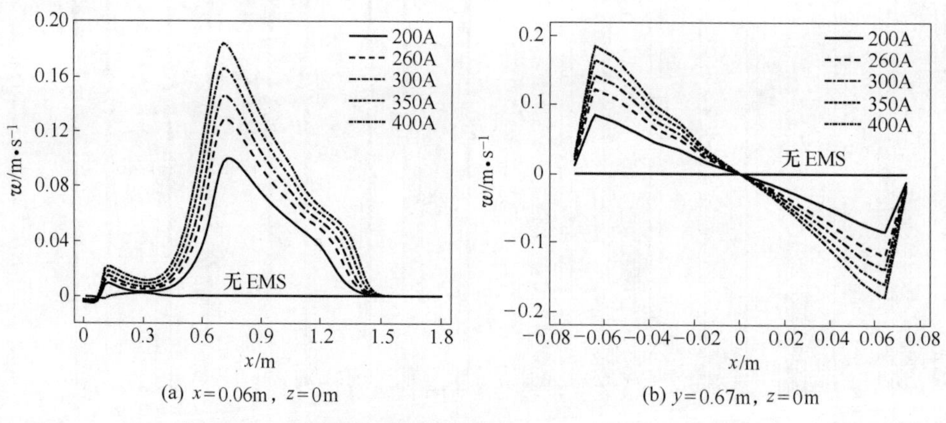

图 6.24 不同励磁电流强度时的切向速度分布（$f=4$Hz）

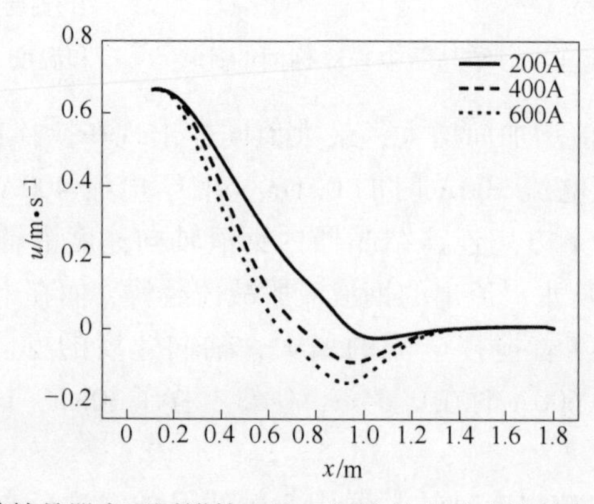

图 6.25 方坯连铸结晶器内不同搅拌电流下钢液轴向速度沿轴向的分布（$f=2.4$Hz）

水口吐出进入结晶器内的主流股区；此后，温度随电流增加均有明显降低，结晶器出口处的心部温度由1749K降低至1746K；相同温度的出现位置随电流增加而不断上移，即热区位置随电流增加而不断上移。图6.27为方坯连铸结晶器不同搅拌电流下铸坯纵截面内温度分布。同样可以看出，随着搅拌电流的增加，上环流区的温度增加明显，热区位置提高，而且搅拌电流越高，心部温度降低得越快，铸坯横截面上的温度分布越平坦。

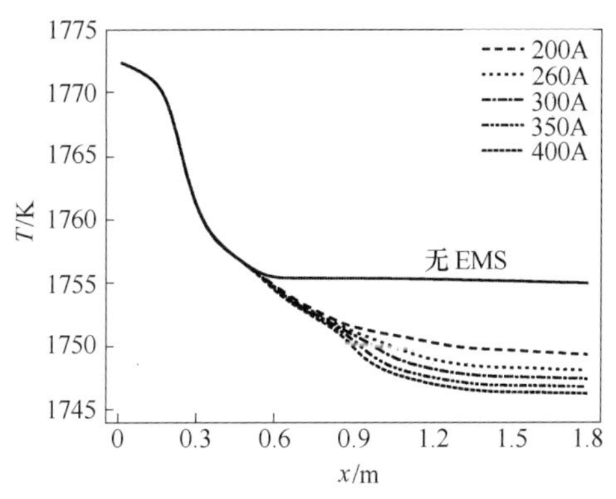

图6.26 不同励磁电流强度时结晶器中心轴线上的温度分布（$f=4$Hz）

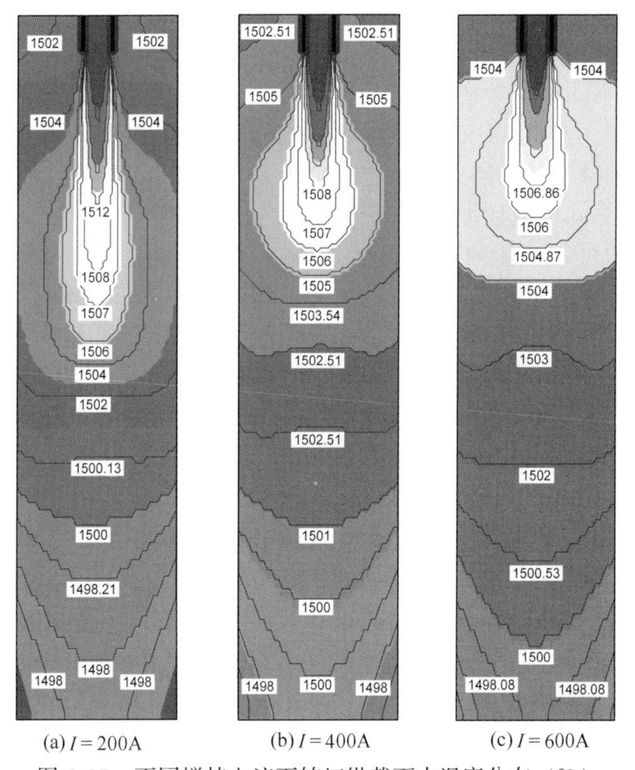

图6.27 不同搅拌电流下铸坯纵截面内温度分布（℃）

由此可见，适当的搅拌强度能折断枝晶，有利于等轴晶生长，同时清刷凝固面前沿，使坯壳生长均匀，减少漏钢事故。但搅拌强度也不能过强，否则会导致弯月面附近钢液的强烈扰动，这种过强的旋转运动使钢液在结晶器壁附近隆起，搅拌强度越强，隆起的高度也越高。这可能影响浇铸过程的稳定和铸坯质量，由此造成的缺陷主要有[6]：

(1) 弯月面上下波动的情况下，由于初生坯壳被卷入铸坯内部造成铸坯皮下翻皮现象。

(2) 即使在弯月面稳定的情况下，由于弯月面沿结晶器壁隆起，形成凹坑，使保护渣铺展不均，且易被卷吸。

(3) 过强的搅拌也可能使铸坯表面产生如重皮、凹坑等缺陷。

(4) 过强的搅拌使熔融的保护渣强烈侵蚀浸入式水口的耐火材料，影响其寿命。

(5) 影响结晶器液面的检测。

6.3.4.2 电流频率的影响

图6.28为不同励磁电流频率下结晶器中心对称面的速度和温度分布。由图6.28(a)可知，当电流频率相对较小（3Hz和4Hz）时，结晶器下部区域同样不能形成明显的回流区；当频率达5Hz时，下部区域已形成明显回流；整体回流速度和范围随频率增加而增大。由图6.28(b)可知，随电流频率的增大，结晶器内过热钢液的热区位置不断上移，钢液过热度和心部温度随之越来越低，心部高温区域范围越来越小。

图6.29为不同电流频率下搅拌器中心位置对应的结晶器水平截面内的速度分布。由图可知，在最佳励磁电流频率变化范围内，随电流频率的增加，结晶器水平截面内的钢液旋转切向速度随之越来越大。

图6.30为不同电流频率时圆坯结晶器内钢液的切向速度（w）沿轴向和径向的分布。由图可知，切向速度随频率增加而增大，边部最大切向速度由频率3Hz时的0.11m/s增至频率8Hz时的0.25m/s。此外，自由液面附近的切向速度随频率的增加没有明显提高，不至于导致因频率提高引起的液面剧烈波动和卷渣的发生。图6.31表示不同频率下方坯连铸结晶器内纵截面内的流场分布，由图可见，当频率为1.2Hz时，由于搅拌强度较弱，铸坯内的二次流形式还不够强烈，从浸入式水口流出的钢液浸入深度较深，随着频率的增大，搅拌强度增大，二次流也逐渐形成并得到强化，钢液浸入深度变浅。

图6.32为不同电流频率时圆坯结晶器中心轴线上的温度分布。由图可知，随频率由3Hz增至8Hz，距自由液面0.5m范围内的温度没有变化；此后，温度随频率增加均有明显降低，结晶器出口处的心部温度由1749K降低至1745K；相同温度的出现位置随频率增加也同样不断上移。图6.33表示不同频率方坯连铸结晶器电磁搅拌下铸坯纵截面内温度分布。可以看出，随着搅拌频率的增加，上环流区的温度增加明显，热区位置提高，搅拌频率越高，心部温度降低越快，铸坯横截面上的温度分布越平坦。

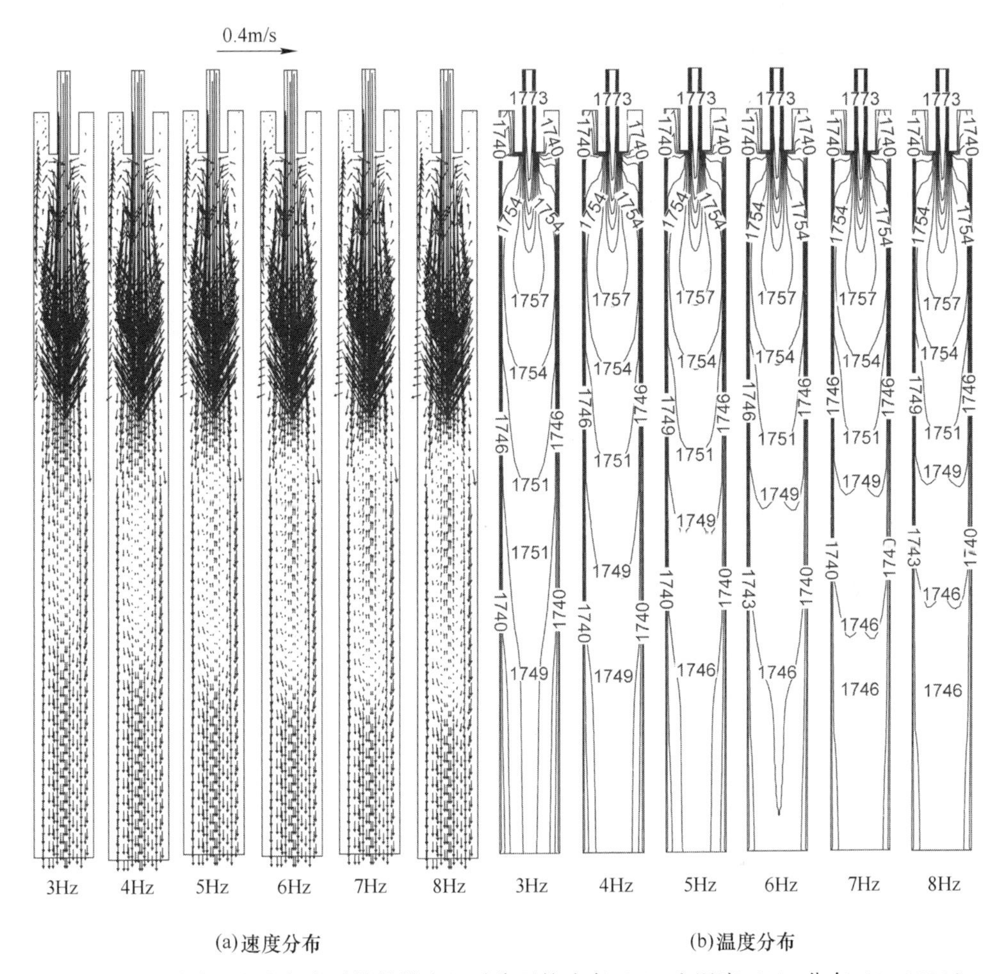

(a)速度分布　　(b)温度分布

图 6.28 不同励磁电流频率时结晶器中心对称面的速度（a）和温度（b）分布（$I=300\mathrm{A}$）

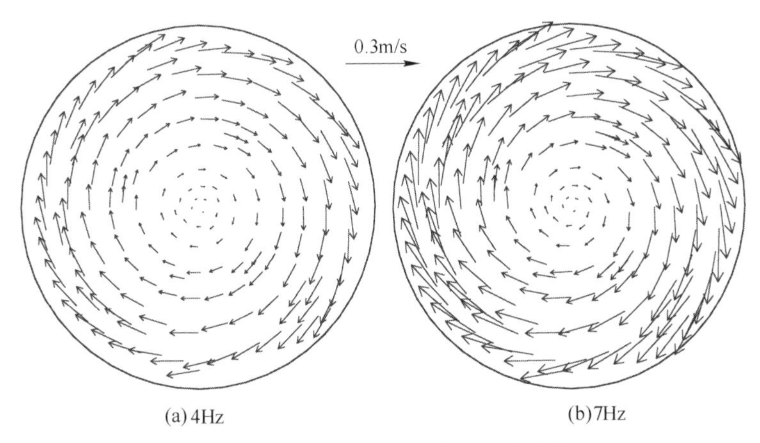

(a) 4Hz　　(b) 7Hz

图 6.29 不同励磁电流频率时结晶器水平截面内的速度分布（$y=0.67\mathrm{m}$，$I=300\mathrm{A}$）

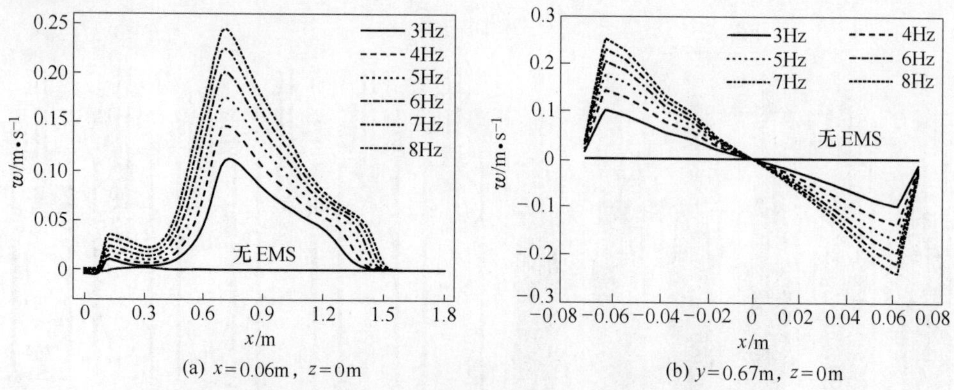

(a) $x = 0.06$m，$z = 0$m (b) $y = 0.67$m，$z = 0$m

图 6.30 不同励磁电流频率时的切向速度分布（$I = 300$A）

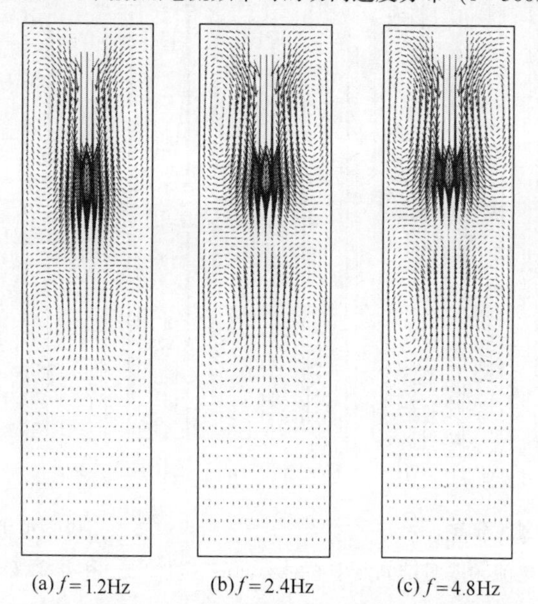

(a) $f = 1.2$Hz (b) $f = 2.4$Hz (c) $f = 4.8$Hz

图 6.31 不同频率下方坯连铸结晶器内纵截面内流场分布（$I = 400$A）

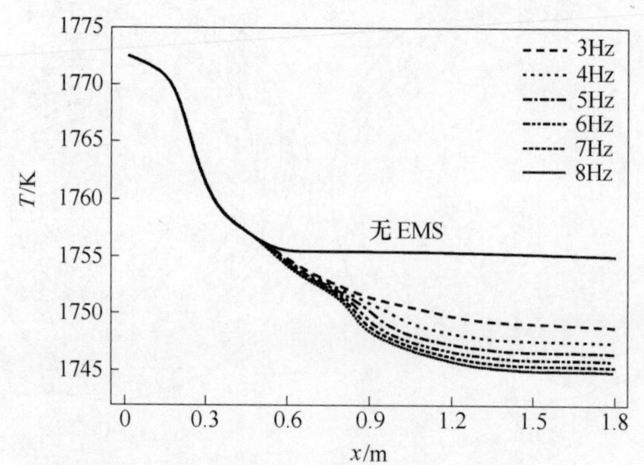

图 6.32 不同励磁电流频率时结晶器中心轴线上的温度分布（$I = 300$A）

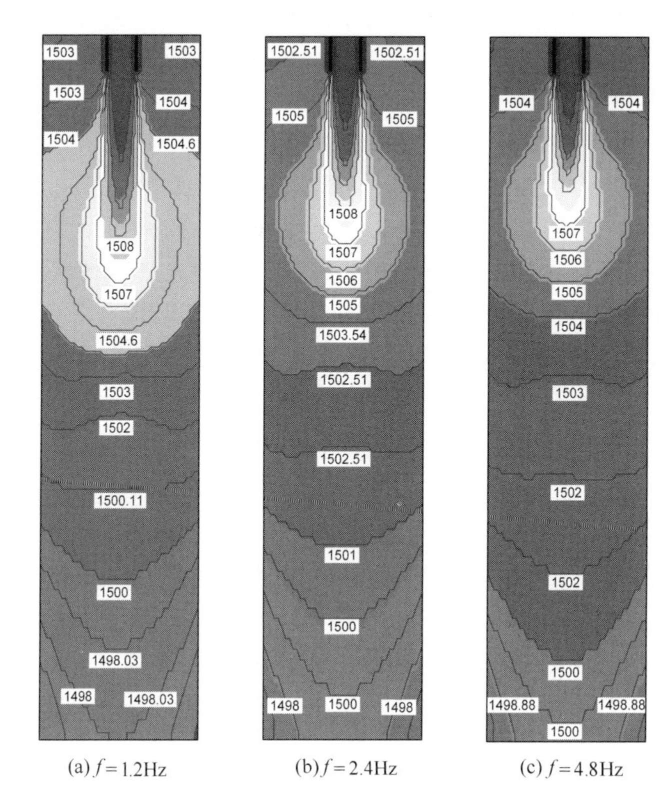

(a) $f=1.2$Hz (b) $f=2.4$Hz (c) $f=4.8$Hz

图 6.33 不同频率下方坯纵截面内温度（℃）分布（$I=400$A）

6.4 结晶器电磁搅拌工艺优化及其效果

为了掌握连铸结晶器电磁搅拌对铸坯质量的影响程度，探究其搅拌作用机理及其冶金效果，在上述连铸结晶器电磁搅拌过程模拟研究的基础上，结合现场实践经验，开展现场结晶器电磁搅拌工艺参数优化研究，通过对现场调整不同电磁参数下的铸坯试样进行低倍组织质量检验，以获取大量的冶金效果数据，经过综合分析以建立不同电磁参数下的冶金效果定量规律。将数值模拟理论分析与现场实践相结合，优化连铸结晶器电磁搅拌参数以改善铸坯质量。

实践表明，为了获得良好的冶金效果，结晶器电磁搅拌须满足以下要求[7]：

（1）有一定的搅拌强度，使结晶器内有效搅拌区的钢液流动速度趋于 0.3 ~ 0.6m/s，以产生足够大的离心力和剪切力。

（2）弯月面稳定并使其附近的钢液有一定的流动速度，有利于提高保护渣吸收气泡和夹杂物的能力，有利于提高润滑作用。

（3）尽可能提高热区的位置，造成热顶效应，使过热度尽快消失。

按照上述要求，结合前面的模拟分析，推荐 450mm × 360mm 大方坯连铸结晶器电磁搅拌参数为：

电流强度　≥400A　　频率　≤4.8Hz

ϕ150mm 圆坯连铸结晶器电磁搅拌参数为：

电流强度　250～400A　　频率　4.0～8.0Hz

实际现场生产中需要优化励磁电流强度和电流频率两个参数，为使问题简化，本着节能降耗这样的目的，在电磁搅拌设备允许的情况下通过适当调低电流强度而增大电流频率的方式展开针对现场电磁搅拌参数的优化试验。对于 360mm × 450mm 大方坯连铸重点对比分析搅拌电流对铸坯内部质量的影响。

6.4.1　方坯电磁搅拌工艺试验与优化

6.4.1.1　等轴晶率

在连铸工艺（v_c = 0.40～0.50m/min，ΔT = 30～40℃）基本相同的条件下，结晶器电磁搅拌工艺对 37Mn2 中碳高锰钢连铸坯等轴晶率的影响如图 6.34 所示。由图可见，搅拌电流由 0A 增至 650A，铸坯中心区等轴晶率由 18.78% 增至 47.97%。增大搅拌强度提高铸坯等轴晶率，是由于增强了钢液循环流动，增加钢液和凝固前沿热交换，改善从铸坯中心至表层的传热，加速了钢液过热的耗散。当钢液过热度较高时，在温度梯度方向以树枝状凝固，一旦过热耗散掉，钢液温度降至液相线和固相线之间时，就会出现一些小等轴晶核，这些小等轴晶核保存在钢液中，随着钢液的进一步冷却而生长，并由于搅拌产生的流动充满铸坯液相穴，最终在铸坯内部以等轴晶凝固。等轴晶区扩大，晶粒结构更细，铸坯中心疏松、缩孔将更小，中心偏析将更低，电磁搅拌电流对 37Mn2 管坯钢铸坯低倍组织的影响如图 6.35 所示。

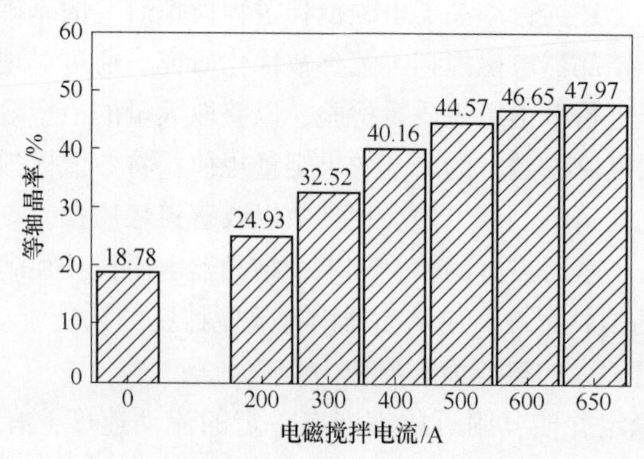

图 6.34　电磁搅拌工艺对 37Mn2 管坯钢大方坯等轴晶率的影响

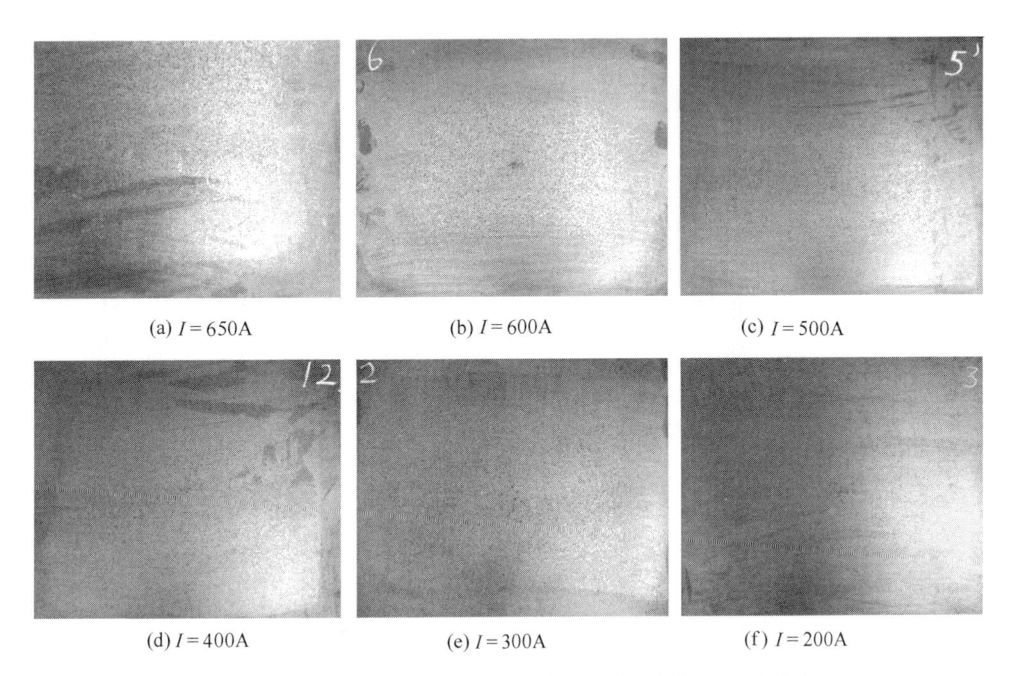

(a) $I=650$A (b) $I=600$A (c) $I=500$A

(d) $I=400$A (e) $I=300$A (f) $I=200$A

图 6.35 电磁搅拌电流对 37Mn2 管坯钢铸坯低倍组织的影响

6.4.1.2 连铸坯中心疏松

在连铸工艺（$v_c=0.40\sim0.50$m/min，$\Delta T=30\sim40$℃）基本相同的条件下，不同的电磁搅拌工艺对 37Mn2、45 号、20 号等典型钢种铸坯中心疏松的影响显著，如图 6.36 所示。搅拌电流增大，铸坯中心疏松减轻，当搅拌电流由 300A 增至 600A 时，37Mn2 等中碳锰钢铸坯中心疏松评级≤1.0 级的比例由 66.67% 增至 90%，20 号等低碳钢铸坯中心疏松评级≤1.0 级的比例由 33.33% 增至 75%。

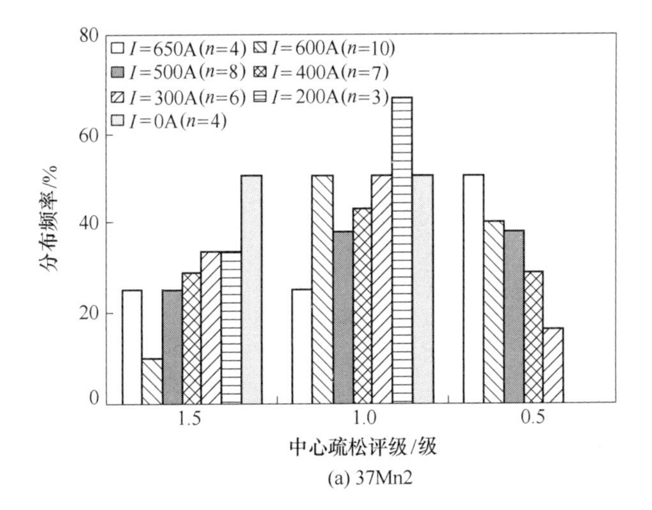

(a) 37Mn2

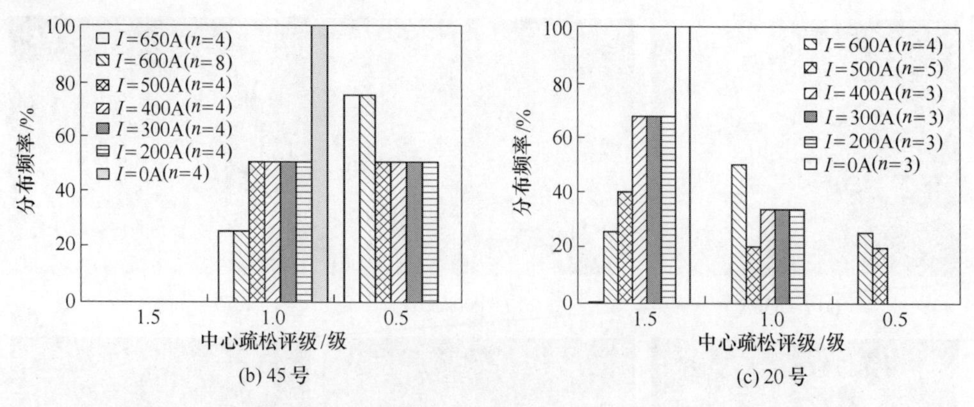

图 6.36 电磁搅拌工艺对铸坯中心疏松的影响

6.4.1.3 连铸坯中心偏析

在连铸工艺（v_c = 0.40 ~ 0.50m/min，ΔT = 30 ~ 40℃）基本相同的条件下，不同的电磁搅拌工艺对37Mn2、45号、20号等典型钢种铸坯中心偏析的影响很大，见图6.37。搅拌电流增大，铸坯中心偏析减轻，当搅拌电流由300A增至600A时，37Mn2等中碳锰钢铸坯中心偏析评级≤1.0级的比例由66.67%增至100%，20号等低碳钢铸坯中心偏析评级≤1.0级的比例由66.67%增至100%。

6.4.1.4 连铸坯中心裂纹

在连铸工艺（v_c = 0.40 ~ 0.50m/min，ΔT = 30 ~ 40℃）基本相同的条件下，不同的电磁搅拌工艺对37Mn2、45号、20号等典型钢种铸坯中心裂纹的影响十分明显，如图6.38所示。搅拌电流增大，铸坯中心裂纹减轻，当搅拌电流由300A增至600A时，37Mn2等中碳锰钢无中心裂纹的铸坯比例由50%增至80%，45号等中碳钢铸坯无中心裂纹的铸坯比例由0%增至37.5%，20号等低碳钢无中心裂纹的铸坯比例由0%增至75%。

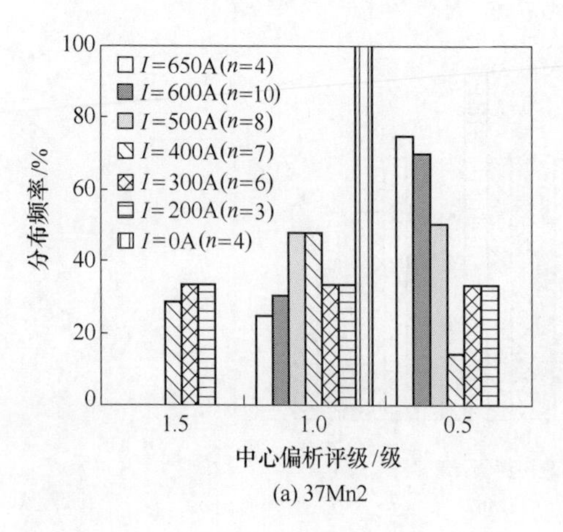

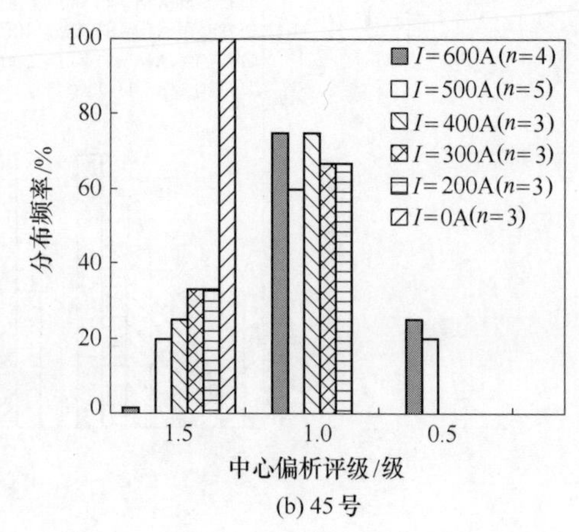

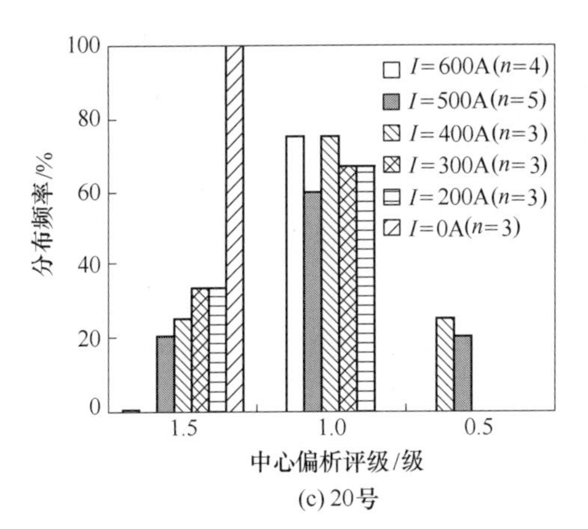

(c) 20号

图 6.37 电磁搅拌工艺对铸坯中心偏析的影响

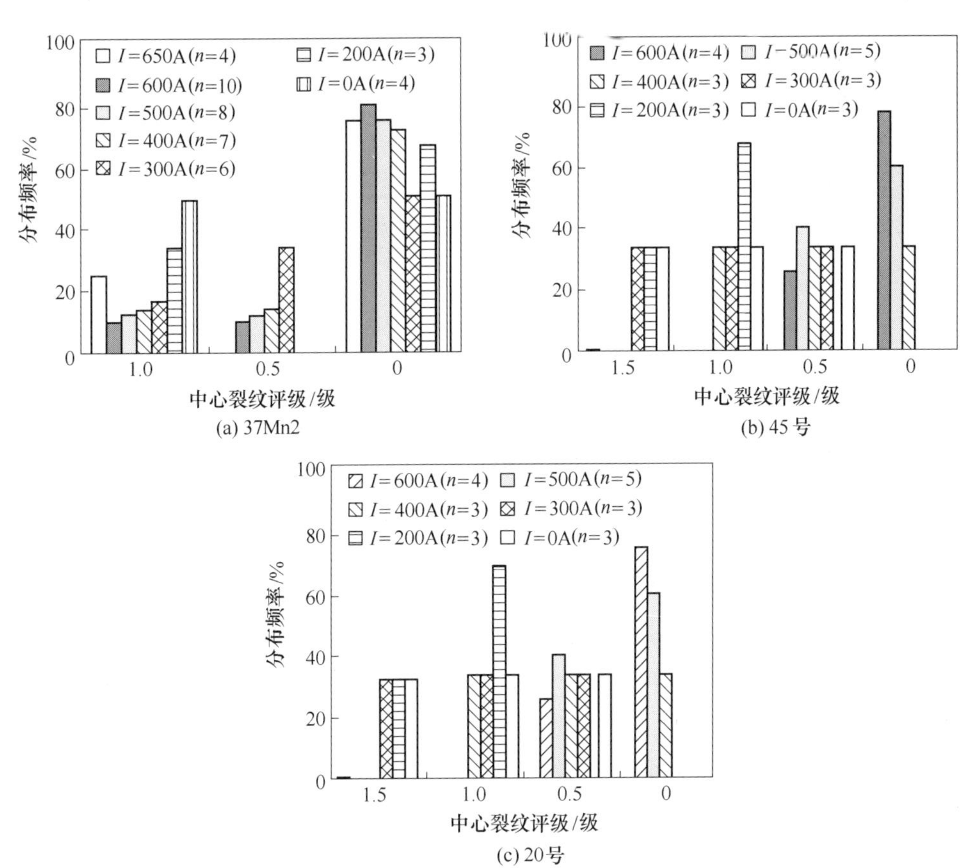

(c) 20号

图 6.38 电磁搅拌工艺对铸坯中心裂纹的影响

6.4.1.5 连铸坯中心缩孔

在连铸工艺（v_c = 0.40 ~ 0.50m/min，ΔT = 30 ~ 40℃）基本相同的条件下，

不同的电磁搅拌工艺对37Mn2、45号、20号等典型钢种铸坯中心缩孔的影响显著，如图6.39所示。搅拌电流增大，铸坯中心缩孔减轻，当搅拌电流由300A增至600A时，37Mn2等中碳锰钢无中心缩孔缺陷的铸坯比例由66.67%增至100%，45号等中碳钢铸坯无中心缩孔缺陷的铸坯比例由50%增至100%，20号等低碳钢无中心缩孔缺陷的铸坯比例由33.33%增至50%。

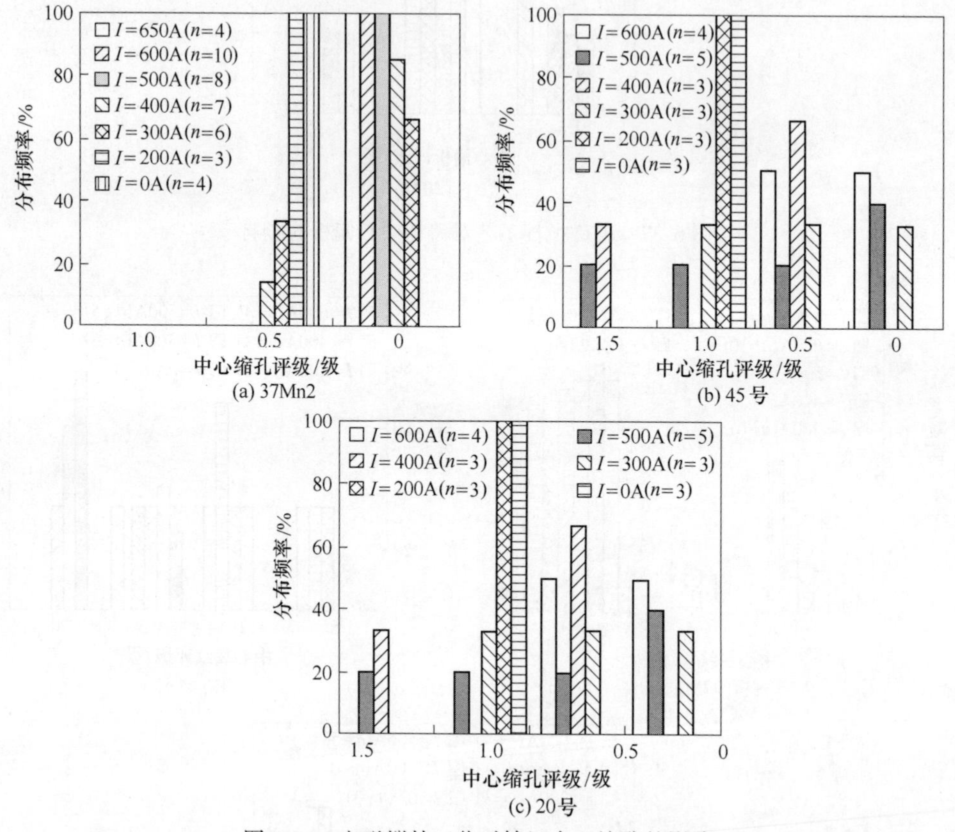

图6.39 电磁搅拌工艺对铸坯中心缩孔的影响

由此可见，电磁搅拌电流为600A，频率为2.4Hz可有效改善360mm×450mm大方坯连铸典型钢种的铸坯内部质量。在此参数下，结晶器内的磁场、流场及温度场具有以下特征。

（1）搅拌器中心横截面上的最大切向电磁力达到2890N/m³，而最大切向速度达到0.45m/s，在此速度下能产生足够大的离心力和剪切力，有效地折断枝晶，同时清刷凝固面前沿，产生二次流，如图6.40所示。

（2）顶表面最大切向速度为0.051m/s，这一速度既使弯月面稳定又使弯月面附近的钢液有一定的流动速度，使保护渣熔融良好。

（3）钢液的二次流现象明显，热区位置得到了提高，造成热顶效应，使过热度尽快消失，如图 6.41 所示。

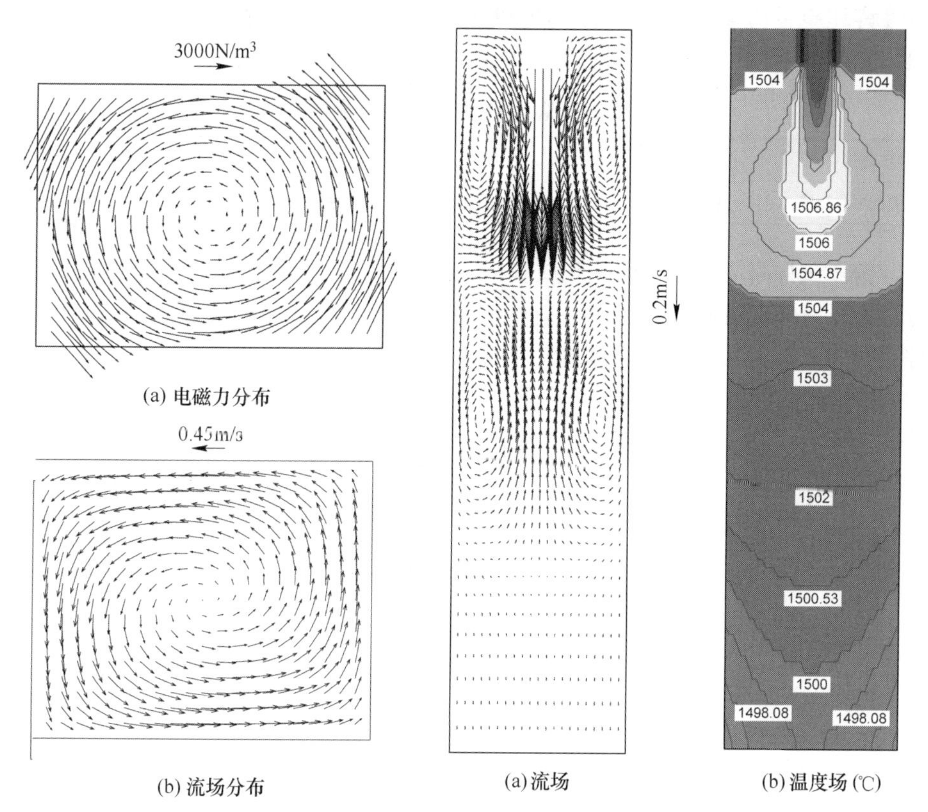

(a) 电磁力分布

(b) 流场分布

图 6.40 搅拌器中心横截面上电磁力和流场分布
（$x=0.52\text{m}$，$I=600\text{A}$，$f=2.4\text{Hz}$）

(a) 流场　　(b) 温度场（℃）

图 6.41 铸坯横截面上流场和温度场分布
（$I=600\text{A}$，$f=2.4\text{Hz}$）

6.4.2 圆坯电磁搅拌工艺试验与优化

为了更好地评价结晶器电磁搅拌参数对铸坯宏观质量的影响，以现场一台六流圆坯连铸机为研究对象开展现场试验工作，铸机的拉速为 3.0m/min，浇铸钢液的过热度为 15～20℃，试验浇铸钢种为高碳钢 82B，其具体化学成分见表 6.4。

表 6.4 82B 的典型化学成分 （%）

钢种	C	Mn	P	S	Si	Cu	Ni	Cr	Mo
82B	0.799	0.793	0.012	0.008	0.249	0.014	0.006	0.231	0.010

热酸低倍检验试验中，每组电磁搅拌参数下取铸坯样 21 个，分别在三个连浇炉次上取 7 个样，铸坯试样表面粗糙度均被处理到 1.6μm，试样被浸蚀在浓度为 30% 的工业盐酸中并连续加热 45min，加热温度维持在 65～80℃之间。最后，

对试样进行包括中心偏析、中心疏松、中心缩孔、皮下裂纹、心部裂纹和皮下气泡等铸坯质量检验。现场具体的电磁搅拌参数优化试验方案如表 6.5 所示，其中，方案 1（300A 和 4Hz）为实际现场生产所用的电磁搅拌参数。

表 6.5 现场试验的电磁搅拌参数方案

方案	1	2	3	4	5	6	7	8	9
电流/频率	300A/4Hz	300A/6Hz	300A/7Hz	300A/8Hz	280A/6Hz	280A/7Hz	280A/8Hz	260A/7Hz	260A/8Hz

铸坯试样凝固结构中的宏观质量缺陷经酸浸蚀后显现出来，进而通过质量评级方法进行铸坯宏观质量的评判。中心碳偏析指数 K_C 作为一个重要的铸坯质量缺陷评判指标，其定义为铸坯横截面中心处的碳含量 C_0 与 1/4 厚度处碳含量 C_q 的比值。平均碳偏析指数 K_C^{ave} 为每组试样碳偏析指数 K_C 的加权平均值，具体定义式如下：

$$K_C = \frac{C_0}{C_q} \tag{6.33}$$

$$K_C^{ave} = \frac{\sum K_{C_1} + \cdots + K_{C_n}}{n}$$

$$\sigma = \sqrt{\frac{\sum_{i=1}^{n} (K_{C_i} - K_C^{ave})^2}{n-1}}$$

式中，K_C^{ave} 为中心碳偏析指数 K_C 的平均值；$K_{C_1} \sim K_{C_n}$ 为单个试样的中心碳偏析指数；n 为试样个数；σ 为平均碳偏析指数 K_C^{ave} 的标准差。

图 6.42 为现场实际电磁搅拌器工作电流和频率下的铸坯试样质量缺陷等级分布。由图可知，各种质量缺陷或多或少均存在于铸坯试样中。其中，皮下裂纹缺陷相对较严重，该缺陷为 1.0~2.0 等级的比例达 38.09%；中心缩孔在 1.0~1.5 等级的比例占 14.28%；中心疏松为 1.5 等级的比例为 14.29%。

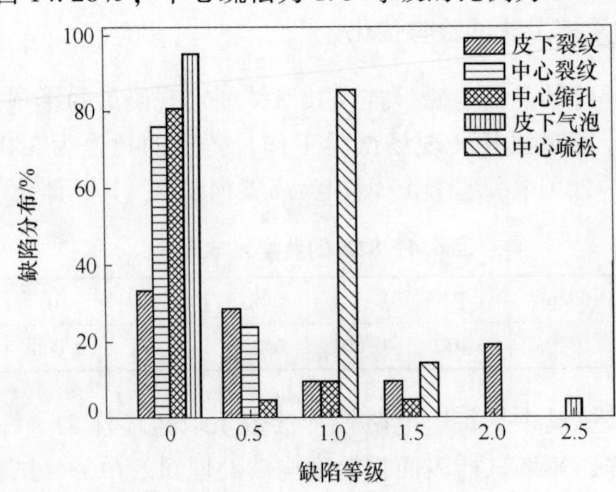

图 6.42 电磁搅拌工作电流和频率下的铸坯质量缺陷等级分布（I=300A，f=4Hz）

图 6.43 所示为电磁搅拌工作电流和频率下典型的铸坯质量缺陷热酸浸蚀图。由图可见，铸坯质量不稳定，皮下裂纹、中心缩孔和中心疏松均存在于大部分试样中，所有这些质量缺陷将直接影响最终产品的质量。所以，优化现行的电磁搅拌器工作电流和频率以期进一步提高铸坯质量很有必要。

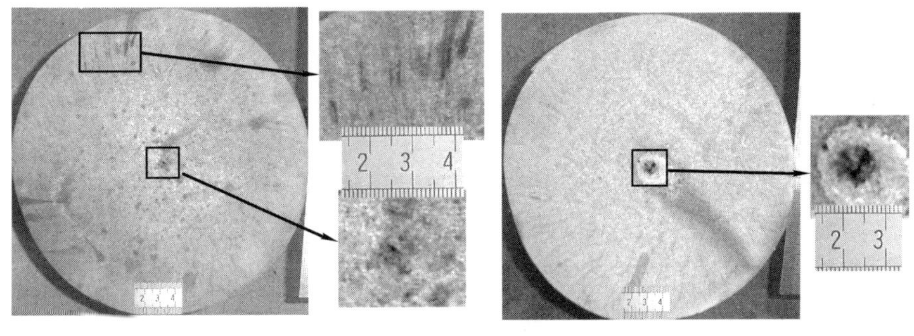

(a) 皮下裂纹与中心裂纹　　(b) 中心缩孔

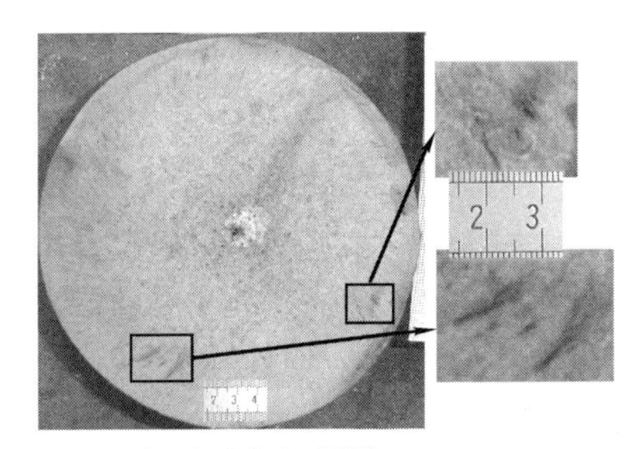

(c) 皮下气泡与皮下裂纹

图 6.43　电磁搅拌工作电流和频率下的试样典型质量缺陷热酸浸蚀图

（I = 300A，f = 4Hz）

表 6.6 为不同搅拌参数方案下的试样平均质量缺陷统计结果。由表可知，所有优化方案下的铸坯质量缺陷较实际工作搅拌参数条件下均或多或少有所减轻，尤其在 300A 和 6Hz、280A 和 8Hz 及 260A 和 8Hz 的优化方案下，诸如皮下裂纹、中心裂纹、中心缩孔和皮下气泡等大多数缺陷均已消失。但从试样宏观质量的均匀性和紧密性角度看，优化方案 260A 和 8Hz 条件下的铸坯整体质量要更优于其他两组方案下的铸坯质量。这表明对于当前的铸机工艺参数和钢种，方案 260A 和 8Hz 条件下的搅拌强度是最合适的，此搅拌强度可充分打断柱状晶的生长而促进等轴晶的形核和长大。由表还可见，所有方案下铸坯试样的平均中心碳偏析指数维持在 0.99～1.03 间，这表明结晶器电磁搅拌可以很好地控制铸坯的碳偏析。方案 260A 和 8Hz 条件下的试样平均碳偏析指数 K_C^{ave} 为 1.02，K_C^{ave} 的标准差 σ 仅为 0.041，这组碳偏析指数数据也是非常理想的。综合分析可知，方案 260A 和 8Hz 是所有电磁搅拌参数优化方案中的最佳方案。

表 6.6 不同搅拌参数方案下的试样热酸浸蚀检验结果

电流/频率	皮下裂纹/级	中心裂纹/级	中心缩孔/级	皮下气泡/级	中心疏松/级	碳偏析指数，K_C^{ave}	K_C^{ave} 标准差，σ
300A/4Hz	0.76	0.12	0.19	0.12	1.07	0.99	0.075
300A/6Hz	0	0	0	0	1	1.02	0.068
300A/7Hz	0	0	0.21	0	1	1.00	0.043
300A/8Hz	0	0	0.07	0	1	1.03	0.123
280A/6Hz	0	0	0.07	0	1	1.00	0.071
280A/7Hz	0	0	0.07	0	1	1.03	0.091
280A/8Hz	0	0	0	0	1	1.03	0.041
260A/7Hz	0.36	0	0	0	1	1.02	0.040
260A/8Hz	0	0	0	0	1	1.02	0.041

图 6.44 为所有试样的中心碳偏析指数分析结果。由图可知，不同搅拌参数方案下所有试样的平均碳偏析指数 K_C^{ave} 为 1.02，K_C^{ave} 的标准差 σ 为 0.07，碳偏析指数满足 $0.95 \leqslant K_C \leqslant 1.05$ 范围的比例达 66%。可见，结晶器电磁搅拌条件下大部分试样的中心碳偏析指数 K_C 均接近于 1。

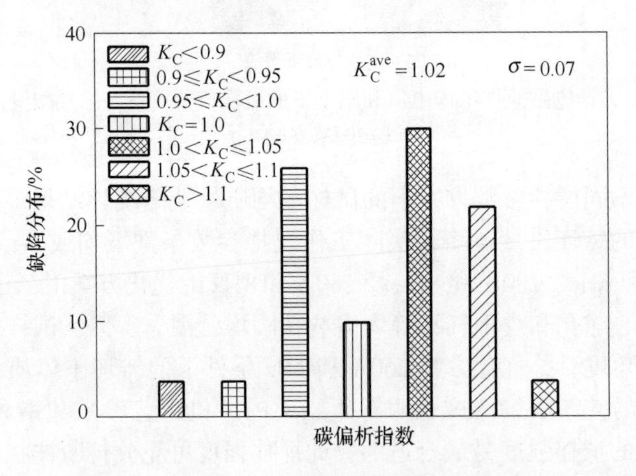

图 6.44 所有铸坯试样的中心碳偏析指数分布

图 6.45 所示为不同搅拌参数方案下典型的试样质量缺陷热酸浸蚀图。由图可见，虽然试样存在着中心缩孔和中心疏松缺陷，但这些铸坯试样宏观质量明显比图 6.43 所示的试样要好些。

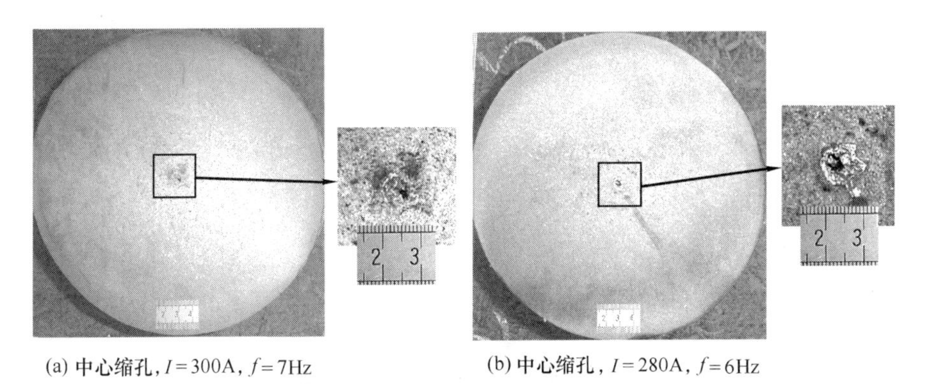

(a) 中心缩孔，$I=300\text{A}$，$f=7\text{Hz}$　　(b) 中心缩孔，$I=280\text{A}$，$f=6\text{Hz}$

(c) 皮下裂纹，$I=260\text{A}$，$f=7\text{Hz}$

图 6.45　各种质量缺陷的试样热酸浸蚀图

图 6.46 和图 6.47 为最佳搅拌参数方案 260A 和 8Hz 条件下的试样质量热酸浸蚀宏观图和缺陷等级分布。由图可见，铸坯试样的柱状晶区已完全消失，取而代之的是更均匀的等轴晶结构，中心疏松控制得也非常好，未出现其他的表面和内部质量缺陷，试样宏观质量的均匀性和紧密性均优于其他试样。

图 6.46　最佳搅拌参数方案下的试样热酸浸蚀图

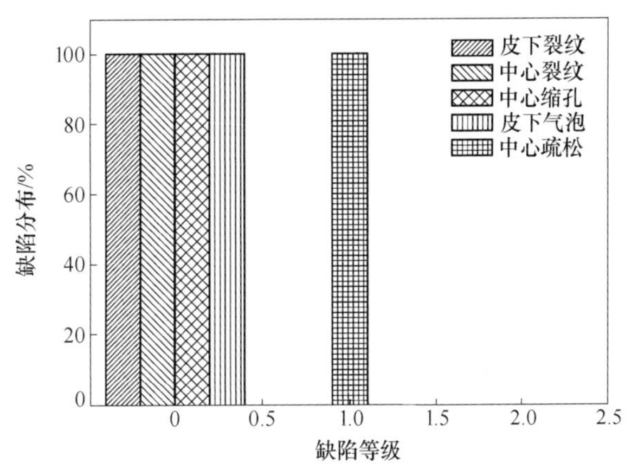

图 6.47　最佳搅拌参数方案下的铸坯质量缺陷等级分布

参考文献

[1] 于海岐．电磁连铸结晶器内钢－渣－气多相传输行为研究［D］．沈阳：东北大学，2009.

[2] 陈永．360mm×450mm 大方坯高效连铸关键技术的理论与应用研究［D］．沈阳：东北大学，2008.

[3] 张榴晨，徐松．有限元法在电磁计算中的应用［M］．北京：中国铁道出版社，1996：11－22.

[4] 陶文铨．数值传热学（第 2 版）［M］．西安：西安交通大学出版社，2001：333－392.

[5] 王福军．计算流体动力学分析—CFD 软件原理与应用［M］．北京：清华大学出版社，2004：24－112.

[6] 毛斌．连铸电磁冶金技术［J］．连铸，1999，(5)：36－42.

[7] 干勇．炼钢－连铸 800 问［M］．北京：冶金工业出版社，2003：358－367.

7

连铸坯凝固末端电磁搅拌过程数值模拟与工艺优化

在凝固末端电磁搅拌作用下，连铸坯糊状区内的钢液流动凝固是一个非常复杂的冶金过程，包含了两相区流体流动、热量传导、溶质传输等多种现象，且此过程的不可见性为最佳末端电磁搅拌参数的选择带来困难。目前关于最佳末端电磁搅拌强度有三种不同的依据：

（1）磁感强度研究方面，岩田齐认为 115mm × 115mm 方坯，当铸坯中心磁感强度达到 300Gs 以上时，内部搅拌强度较大，在 50Gs 以下，对中心偏析的改善基本没有效果；

（2）电磁力强度方面，国内外研究的最佳电磁力大小看法不一，没有统一认识；

（3）电磁搅拌速度方面，日本新日铁认为速度达到 10cm/s 可得到较高的等轴晶率；而川崎制铁认为当连铸坯内中碳和高碳钢液搅拌速度分别达到 15cm/s 和 20cm/s 时，中心等轴晶区基本饱和[1]。

目前对末端电磁搅拌作用下连铸坯内两相区的流动行为尚不清楚，为此需要建立描述连铸坯凝固末端电磁搅拌电磁场和流场数学模型，通过数值仿真，研究分析凝固末端电磁搅拌器处的电磁场和流场分布，考察不同工艺参数对流场的影响。本章将结合国内某厂的方坯连铸机凝固末端电磁搅拌生产工艺，对其数学模型的建立、数值仿真研究结果及现场工艺优化进行介绍。

7.1 电磁场模型

连铸凝固末端电磁搅拌器内部结构十分复杂，若对搅拌器的每个部分进行分析，无疑增加了非常大的工作量，因此为保证模型的可行性，需要对实际问题进行一定程度的简化。

7.1.1 模型假设

所研究的对象为国内某钢厂十流方坯连铸机，凝固末端电磁搅拌器安装在距离弯月面 8.2m 处，搅拌器的作用区域为搅拌器中心附近 0.4m 左右，绕线类型为克兰姆绕组，由 12 个线圈对称分布，缠绕在搅拌器的环形磁轭上。在线圈内通入三相交流电，产生绕轴线旋转的磁场，在方坯中产生感应电流，驱动糊状区的钢液流动。在实际生产过程中，通过改变搅拌器电流强度、电流频率、搅拌模式等来改变糊状区的流动状态，以获得良好的方坯内部质量。

模型假设如下：

（1）凝固末端电磁搅拌器的作用范围为搅拌器中心上下各 400mm 处；

（2）进入搅拌区域的方坯温度处于高温区，其温度高于钢的居里点（760℃），相对磁导率为 1；

（3）电磁搅拌器内通纯水作为冷却剂，纯水的电磁特性视为与空气的特性相同；

（4）电磁搅拌所使用的电流频率范围为 1.0 ~ 10.0Hz，激发产生的磁场属于磁准静态场，产生的位移电流影响很小，所以在计算过程中忽略位移电流[2]；

（5）电磁搅拌过程中，磁雷诺数很小，大约为 0.01，所以忽略钢液运动对电磁场的影响；

（6）电磁搅拌器绕组是采用多根密排的铜质导线缠绕而成，为减少计算量，将线圈部分简化成具有相同导电面积的导电区域。

为了保证模型计算精度，需要对搅拌器外无限远处空气部分建模，现有的计算条件不能满足；另外由于磁轭和铁芯的作用，磁场主要集中在搅拌器作用区域范围内，一定范围以外的磁场几乎为零。因此，仅对有限部分体积的空气建模即可，根据经验，一般对相当于磁体 3 ~ 5 倍体积的空气进行建模，模型建立如图 7.1 所示。

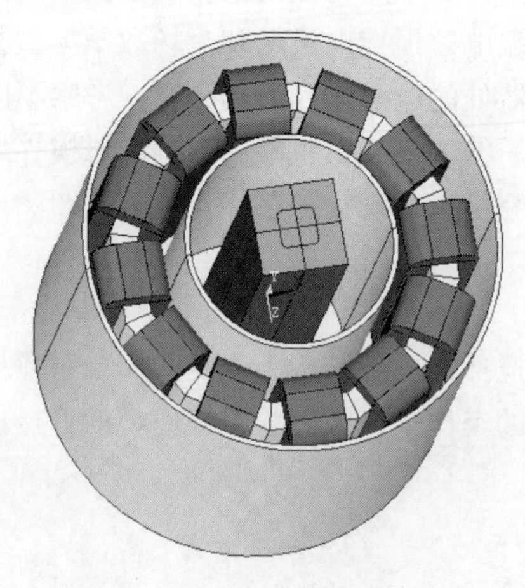

图 7.1　凝固末端电磁搅拌模型

7.1.2 模型控制方程

连铸坯凝固末端电磁搅拌使用的是低频激励电流，可以忽略位移电流的影响，故认为电磁搅拌器产生的磁场为准静态场，可以用麦克斯韦方程组和材料电磁特性的本构方程来描述，方程组的具体表述形式可见第6章式（6.1）~式（6.7）。

7.1.3 物性参数和几何参数

假定凝固末端电磁搅拌器的衔铁、线圈、坯壳、空气的相对磁导率为各向同性，且为常数。模型中由于铁芯由硅钢片叠加而成，由磁场在硅钢片中诱导的涡流很小，因此不考虑其导电作用，电磁场的计算中所需要的材料参数如表7.1所示。

表7.1 有限元计算的材料的参数

材　料	电导率/S·m^{-1}	相对磁导率
钢液	7.14×10^{5}	1
空气	8.85×10^{-12}	1
坯壳	1.0×10^{6}	1
不锈钢	1.33×10^{6}	1
铁芯	0	1000

根据假设，采用有限元分析软件ANSYS求解，计算并分析电流强度、电流频率等相关参数对电磁场分布的影响。

根据国内某钢厂方坯连铸凝固末端电磁搅拌器工艺条件，此电磁搅拌器为内置式电磁搅拌器，具有12个磁极，每个磁极上套有匝线圈，线圈形状为跑道形，外接三相电源，产生的磁场为旋转型，电流强度、电流频率、搅拌模式均在线可调，搅拌器几何参数见表7.2。

表7.2 电磁搅拌器模型尺寸参数

参　数	数　值	参　数	数　值
方坯断面尺寸/mm	160×160	搅拌器内径/mm	380
搅拌器外径/mm	780	搅拌器高度/mm	700

根据表7.2几何参数，建立的模型如图7.2所示（未显示空气部分），其中拉坯方向为y轴负方向，方坯横截面为$x-z$面，搅拌器中心端面设为$y=0$处。在模型的网格划分中，为保证计算的准确性，除空气以外均采用结构网格，单元数约为42万。

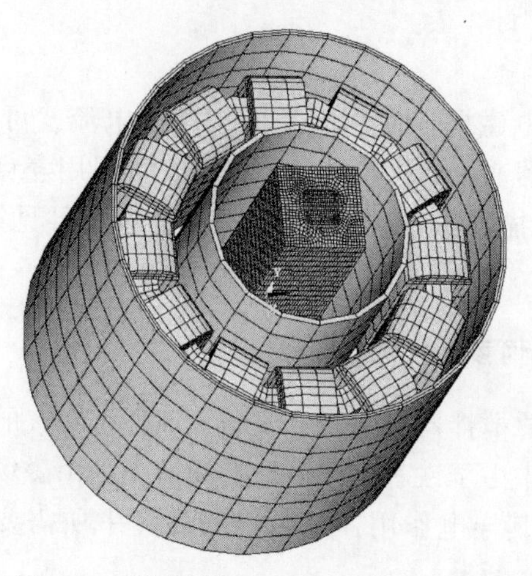

图 7.2 凝固末端电磁搅拌器有限元模型

7.1.4 载荷和边界条件

电磁搅拌器的线圈中施加三相交流电，各相电流的相位差为120°，各相电流密度值见式（7.1）~式（7.3）：

$$J_{ax} = J_0\sin(\omega t) \tag{7.1}$$

$$J_{by} = J_0\sin(\omega t - 2\pi/3) \tag{7.2}$$

$$J_{cz} = J_0\sin(\omega t + 2\pi/3) \tag{7.3}$$

式中，ω 为交流电相位变化的速度，$\omega = 2\pi f$；f 为激励电流变化的频率，Hz；t 为时间，s；J_0 为线圈电流密度的幅值，由电流值、线圈匝数及线圈的截面积共同决定。

电磁场模型的边界条件：建立的模型中，磁力线闭合，集中在搅拌器附近，与包围搅拌器空气的外表面平行，即设定空气外边界磁场强度为零。

7.2 流场模型

高温钢液由中间包经浸入式水口进入结晶器后，在铜板冷却的作用下形成一定厚度的坯壳，方坯从结晶器中拉出，经过二次冷却区喷水冷却逐步凝固，在空冷区，方坯内部温度逐渐降低。在电磁搅拌作用处，方坯外侧已完全为固相，只有糊状区和液相区的钢液流动，所以建立流场模型时，需要根据凝固传热模型的计算结果，剔除固相部分，仅对液相、糊状区部分划分网格，建立模型。

7.2.1 模型假设

电磁场模型的计算忽略了方坯中产生的位移电流，认为流场对磁场没有影响，因此电磁场和流场的耦合为单向耦合计算，将电磁力直接导入流场模型中。

建立数学模型时，在保证计算精度的基础上，做出如下假设：

（1）忽略凝固过程中体积收缩，认为糊状区内的钢液流动为稳态流动；

（2）认为钢液为不可压缩牛顿流体，按匀介质相处理，且各向同性，其物性参数为常数；

（3）方坯内部凝固过程中内部伴随有等轴晶生成，其对流体流动的影响采用增大黏度的方法等效[3,4]，认为全部为高黏度钢液；

（4）忽略搅拌作用下钢液凝固过程，固液界面按照未加电磁力的情况下向液相推进；

（5）认为糊状区的搅拌范围仅为磁场影响区域，对超出搅拌范围均不做处理。

7.2.2 控制方程

由于在连铸凝固末端流场的计算中尚未考虑凝固传热和坯壳的生长，所以流体流动仅由质量守恒定律和动量守恒定律描述，方程的具体表达形式可以见第6章的式（6.19）和式（6.20）。湍流模型采用标准的 $k-\varepsilon$ 模型。

由于糊状区的钢液含有已凝固的枝晶和未凝固的钢液，流动性差，因此将其假设为黏性很高的流体。试验研究发现，当旋转作用的电磁力达到4000N/m^3，黏度约27Pa·s时，糊状区的流速在1.0mm/s以下。因此，可将此时糊状区的流动近似为静止状态，将黏度设定为钢液在固相线温度附近时的黏度。黏度与温度之间的经典关系式可表示为：

$$\mu = \mu_0 \exp\left(\frac{E_\eta}{RT}\right) \tag{7.4}$$

式中，E_η 为液体黏性流动活化能[5]。由式（7.4）和过热度为50℃时60号钢的黏度和固相线的黏度[6]，可以回归出该钢种黏度随温度（℃）变化的关系式，即：

$$\eta = 26.52\mathrm{e}^{-0.04993\times(T-1409)} \tag{7.5}$$

用式（7.5）计算1600℃时钢液的黏度为0.0019Pa·s，与文献［6］给出的0.002Pa·s非常接近，采用类似的方法可以得出70号、SWRH82B的黏度与温度关系。

7.2.3 物性参数和边界条件

根据现场方坯连铸机参数和连铸工艺参数，建立末端电磁搅拌流场模型，模型尺寸如表7.3所示。

表7.3 模型参数

参　数	数　值	参　数	数　值
方坯断面尺寸/mm	160×160	拉速/m·min^{-1}	1.8～2.0
模型计算长度/mm	1200	钢液密度/kg·m^{-3}	7400

根据表7.3工艺参数和凝固传热模型计算的连铸坯坯壳厚度，给定特定的边界条件：

(1) 上、下端界面。由于糊状区随着方坯拉坯方向移动，在没有外力情况下，钢液在拉坯方向上的热量交换量很小，所以模型上端和下端均设定自由边界。

(2) 壁面。连铸过程中，在方坯凝固前沿液相的流动速度很小，因而垂直于壁面的速度分量为零，而平行于壁面的分量采用无滑移边界条件。在靠近凝固界面前沿的近壁区的节点上，平行于壁面的分量由标准壁面函数确定。模型的计算采用SIMPLE算法，用交错网格存储速度分量，当收敛残差小于10^{-4}时，求解结束。

7.3 连铸坯凝固末端电磁场分析

根据凝固传热模型计算的方坯横截面温度场，划分进入搅拌区域方坯横截面固相区、糊状区以及液相区，依据现场的电磁搅拌器参数，建立的末端电磁场模型，对糊状区和液相区部分磁场、电磁力分布特征进行描述，分析电磁搅拌参数对凝固末端电磁场的影响。

7.3.1 模型验证

为了验证建立的电磁场模型的合理性和准确性，将现场实测电磁场参数与模型计算值进行对比。目前测量电磁场有两种方法，即磁感应强度的测量和电磁力矩的测量，其中测量磁感应强度比较普遍，但是也有学者认为磁感应强度是属于电磁体力（或电磁力矩）与激磁电流之间的中间参数，并不能科学合理地代表末端搅拌强度的大小，电磁力矩作为电磁搅拌器的性能指标显得更加合理。但在实际生产的连铸机目前大都为全弧形，尤其是方（圆）坯铸机，末端电磁搅拌器安装在连铸机的弯曲段，这样往往造成测量仪探头很难准确放置，给力矩的准确测量带来一定的困难。因此，目前大多数的做法还是采用电磁搅拌器磁感应强度的测量，以验证所建立的数值模型的准确性。

图7.3为测量磁感应强度的CT－3型特斯拉计。其工作原理是利用霍尔效应，对磁感应强度的测量转化为对电动势的测量。霍尔效应的作用原理：置于磁场中的载流体，若电流方向与磁场垂直，载流体中运动的电子受到洛伦兹力而产生偏转，造成在载流体两端会产生微弱的电动势，从而在垂直于电流和磁场的方向产生一个附加的电场，当运动的电子受到的洛伦兹力和电场力平衡时，产生的附加电场相应稳定，特斯拉计就是通过测量微弱的电势来间接地测量磁场。

将一载流导体薄板置于测量的磁场中，薄板上下端面产生霍尔电势，电势差的大小与探头电流强度I及外界磁感应强度B成正比，而与薄板沿B方向的厚度d呈反比，即：

$$U = R_{H}\frac{I_{H}B}{d} \tag{7.6}$$

式中，R_H 为霍尔系数，仅与导体的材料相关，为一常量；I_H 为霍尔元件的工作电流；B 为磁感应强度；d 为导体沿感应磁场的厚度。

图 7.3 CT-3 型特斯拉计

实际磁感测量时，是在连铸机空载条件下进行测量，即没有连铸坯通过时，将测量探头置于搅拌器中心处，测量磁感应强度。为了说明有、无连铸坯通过时磁感应强度的差别，对两种情况下磁场模拟分别进行计算，电磁搅拌参数设定为300A/6Hz，计算结果如图 7.4 所示。从图中可以看出，有、无连铸坯通过时，磁感应强度沿轴线方向的分布基本一致，在搅拌器中心位置磁感应强度达到一个峰值，但有方坯通过情况下时，磁感应强度略小，但两者相差很小，仅为 1.5Gs。主要原因在于高温连铸坯相对磁导率为 1（类似于空气），电导率较小，而且末端电磁激励电流采用的是低频供电，对磁场的屏蔽作用较弱。这说明采用空载条件下测得的磁感应强度数据可以代表正常连铸坯通过时的磁场强度。

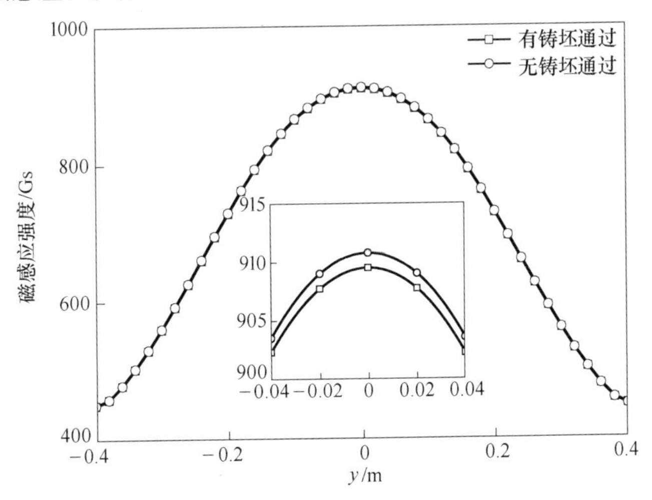

图 7.4 有无钢液中心轴线磁感应强度分布

图 7.5 为空载条件下搅拌器中心位置磁感应强度模型计算值与测量值的比较。可以看出，随着外加激励电流的增大，测量值和计算值变化趋势基本相同，但有一定的偏差，原因可能是 CT－3 型特斯拉计本身带来的误差和测量时仪器探头并未完全在所预定的位置，以及搅拌器磁能转化的不稳定性造成，特别是较大电流强度，但总体情况测量值和计算值吻合相对较好。

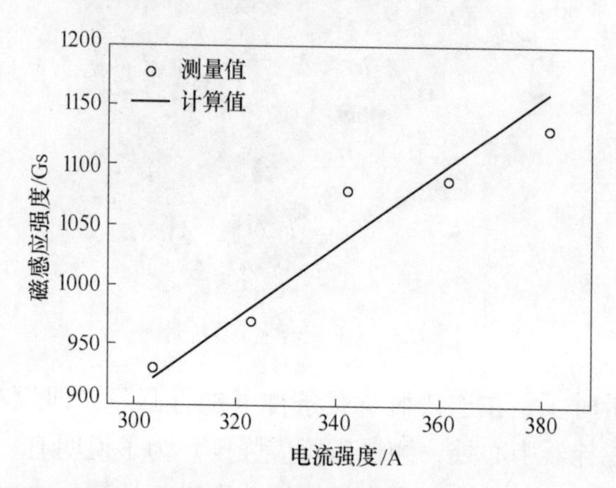

图 7.5 搅拌器中心位置磁感应强度计算值与实测值比较

7.3.2 末端电磁搅拌区域电磁场特征

图 7.6 根据凝固传热模型计算 60 号钢方坯表面中心和方坯中心温度随距弯月面距离的变化情况。根据模型计算，强冷条件（1.06L/kg）下，当过热度为 30℃、拉速为 1.90m/min 时，60 号钢凝固末端电磁搅拌器作用区域入口和出口坯壳厚度分别为 46.8mm 和 50.9mm，液芯厚度分别为 66.4mm 和 58.2mm，进行三维电磁场的建模。利用建立的电磁场模型，计算方坯内的电磁场分布特征。

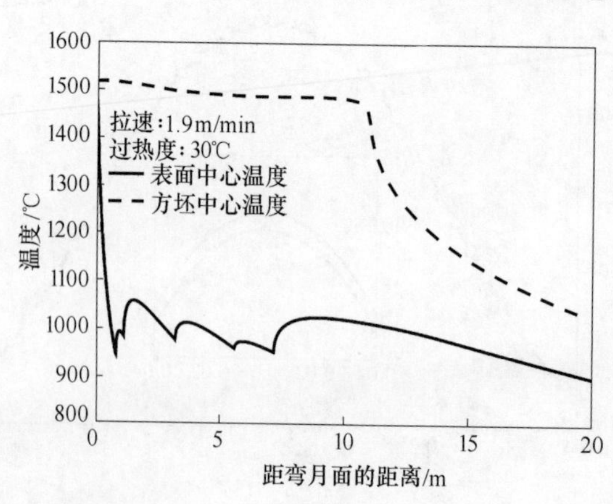

图 7.6 60 号钢方坯表面中心和铸坯中心温度随距弯月面距离的变化

图 7.7 是电磁搅拌参数为 300A/6Hz 时，方坯中心糊状区的磁感应强度分布图。从图中可以看出，磁感应强度在方坯轴线方向上的分布并不均匀，电磁搅拌器中心部分磁感应强度较大，远离搅拌器位置磁场强度逐渐减小，整体上基本呈对称分布。

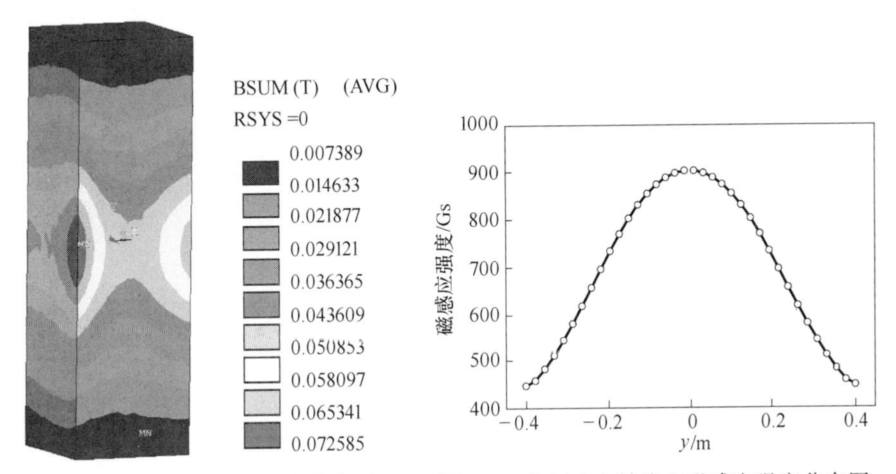

图 7.7 方坯中磁感应强度分布图　　图 7.8 方坯中心轴线上磁感应强度分布图

从图 7.8 可以看出方坯中心轴线方向上的磁感应强度分布规律，沿轴线方向呈现“中间大，两端小”变化规律，磁感应强度最大处集中在搅拌器中心处附近，并且沿轴线方向呈现出对称分布。

从图 7.9 可以看出，切向电磁力在方坯边缘最大，向中心不断衰减，基本与径向距离基本成正比关系，图中的负值表示电磁力方向与正值相反，这种分布规律使钢液在电磁搅拌作用下绕着纵轴线方向做旋转运动，且旋转方向与磁感应强度的旋转方向相同，此种分布为旋转型电磁搅拌的特点。Spizer[7] 曾提出切向电磁力与径向距离的关系式，切向电磁力与径向距离基本成正比关系，图 7.9 计算结果与 Spizer 解析结果规律基本一致。

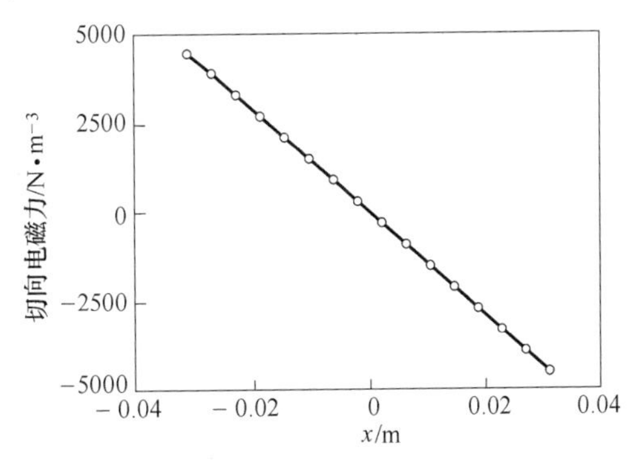

图 7.9 切向电磁力在径向线上的分布

图7.10为糊状区横截面电磁力分布。可以看出，在方坯横截面产生旋转电磁力，在旋转力的作用下产生力矩，驱动糊状区的钢液流动，打断生长的柱状晶，消除钢液内部的过热度，增加等轴晶率，促进溶质的重新分配，从而减轻方坯的中心偏析。

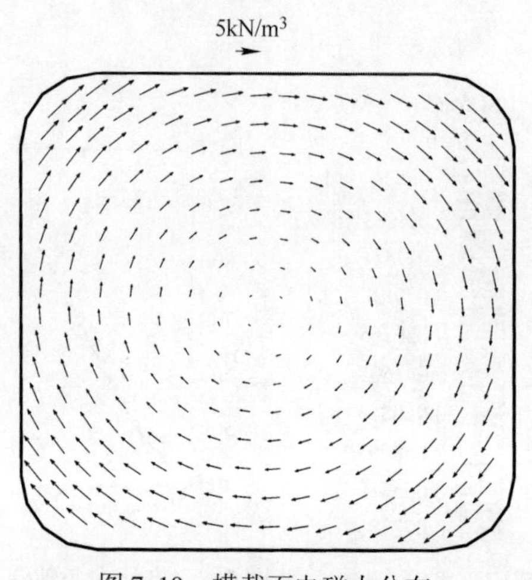

图7.10 横截面电磁力分布

7.3.3 电磁参数对电磁场的影响

根据麦克斯韦方程组的安培环路定律可知，导线附近形成了闭合回路的环形磁场，且激励电流强度能够直接影响磁感应强度的大小。实际连铸生产中，凝固末端电磁搅拌器的位置相对固定，主要通过对电磁参数、搅拌方式和搅拌位置的调节来达到改善方坯质量的目的。

图7.11为不同激励电流强度下轴向磁场的变化情况。可以看出，钢液中的磁感应强度最大处在搅拌器中心附近，磁感应强度随着电流强度的增大而加强，且基本呈线性增加（见图7.12）。当搅拌器频率固定为6Hz时，电流强度每增大50A，搅拌器中心的磁感应强度大约增加151Gs，增加幅度相对较大，说明电流对电磁搅拌的影响很大。

图7.13中为不同电流下径向电磁力分布。可以看出，电流强度对电磁力的分布影响不大，但数值影响较大。当电流从200A增加到400A时，电磁力从1390N/m^{3}增加到5561N/m^3。电流强度增大，磁感应强度增加，在连铸坯中产生的感应电流变大，电磁力增加。由于末端电磁搅拌器产生的是旋转磁场，变化的磁场在方坯中诱导产生的感应电流趋向于方坯表面，所以离方坯中心越近，感应电流越小，电磁力也就越小。

图7.14为不同电流频率下轴向磁场分布。可以看出，钢液中的磁感应强度最大处在搅拌器中心附近，随着电流频率的增大而略微减小。当搅拌电流强度固

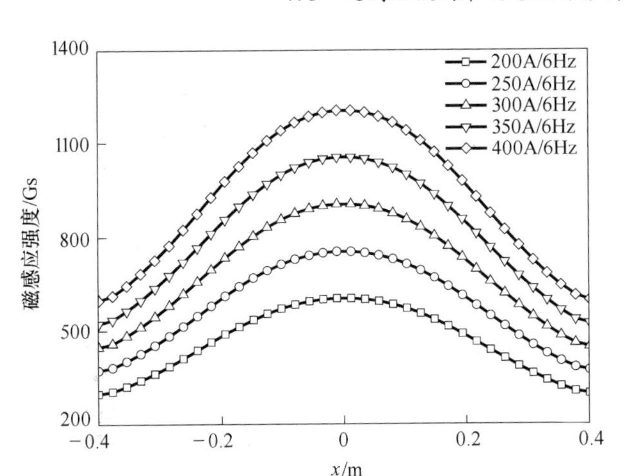

图 7.11　磁感应强度沿轴线方向的分布

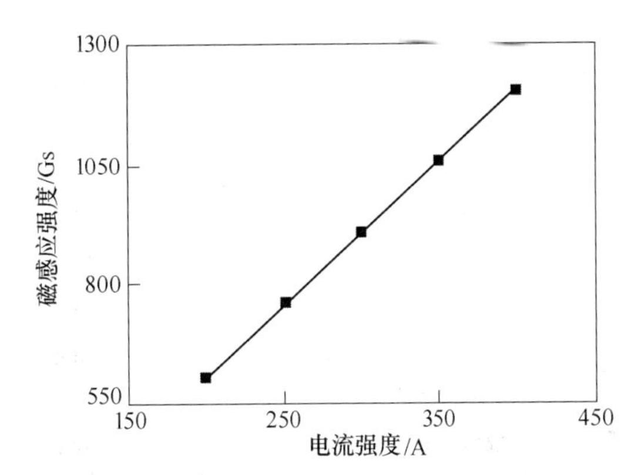

图 7.12　电流强度对磁感应强度的影响

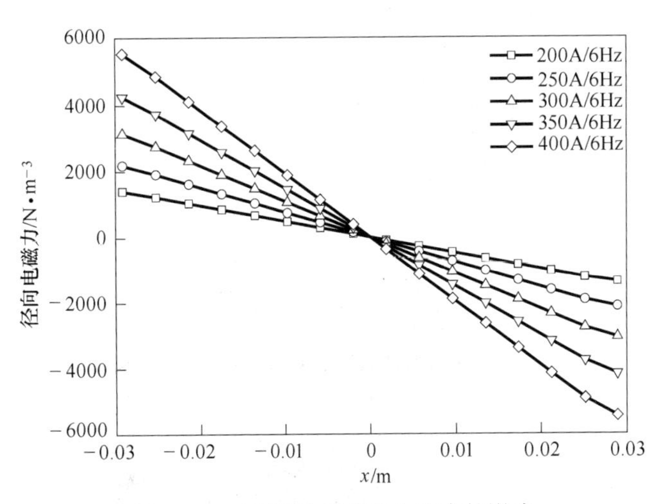

图 7.13　电流强度对径向电磁力的影响

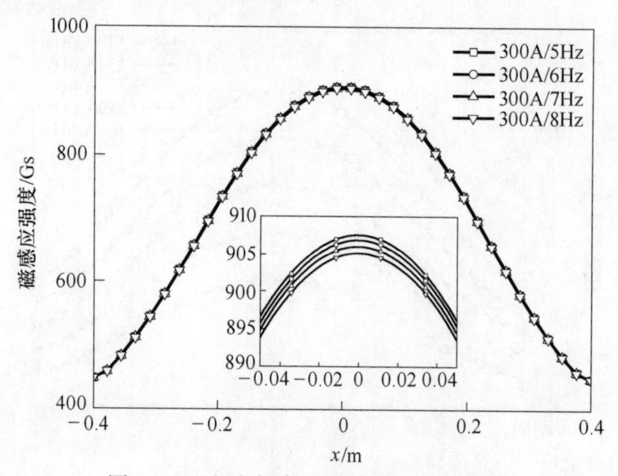

图 7.14 电流频率对磁感应强度的影响

定为300A时，电流频率每增大1Hz，搅拌器中心的磁感应强度约减小1Gs，减小程度很小，其主要原因是高温连铸坯有一定的电导率，但电导率相对较小，远远低于铜等金属的电导率。因此，末端的磁场不像结晶器铜板那样强的屏蔽作用，磁感应线基本可以穿透方坯，即末端和二次冷却区电磁搅拌器可以使用较高频率电流。

图7.15为不同激励电流频率作用下径向电磁力的分布。电流频率不同，电磁力的分布规律相同，但电磁力随频率的增加而明显增大。电流频率从5Hz增加到8Hz时，电磁力从2611N/m^{3}增加到4155N/m^3。虽然磁感应强度随着激励电流频率的增大略有减小，但电磁力仍然有较大幅度的增加，其主要原因是当电流频率增加时方坯中仍可在诱导产生的较大的涡流，导致电磁力增加。从图7.16可以看出，电磁力与频率基本成线性增加，则与电磁搅拌结晶器中的规律有一定的差别，主要原因是凝固末端没有铜板那样强的屏蔽作用。

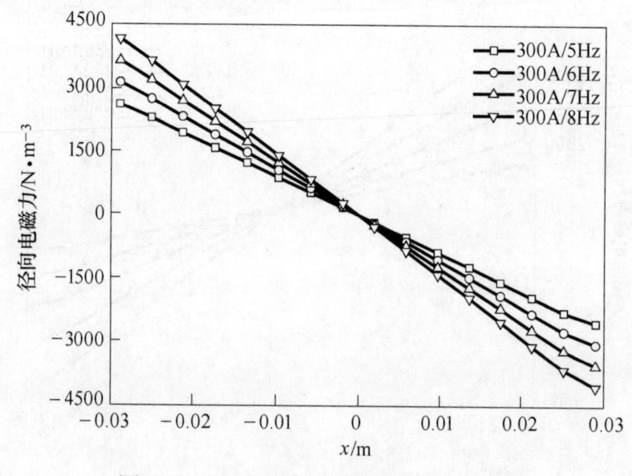

图 7.15 电流频率对径向电磁力的影响

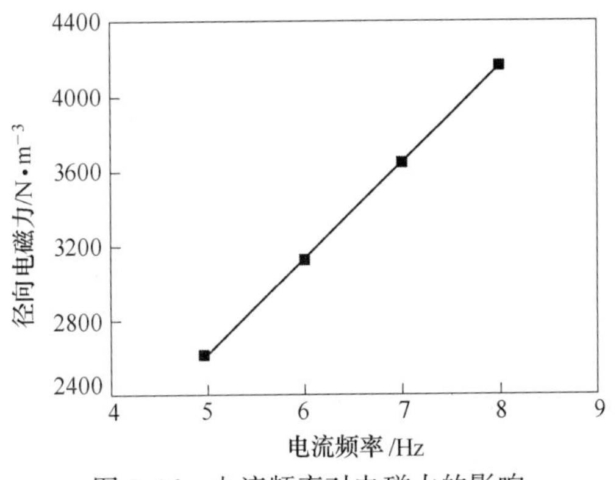

图 7.16 电流频率对电磁力的影响

7.4 连铸坯凝固末端流场分析

连铸坯从结晶器进入二次冷却区后，铸坯横截面温度因冷却水作用而不断降低，凝固末端糊状区内的钢液不断凝固，钢液的有效黏度不断增加。凝固末端铸坯内凝固坯壳的厚度和糊状区的有效黏度对钢液的流动产生重要影响。为了揭示凝固末端电磁搅拌作用下钢液的流动特征，首先根据二维凝固传热模型计算温度场，获得了进入末端电磁搅拌区域铸坯坯壳的厚度和糊状区内的温度分布，依据糊状区平均温度，计算得到了高黏性钢液的有效黏度，并利用 CFX 软件建立凝固末端糊状区流场模型，利用自编程序，将电磁场模型的计算结果导入流场模型中，依次计算电磁搅拌作用下凝固末端的流场分布，考察电磁搅拌参数和连铸工艺参数对流场的影响规律[8]。

7.4.1 凝固末端电磁搅拌流场的基本特征

根据现场实际生产过程中的连铸工艺参数，计算 60 号钢凝固末端电磁搅拌参数设定为 340A/6Hz 时，拉速为 1.90m/min，过热度为 30℃，二次冷却区比水量为 1.06L/kg，凝固末端方坯坯壳厚度为 46.8mm 时，在电磁搅拌作用下，驱动糊状区钢液旋转流动情况，促进溶质的均匀分布，方坯内部流场分布和压力分布如图 7.17 所示。

图 7.18 为电磁搅拌器中心横截面方坯的流场分布和压力分布图。可以看出，在搅拌器作用范围内，靠近搅拌器中心部位的边缘切向速度增大，而方坯中心的切向速度几乎为零。从图 7.18(b) 可以看出，搅拌区域的中心出现负压区，搅拌区域上下部分则为正压。这是由于在旋转电磁力的作用下，搅拌区域中心的高温钢液向凝固界面前沿移动，在靠近壁面附近的速度增加到最大，而在中心部位由于钢液的流出，造成缺少钢液而形成负压区，在压力梯度的作用下，驱使搅拌区域上下部糊状区的钢液向中心移动。由于下部钢液的温度降低，有效黏度增大，所以搅拌器上部的钢液很容易被吸进搅拌区域，与低温钢液混合。当搅拌强

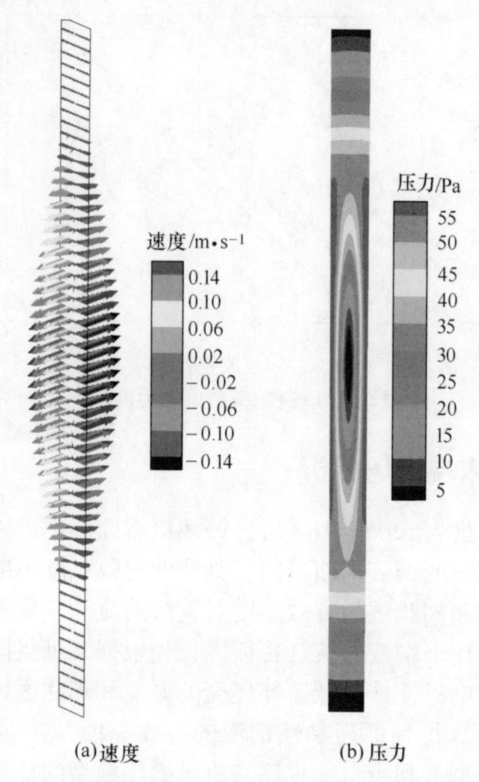

图 7.17 铸坯纵截面速度矢量图（a）和压力云图（b）

度过小时，糊状区的流动较弱，内部的高温区和低温区未能充分混合，对解决中心偏析不利；当搅拌强度过大时，更多的高温钢液与低温混合，增加搅拌区的平均温度，在过搅拌区后，方坯糊状区仍然存在较多的液相，随后仍然按照未搅拌的方式凝固[9]。

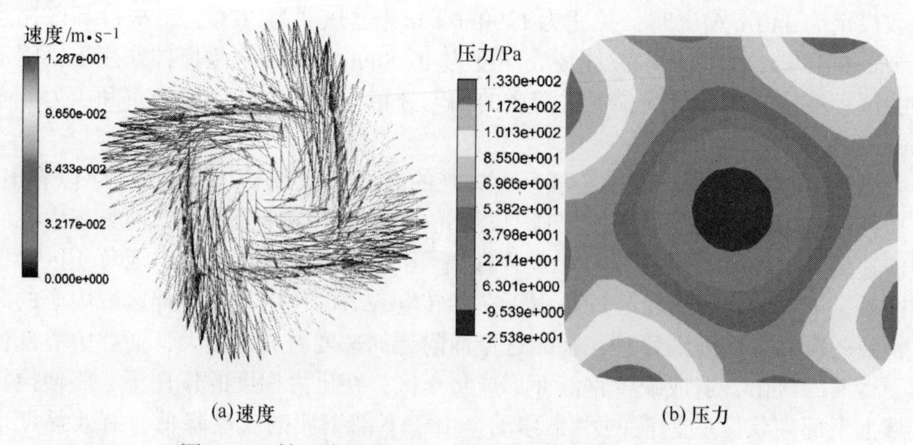

图 7.18 铸坯横截面速度矢量图（a）和压力云图（b）

图 7.19 为进入搅拌区域不同横截面流场分布图。图 7.19(a) 为距搅拌器中心面上端 300mm 处，图 7.19(b) 为搅拌器中心处，图 7.19(c) 为出搅拌器下端 300mm 处。可以看到，在搅拌器作用下方坯水平面呈旋涡状流动，在进入搅拌器时，旋涡流已经基本形成，在搅拌器中心附近达到最强，出搅拌器时仍然有较强的旋涡流动，且比进口的搅拌强度稍大，这是由于钢液的流动有一定的惯性，从进入搅拌器开始加速，直至出搅拌区域，糊状区钢液的流动有一定的累加过程。新日铁认为钢液的搅动速度达到 10cm/s 时，可以提高等轴晶率；川崎制铁认为当高碳钢的凝固搅拌速度达到 20cm/s，等轴晶率基本达到饱和[1]；Hideaki[10] 的研究指出，凝固末端的电磁搅拌速度最大值应当控制在 10 ~ 20cm/s。电磁搅拌作用下钢液在水平截面的旋转流动直接冲刷清洗凝固界面前沿，使凝固坯壳均匀生长，促进柱状晶向等轴晶转变，同时降低糊状区的过热度，促进溶质的重新分布。

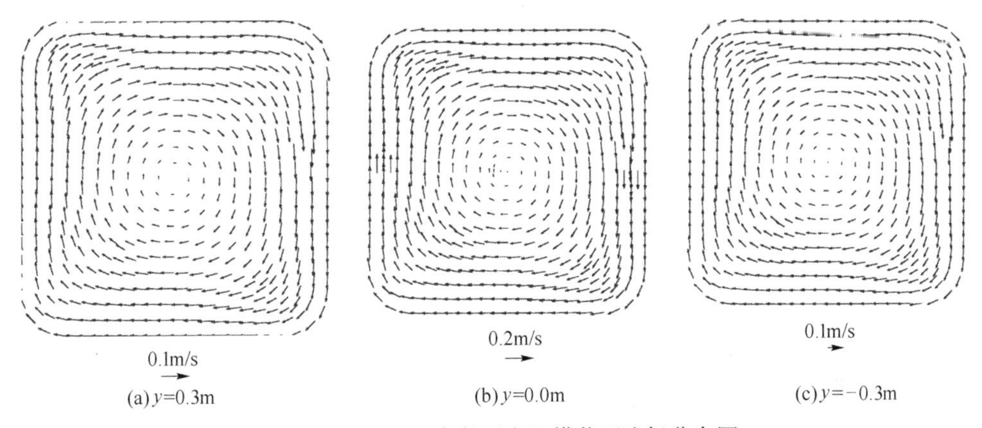

图 7.19 F－EMS 条件下方坯横截面流场分布图

7.4.2 电磁搅拌参数对凝固末端流场的影响

图 7.20 为拉速恒定为 1.90m/min，过热度为 30℃，二次冷却区比水量为 1.06L/kg 时，此时 60 号钢铸坯坯壳厚度为 46.8mm，不同励磁电流强度下的搅拌器中心横截面切向速度分布图。从图中可以看出，电流频率固定为 6Hz 时，随着电流强度的增加，横截面内的旋转速度相应增大，即搅拌强度增大，最大切向速度由 300A 的 11.2cm/s 增大到 400A 的 18.2cm/s，电流每增加 50A，最大速度平均增加 3.5cm/s。电磁搅拌作用下，碳含量为 0.64% 的低合金钢，平均流速为 5.84cm/s，可使枝晶破碎促进柱状晶向等轴晶转变[11]。当搅拌电流大于 300A 时，可以有效地打断枝晶搭桥，促进柱状晶向等轴晶的转变，细化等轴晶粒，同时冲刷凝固界面前沿，促进凝固前沿富集溶质向内部扩散，能够有效地将凝固前沿的富碳钢液与中心钢液均匀混合，降低铸坯中心温度，促进糊状区等轴晶的均

匀分布[12]。从图中可以看出最大搅拌速度并未在凝固界面前沿，主要原因可能是糊状区钢液的黏性较大，在近壁面区的黏滞层较厚导致的。

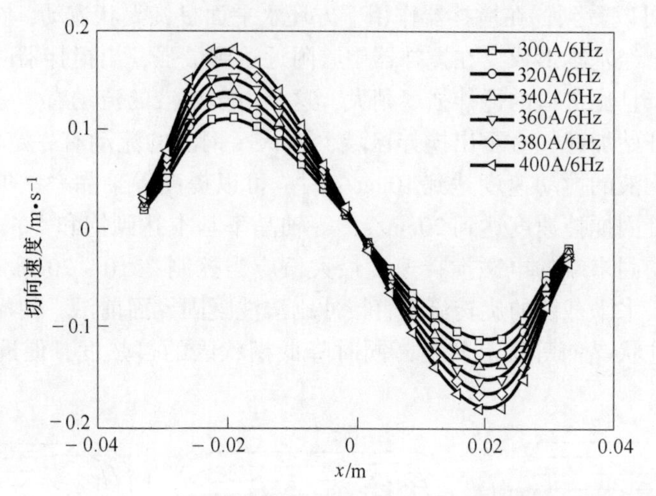

图 7.20　60 号钢在不同电流强度时铸坯内切向速度

图 7.21 为 70 号钢在拉速为 1.8m/min，凝固末端电磁搅拌器处铸坯坯壳厚度为 48.0mm 时，不同励磁电流强度下的搅拌器中心横截面切向速度分布图。从图可以看出，随着电流强度的增大，最大切向速度由 360A 的 13.4cm/s 增大到 420A 的 17.7cm/s，电流每增加 50A，最大搅拌速度增大 3.58cm/s。

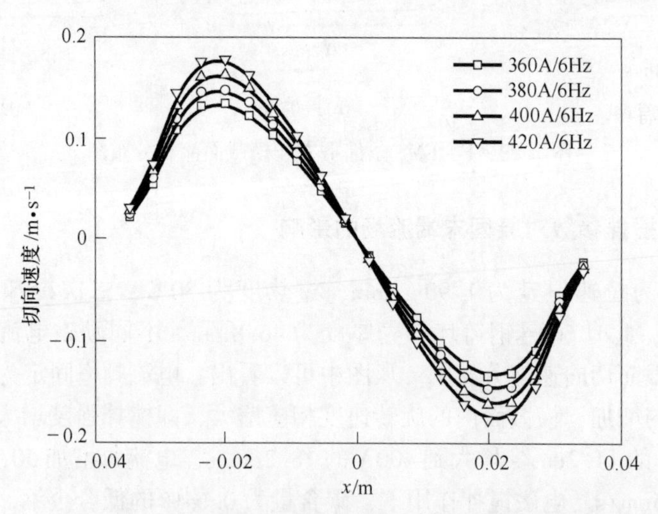

图 7.21　70 号钢在不同电流强度时铸坯内切向速度

图 7.22 为 SWRH82B 钢 160mm × 160mm 方坯在拉速为 1.8m/min 时，不同励磁电流强度下的搅拌器中心横截面切向速度分布图。从图中可以看出，随着电流强度的增加，横截面内的旋转速度相应增大，即搅拌强度增大，最大切向速度由

360A 的 12.4cm/s 增大到 440A 的 17.6cm/s，电流每增加 50A，末端最大搅拌速度增加 3.25cm/s，与 60 号钢相对比增加幅度稍小一点。

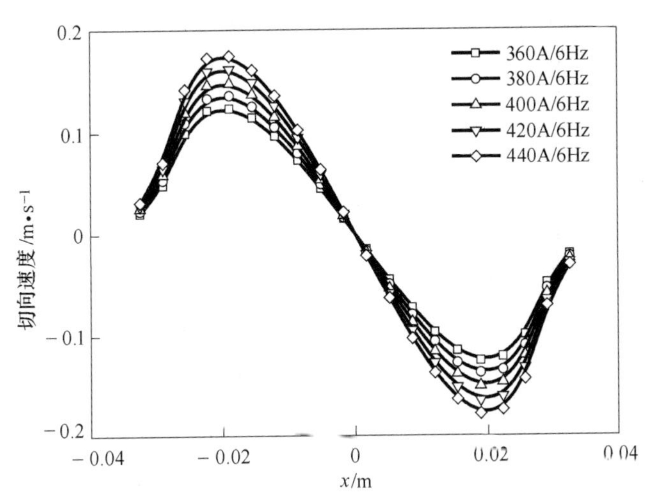

图 7.22 SWRH82B 钢在不同电流强度铸坯内切向速度

图 7.23 为不同励磁电流频率条件下 60 号钢连铸坯在搅拌器中心横截面切向速度分布图。从图中可以看出，电流恒定在 320A 时，随着搅拌频率的增加，横截面内的旋转速度相应增大，最大切向速度由 5Hz 的 10.9cm/s 增大到 8Hz 的 16.0cm/s，电流频率增加 1Hz，最大速度平均增加 1.7cm/s。与电流强度增加幅度相比，频率对搅拌强度的影响较弱，主要原因是电流频率的增加，引起磁感应强度一定程度的减小，但由于感应磁场变化速度增大，使电磁力有进一步的增加，但增加幅度有限，导致搅拌速度增加幅度较小。

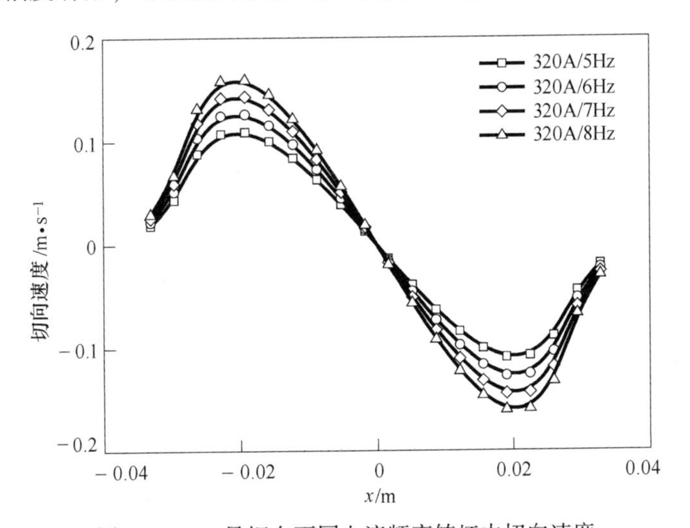

图 7.23 60 号钢在不同电流频率铸坯内切向速度

图7.24为不同励磁电流频率条件下SWRH82B钢铸坯在搅拌器中心横截面切向速度分布图。从图中可以看出，电流恒定在420A时，随着搅拌频率的增加，横截面内的旋转速度相应增大，最大切向速度由5Hz的13.9cm/s增大到8Hz的20.6cm/s，电流频率增加1Hz，最大速度平均增加2.23cm/s。

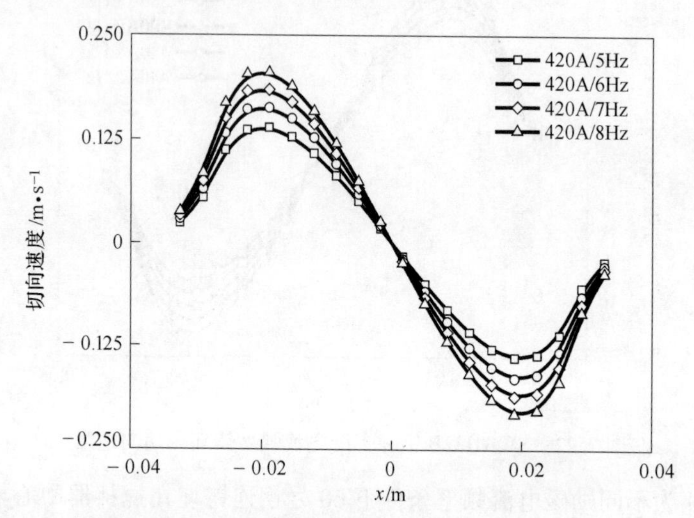

图7.24 SWRH82B钢在不同电流频率铸坯内切向速度

凝固末端电磁搅拌强度既不能过大也不能太小，搅拌强度较小，糊状区搅拌不充分，钢液很难充分混合，难以促进溶质的重新分布；搅拌强度较大，导致搅拌器中心的低压区压力较小，而压力梯度较大，上下部钢液易于被强压到搅拌器的中心。但由于搅拌器上部钢液黏度小，更容易被抽取到搅拌区域中心，与低温钢液混合，出搅拌器后仍然会出现搭桥现象，影响铸坯的内部质量。因此末端电磁搅拌效果应根据最后现场的工业试验所做的碳硫分析结果情况，最终确定最佳的搅拌参数和合理的连铸参数。

7.4.3 连铸工艺参数对凝固末端流场的影响

凝固末端电磁搅拌强度不仅与电磁搅拌器的电磁参数有关，还与糊状区温度有很大关系，而铸坯内糊状区的平均温度与拉坯速度、过热度、二次冷却区的水流量有密切联系。在连铸过程中，铸坯的拉速直接决定单位距离的冷却速度，进而影响铸坯坯壳厚度和糊状区的平均温度，而糊状区温度大小直接决定其搅拌区域糊状区的有效黏度。在固定电磁搅拌参数和搅拌位置情况下，对不同拉速条件下（1.8~2.0m/min）糊状区的钢液搅拌情况进行数值计算分析。

图7.25为60号钢浇铸过程中钢包过热度为30℃，凝固末端电磁搅拌参数设定为380A/6Hz时横向速度分布。拉速从1.8m/min增加到2.0m/min，进入搅拌区域的坯壳厚度由49.1mm减小到44.8mm，糊状区的平均温度由1465.6℃增加

到1468.1℃，坯壳厚度和糊状区的平均温度变化均很明显，由于糊状区温度的变化对有效黏度影响相对较大，导致横向最大搅拌速度相差7.16cm/s，由此看出拉速对凝固末端铸坯搅拌强度的影响较大。因此，拉速与电磁搅拌参数的匹配对末端电磁搅拌效果影响很大，当搅拌位置固定后，拉坯速度应尽量保持稳定，以达到理想的搅拌效果。

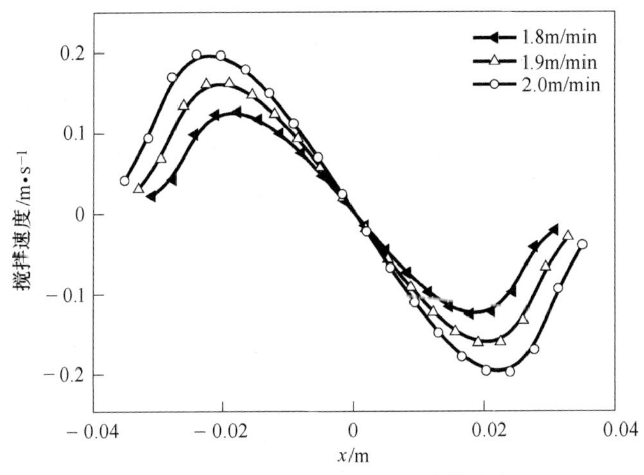

图7.25 不同拉速时的最大搅拌速度

过热度是钢液的浇铸温度与液相线之差，其大小直接决定钢液所含的过热的多少，这些热量必须通过铸坯表面导出。随着过热度的增大，糊状区的长度加长，对凝固末端电磁搅拌效果产生一定的影响。在固定电磁搅拌参数和搅拌位置情况下，对不同过热度条件下糊状区的钢液搅拌情况进行数值计算分析。图7.26为60号钢在拉速1.8m/min，电磁搅拌参数为380A/6Hz时，过热度从10℃增加到30℃时，

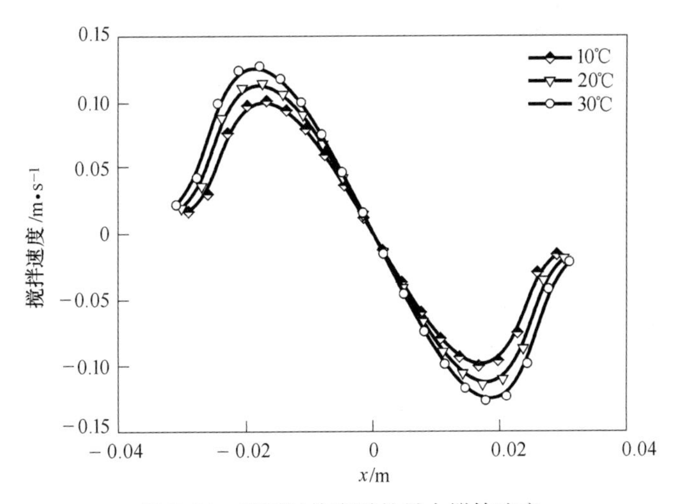

图7.26 不同过热度时的最大搅拌速度

进入搅拌区域连铸坯坯壳厚度减小了1.1mm，糊状区平均温度增加1.4℃，最大搅拌速度增加2.64cm/s，增加幅度不是很大，由此可以看出过热控制在一定范围内时，其对凝固末端电磁搅拌的影响程度远远小于拉速带来的影响。因此，连铸过程要想发挥好凝固末端电磁搅拌的作用，首先应尽量保持拉速的相对稳定。

7.5 凝固末端电磁搅拌工艺优化

7.5.1 60号钢末端电磁搅拌参数优化

正如前述，高碳钢方坯凝固末端搅拌钢液的速度应控制在10~20cm/s，超过20cm/s等轴晶区就达到饱和。根据上述的计算结果，160mm×160mm方坯连铸60号钢，拉速为1.90m/min，过热度为30℃，二次冷却区比水量为1.06L/kg，凝固末端电磁搅拌器处铸坯坯壳厚度为46.8mm，电流控制在300~400A时，凝固界面前沿最大搅拌速度在11.2~18.2cm/s变化，符合凝固末端搅拌速度的控制要求。为此对60号钢进行工业试验：分两组，第一组电流为300A和340A，频率固定为6Hz，搅拌方式为连续和交替两种方式；第二组电流在340~400A间变化。在此基础上，选出最佳的搅拌参数，再进行进一步试验验证。

图7.27和图7.28为第一组工业试验采用交替和连续两种搅拌方式后对铸坯进行取样碳、硫分析的结果。从图7.27中可以看出，拉速为1.9m/min时，采用交替式搅拌的电磁中心碳偏析均在1.1以上，增加电流强度，铸坯中心偏析变化不大，原因可能是采用交替搅拌方式，凝固末端的搅拌强度不够。而从图7.28中可知，采用连续搅拌方式，电流为300A时，中心碳偏析与交替式相同，基本维持在1.18附近，但电流增加到340A时，第1流和第7流的中心碳偏析分别为1.13和1.12，中心碳偏析指数明显下降，图7.29为此条件下的低倍金相照片。可以发现，交替式搅拌中心碳偏析有一定的波动，采用连续式搅拌则明显优于交替式搅拌。为此后阶段的试验中，设置频率仍为6Hz，电流分别为340A、360A、380A和400A，采用连续式电磁搅拌。

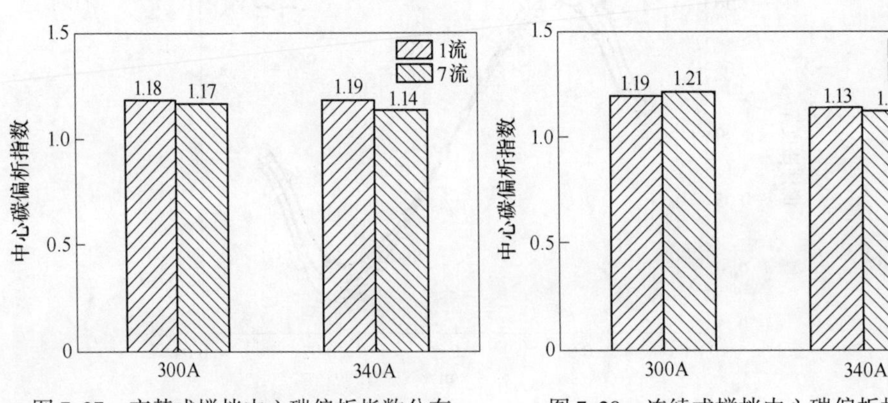

图7.27 交替式搅拌中心碳偏析指数分布

图7.28 连续式搅拌中心碳偏析指数

图 7.29 连续式搅拌铸坯横断面金相照片

图 7.30 为后阶段试验不同搅拌电流强度下取样分析的中心碳偏析变化曲线。可以看出，中心碳偏指数变化范围为 1.04 ~ 1.15，并随着电流强度的逐渐增加，中心碳偏析指数呈现先下降后上升趋势。可以认为中心碳偏析指数这种变化规律主要与糊状区的搅拌强度有关。当激励电流较小时，铸坯糊状区电磁力不足以驱动钢液充分流动，这样在糊状区中仍然存在较大的浓度梯度和温度梯度，而随着激励电流的增加，驱动钢液的流动变得越来越充分，中心碳偏析指数逐渐减小，但当糊状区中的搅拌程度达到一定限度时，继续增加搅拌强度，会在搅拌中心区域纵向形成足够的压力梯度，从而促使搅拌器上下游糊状区钢液在搅拌中心区的混合。由于搅拌器上游糊状区钢液的温度较高，有效黏度较小，更容易被吸入搅拌区域，从而提高了搅拌糊状区的温度，造成凝固后期糊状区的凝固与未搅拌的情况类似，中心碳偏析指数反而上升。从图中还可以看出，在固定频率（6Hz）条件下，末端电流设定在 360 ~ 380A 时，中心碳偏析可以降低至 1.06 ~ 1.04 之间。根据上述流场的计算可知，电磁搅拌参数为 380A/6Hz 时，搅拌器中心横截面的最大搅拌速度达到 16.5cm/s，凝固末端的电磁搅拌速度控制在合理范围内，这样从试验的角度可以说明前面介绍的有关采用数值方法描述凝固末端电磁搅拌下流动、凝固传热的合理性和准确性。

由图 7.30 可知末端电磁搅拌电流为 380A 时，铸坯的中心碳偏析最低，为此依次为优化参数进行多组试验以进一步检验。表 7.4 给出了试验后铸坯中心碳偏析的分析结果。可以看出，在稳定浇铸参数的前提下，凝固末端电流参数控制在 380A/6Hz，铸坯中心碳偏析指数在 1.02 ~ 1.10 之间，且大部分在 1.05 以下。但如果凝固是在非稳态条件下进行，则经过末端电磁搅拌器后的铸坯其内的液相率会偏高，在后续的凝固中仍可能发生搭桥现象，从而造成中心偏析上升。

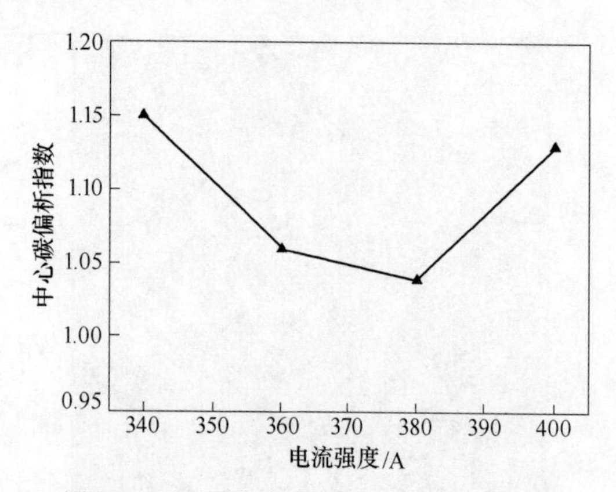

图 7.30 不同电流条件下中心碳偏析指数

表 7.4 铸坯中心碳偏析指数

F-EMS			铸坯［C］平均值，C_0/%	铸坯中心点碳含量，C/%	中心碳偏析指数，C/C_0
电流/A	频率/Hz	搅拌方式			
380	6	连续	0.601	0.613	1.02
			0.596	0.626	1.05
			0.601	0.619	1.03
			0.591	0.621	1.05
			0.593	0.617	1.04
			0.584	0.602	1.03
			0.581	0.639	1.10
			0.581	0.598	1.03

7.5.2 70 号钢末端电磁搅拌参数优化

对于 70 号钢方坯连铸而言，考虑现场的设备运行能力，设定末端电磁搅拌器工作频率为 6Hz，电流强度为 360～420A，拉速为 1.8m/min。在此条件下，模型计算铸坯内部最大搅拌速度可达到 13.4～17.7cm/s，满足了凝固末端搅拌钢液速度的控制要求。图 7.31 给出了末端电搅在不同电流条件下 70 号钢铸坯中心碳的偏析指数。从中可以看出，铸坯中心碳偏析比较严重，碳偏析指数大部分在 1.10 以上，但电流为 400A 时，中心碳偏析指数可以降至 1.07，而此时末端糊状区的最大搅拌速度为 16.2cm/s，属于比较理想的范围，为此，针对 400A 的条件进行多组的试验，以进一步验证其效果。

表 7.5 给出了进一步试验检验的分析结果。可以看出，稳定浇铸前提下，凝固末端电流参数控制为 400A、6Hz，铸坯中心碳偏析指数在 1.03～1.12 之间，

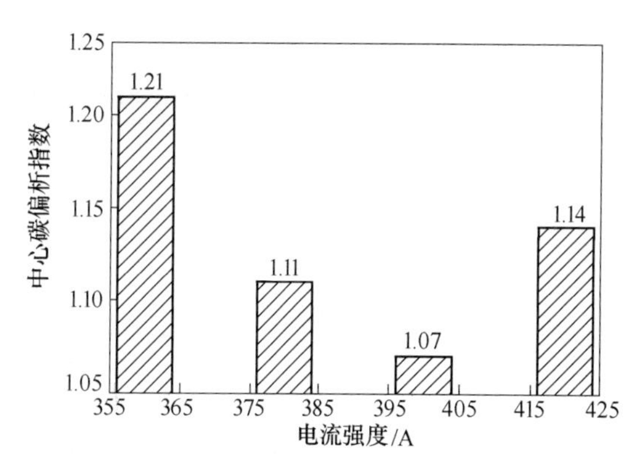

图 7.31 70 号钢方坯末端不同电流搅拌下的中心碳偏析指数

且大部分在 1.08 以下。可见，采用合理的末端电磁搅拌参数，铸坯中心偏析会有较大程度的下降空间。

表 7.5 铸坯中心碳偏析指数

F-EMS			铸坯［C］平均值，C_0/%	铸坯中心点碳含量，C/%	中心碳偏析指数，C/C_0
电流/A	频率/Hz	搅拌方式			
400	6	连续	0.701	0.757	1.08
			0.696	0.779	1.12
			0.710	0.731	1.03
			0.691	0.732	1.06
			0.705	0.733	1.04
			0.694	0.736	1.06
			0.708	0.764	1.08
			0.687	0.721	1.05

7.5.3 SWRH82B 钢末端电磁搅拌参数优化

随着碳含量的增加，铸坯的糊状区的长度随着碳含量的升高而增长，在后期的凝固过程中极易造成中心偏析，而铸坯中心偏析严重影响成材性能。根据上述 SWRH82B 钢末端流场的计算结果（见图 7.22），末端电磁搅拌器电流在 380～440A 之间，最大搅拌速度为 17.6cm/s。表 7.6 为 SWRH82B 钢方坯二冷强冷条件下（1.0L/kg）凝固末端电磁搅拌采用不同电流强度的试验分析结果（8 块 SWRH82B 钢的钻孔碳分析）。可以看出，除末端电流为 420A 取样外，其他炉次中心碳偏析指数均较高。在相同频率 6Hz 条件下，末端电流设定在 420A 的试验结果优于其他设定电流条件，其结果分别为 1.02 和 1.07。由图 7.22 可知此时，末端搅拌中心的最大搅拌速度达到16.3cm/s。

表7.6 SWRH82B钢方坯不同电流下凝固末端电磁搅拌试验分析结果

F-EMS			铸坯[C]平均值，C_0/%	铸坯中心点碳含量，C/%	中心碳偏析指数，C/C_0
电流/A	频率/Hz	搅拌方式			
380	6	连续	0.827	1.001	1.21
380			0.821	0.985	1.20
400			0.828	0.969	1.17
400			0.829	0.945	1.14
420			0.819	0.835	1.02
420			0.807	0.863	1.07
440			0.811	0.932	1.15
440			0.815	0.921	1.13

为此进行了此条件下的进一步试验，表7.7给出了试验的分析结果。从表中可以看出，铸坯中心碳偏析指数控制在1.05~1.21范围内，且大部分在1.07~1.15之间，除了1组中心碳偏析较高外，其他结果均较好。

表7.7 SWRH82B钢方坯优化凝固末端电磁搅拌试验分析结果

F-EMS			铸坯[C]平均值，C_0/%	铸坯中心点碳含量，C/%	中心碳偏析指数，C/C_0
电流/A	频率/Hz	搅拌方式			
420	6	连续	0.826	0.869	1.05
			0.813	0.932	1.15
			0.809	0.970	1.20
			0.805	0.973	1.21
			0.825	0.927	1.12
			0.809	0.910	1.12
			0.809	0.866	1.07
			0.808	0.913	1.13

参考文献

[1] 王金辉. 末端电磁搅拌磁场的数值模拟及应用[D]. 沈阳：东北大学，2005.

[2] 于海岐，朱苗勇. 圆坯结晶器电磁搅拌过程三维流场与温度场数值模拟[J]. 金属学报，2008，44(12)：1465-1473.

[3] Singh A K, Basu B, Ghosh A. Role of appropriate permeability model on numerical prediction of macrosegregation [J]. Metall. Trans. B, 2006, 37 (5): 799-809.

[4] Choudhary S K, Mazumdar D. Mathematical modelling of transport phenomena in continuous casting of steel [J]. ISIJ Int., 1994, 34 (7): 584-592.

[5] 陈襄武. 钢铁冶金物理化学 [M]. 北京: 冶金工业出版社, 1990: 199-200.

[6] 朱苗勇. 现代冶金工艺学·钢铁冶金卷 [M]. 北京: 冶金工业出版社, 2011.

[7] Spizer K H, Dubke M, Schwerdtfeger K. Rotational electromagnetic stirring in continuous casting of round strands [J]. Metall. Trans. B, 1986, 17 (1): 119-131.

[8] 苏旺, 姜东滨, 罗森, 朱苗勇. 方坯连铸凝固末端电磁搅拌工艺优化的数值模拟 [J]. 东北大学学报 (自然科学版), 2013, 34 (5): 673-678.

[9] Luo S, Piao Y F, Jiang D B, Wang W L, Zhu M Y. Numerical Simulation and Experimental Study of F-EMS for Continuously Cast Billet of High Carbon Steel [J]. J. Iron Steel Res. Int., 2014, 21: 51-55.

[10] Hideaki M, Masami K, Toru K, et al. Effect of electromagnetic stirring at the final stage of solidification of continuously cast strand [J]. Tetsu-to-Hagane, 1984, 70 (2): 194-200.

[11] 陈进, 苏志坚, 中岛敬治, 等. 移动电磁场下低碳钢凝固过程枝晶破碎临界条件 [J]. 东北大学学报 (自然科学版), 2010, 31 (12): 1717-1720, 1732.

[12] Jiang D B, Zhu M Y. Flow and solidification in billet continuous casting machine with dual electromagnetic stirrings of mold and the final solidification [J]. Steel Res. Int., 2015 (to be published).

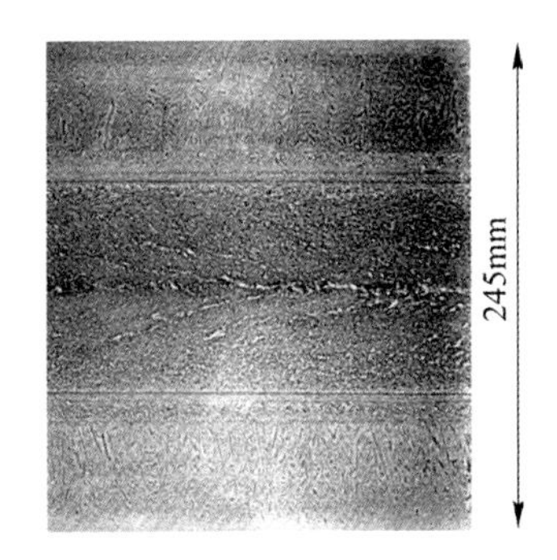

图 1.5　板坯中的偏析[2]

常规连铸的板坯中，不仅有中心偏析（带状偏析）、V 型偏析，还有白亮带（负偏析）、半宏观偏析（点状偏析）。

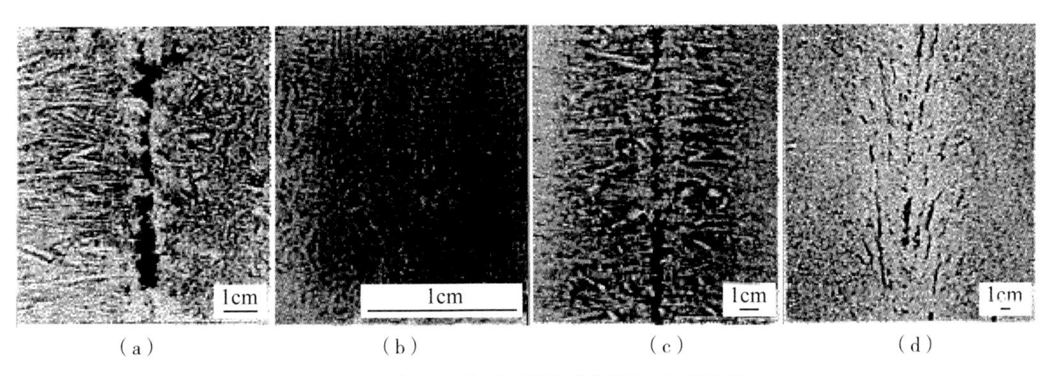

图 1.6　按连铸坯偏析形成分类的宏观偏析

（a）鼓肚引起的偏析；（b）枝晶间富集引起的半宏观偏析；（c）搭桥引起的偏析；（d）凝固收缩作用下晶粒群开裂而引发的 V 型偏析

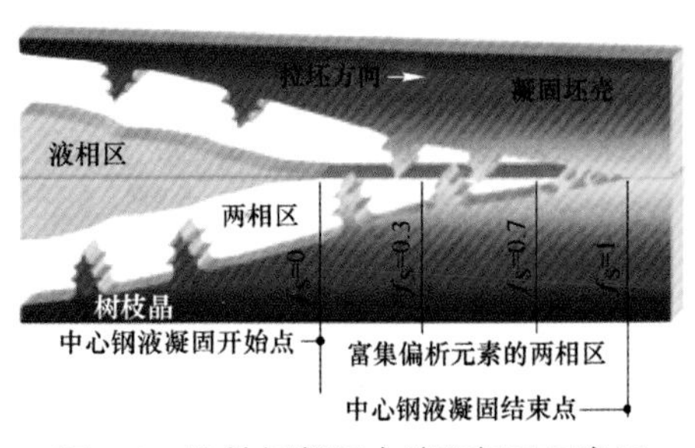

图 4.2　连铸坯凝固末端两相区示意图

当铸坯中心固相率较小时，上游钢液在其静压力的作用下向下游流动，补偿因凝固收缩形成的局部压降；随着凝固进程的推移，铸坯中心固相率逐渐增加，钢液在类似多孔介质的两相区中流动，因阻力增大，流动速度减慢，钢液凝固收缩形成的局部压降将得不到充分补偿，将导致铸坯中心附近枝晶间的富含溶质偏析元素钢液向中心流动、汇集并最终凝固，从而形成宏观偏析；在凝固末期，铸坯中心固相率继续增加，由于枝晶相互搭桥或固相率太大导致上游钢液向下流动的阻力继续增加，凝固收缩时形成的体积减少将不能被有效补偿或被补偿不充分，在相应位置将会出现空洞或孔隙，即中心疏松。

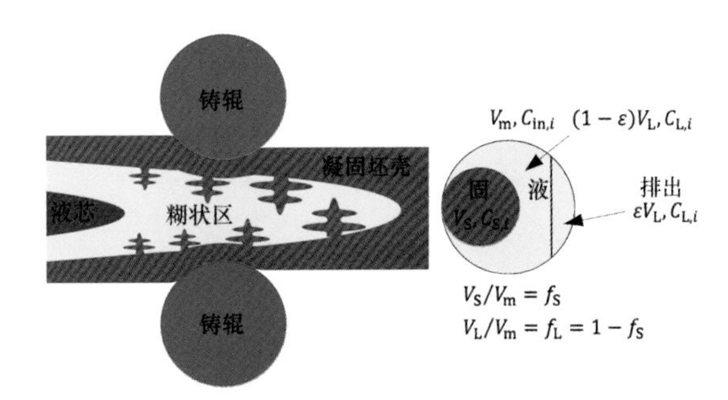

图 4.96　铸辊轻压下示意图

图 4.96 示出了单辊压下时铸坯凝固坯壳变形使得铸坯两相区富含溶质元素的钢液被部分挤压排出的情况。

铸坯中心两相区平均溶质偏析率 K_i 的表达式如下：

$$K_i = \frac{\rho_S f_S C_{S,i} + (1-\varepsilon)(1-f_S)\rho_L C_{L,i}}{[f_S + (1-\varepsilon)(1-f_S)][\rho_S f_S C_{S,i} + \rho_L(1-f_S)C_{L,i}]}$$

$\varepsilon = \dfrac{V_d}{V_L}$　（V_d 为实施单辊轻压下时坯壳变形使两相区减小的体积）

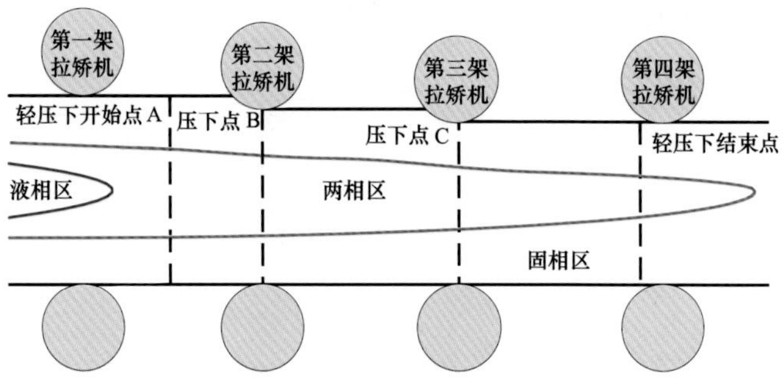

图 4.35　方坯凝固末端轻压下过程示意图

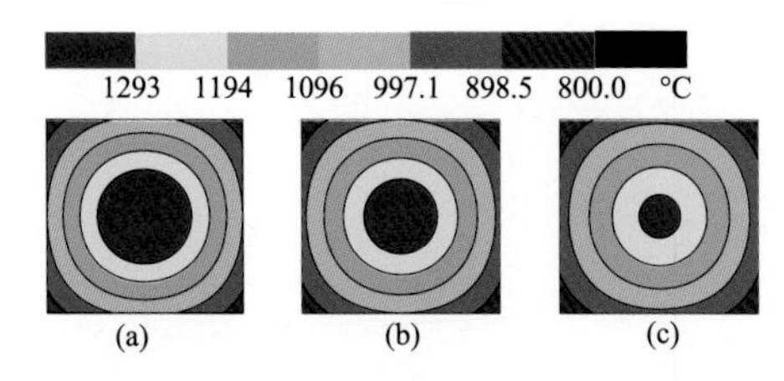

图 4.36　铸坯横截面温度分布云图

图 4.36(a)~(c) 分别对应图 4.35 上的 A~C 点。轻压下的实施补偿了凝固收缩量，从而实现消除中心偏析和疏松的目的。

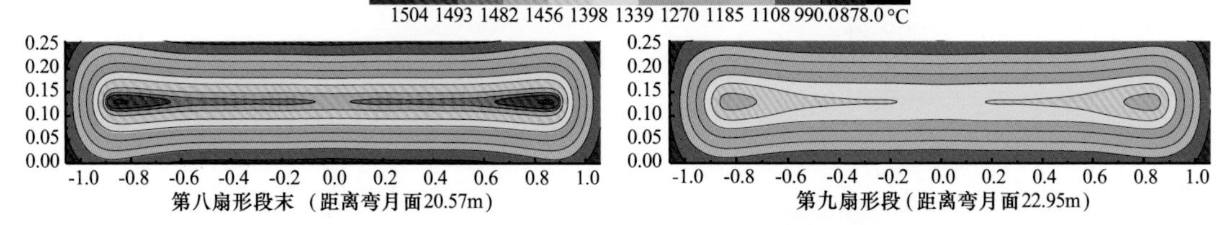

图 4.106　距离弯月面 20.57m 和 22.95m 处铸坯横截面上的等温线模拟图

Q345 钢，拉速 0.9m/min，浇铸温度 1545°C，冷坯断面 2100mm × 250mm

图 4.106 显示出，宽厚板连铸坯在第八扇形段末与第九扇形段末，铸坯横截面温度场呈现出典型的哑铃状特征。

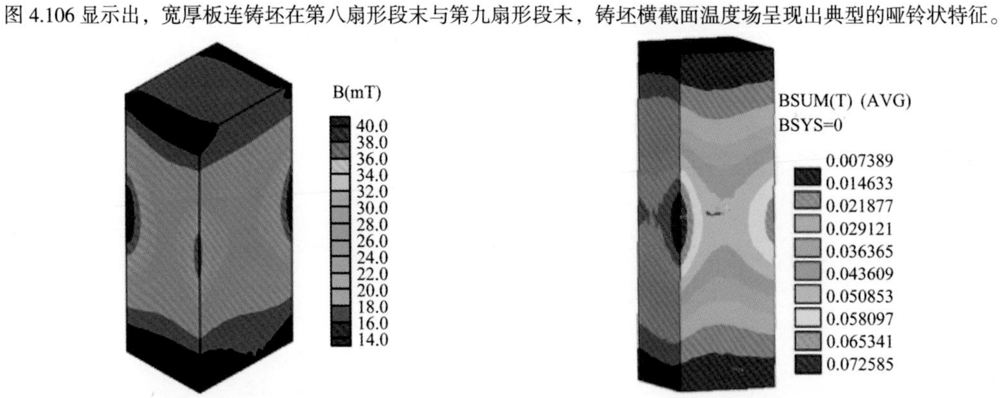

图 6.9　铸坯中磁感应强度分布图 (a)
（电磁搅拌参数为 400A/2.4Hz）

图 7.7　方坯中磁感应强度分布图
（电磁搅拌参数为 300A/6Hz）

对于 M-EMS(图 6.9) 和 F-EMS（图 7.7），磁感应强度在方坯轴向方向上的分布并不均匀，电磁搅拌器中心部分磁感应强度最大，向两边逐渐减小，即有“中间大，两头小”的规律。

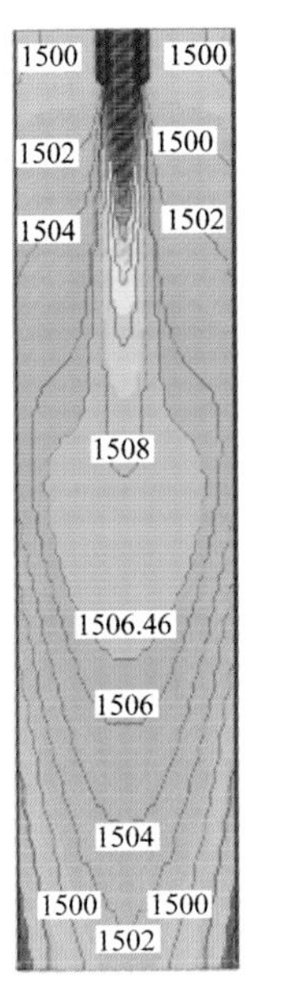

（a）无电磁搅拌

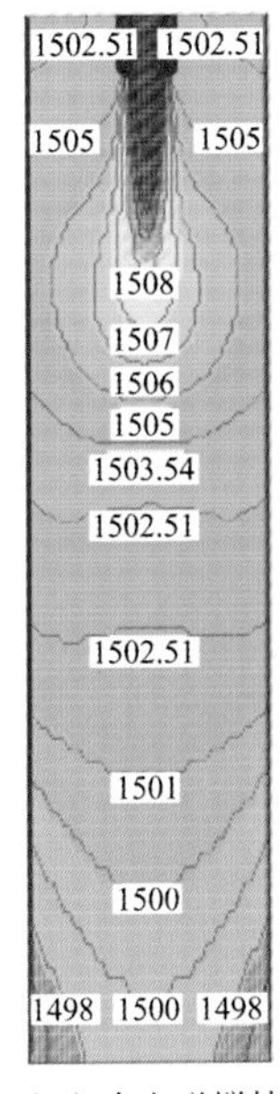

（b）有电磁搅拌

图 6.21　方坯纵截面上温度分布（℃）

未加 M-EMS 时，过热的钢水从浸入式水口向下流动，过热度缓慢消失，在铸坯断面上，其心部温度高，而向凝固面一侧急剧下降，其温度分布成驼峰状。

在 M-EMS 条件下，旋转搅拌使钢液的流动方向由垂直向下变为水平旋转，即阻断了从浸入式水口流出的过热钢液，使其浸入深度变浅，从而使轴向温度迅速降低，而径向温度升高，使凝固面前沿的温度梯度增大，有利于传热。

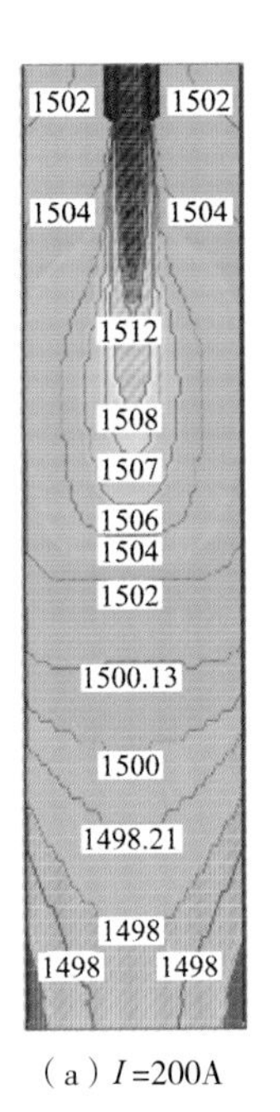

（a）I=200A

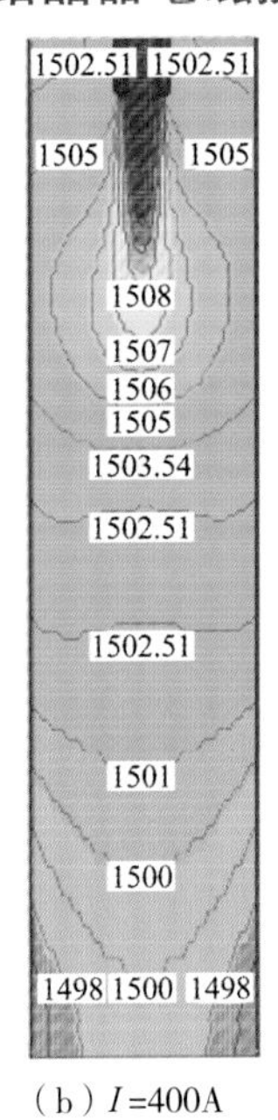

（b）I=400A

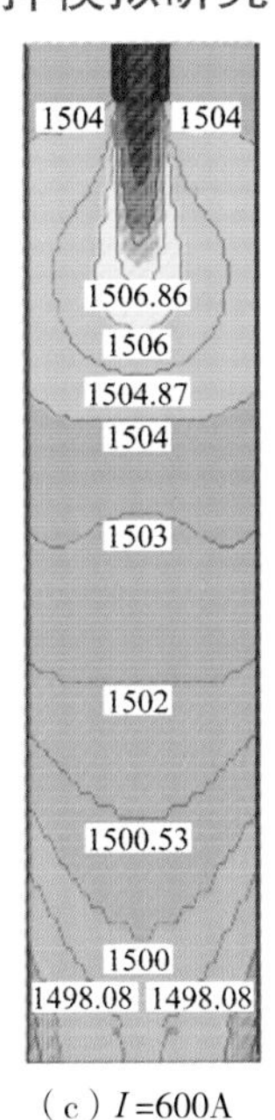

（c）I=600A

图 6.27　不同搅拌电流下铸坯纵截面内温度分布（℃）

随着搅拌电流的增加，上环流区的温度增加明显，热区位置提高，而且搅拌电流越高，心部温度降低得越快，铸坯横截面上的温度分布越平坦。

适当的搅拌强度能折断枝晶，有利于等轴晶生长，同时清刷凝固面前沿，使坯壳生长均匀，减少漏钢事故。如搅拌强度过大，会导致弯月面附近钢液的强烈扰动，使钢液在结晶器壁附近隆起，搅拌强度越大，隆起的高度也越高。这可能影响浇铸过程的稳定和铸坯质量。

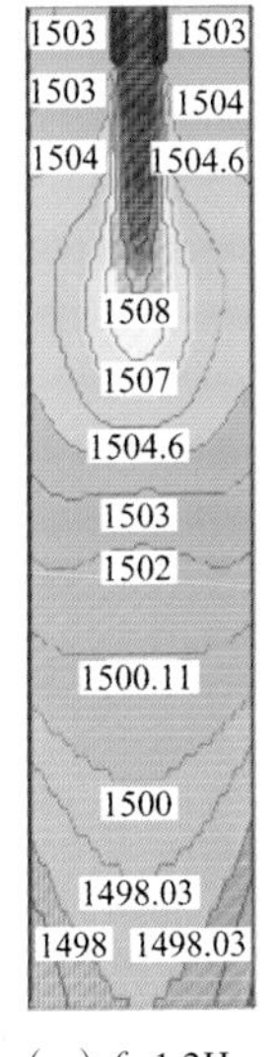

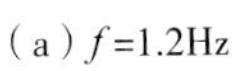

（a）f=1.2Hz

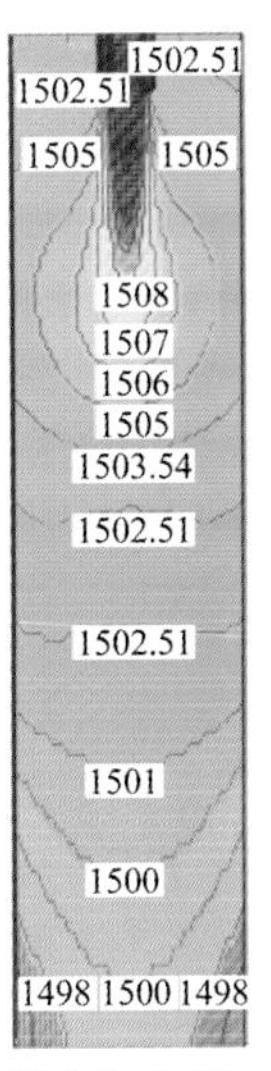

（b）f =2.4Hz

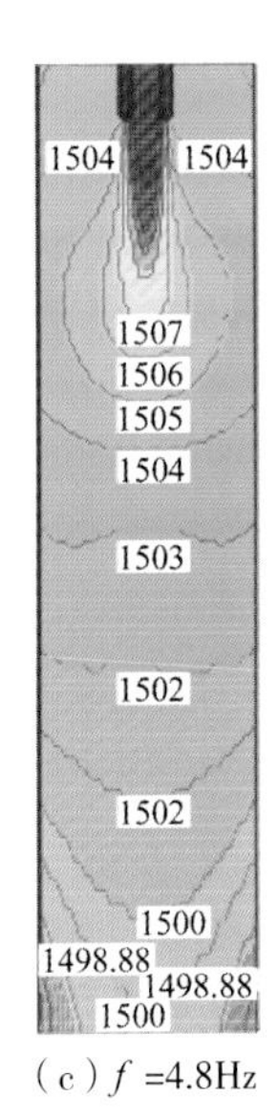

（c）f =4.8Hz

图 6.33　不同频率下方坯纵截面内温度（℃）分布（I=400A）

随着搅拌频率的增加，上环流区的温度增加明显，热区位置提高，搅拌频率越高，心部温度降低越快，铸坯横截面上的温度分布越平坦。

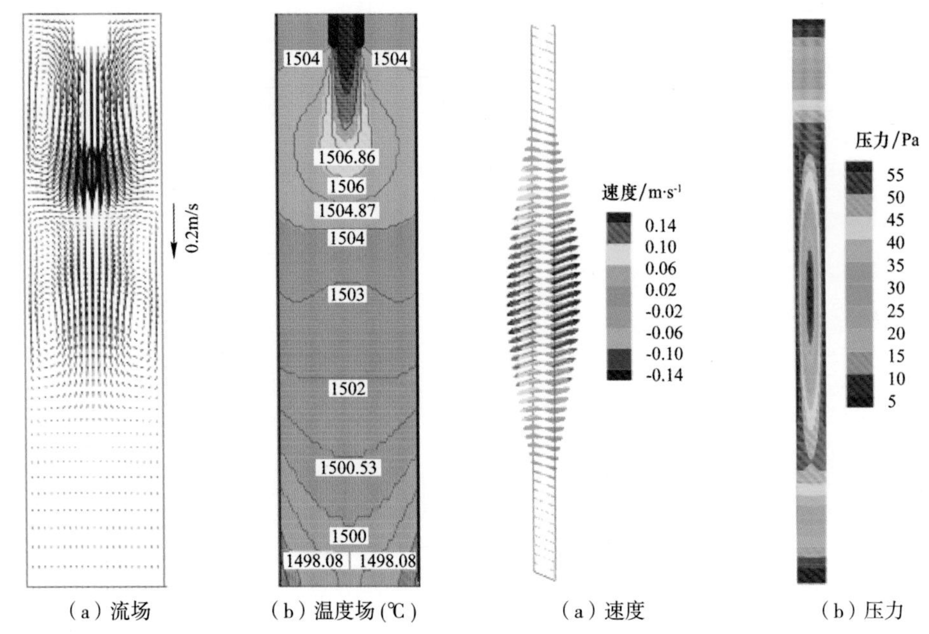

图 6.41　铸坯横截面上流场和温度场分布
（I=600A，f=2.4Hz）

经过比较，M-EMS 搅拌参数选取为 600A/2.4Hz，可有效改善 360mm×450mm 大方坯连铸典型钢种的铸坯内部质量。此条件下，能够产生足够大的离心力和剪切力，有效地折断枝晶，同时清刷凝固面前沿，产生二次流；既使弯月面稳定，又使弯月面附近的钢液有一定的流动速度，使保护渣熔融良好；钢液的二次流现象明显，热区位置得到了提高，造成热顶效应，使过热度尽快消失。

图 7.17　铸坯纵截面速度矢量图和压力云图

60 号钢，F-EMS 搅拌参数设定为 340A/6Hz，拉速为 1.90m/min，过热度为 30℃，二次冷却区比水量为 1.06L/kg，凝固末端方坯坯壳厚度为 46.8mm

电磁搅拌作用驱动糊状区钢液旋转流动，促进溶质的均匀分布。

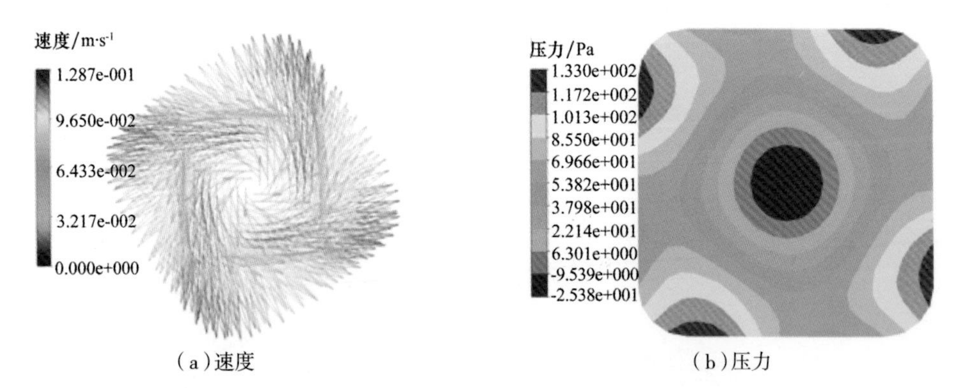

图 7.18　铸坯横截面速度矢量图 (a) 和压力云图 (b)

60 号钢，末端电磁搅拌参数设定：340A/6Hz，拉速 1.90m/min，过热度 30℃，二次冷却区比水量 1.06L/kg，凝固末端方坯坯壳厚度 46.8mm

在搅拌器作用范围内，靠近搅拌器中心部位的边缘切向速度增大，而方坯中心的切向速度几乎为零。从图 7.18(b) 可以看出，搅拌区域的中心为负压区，搅拌区域上下部分则为正压区，在压力梯度的作用下，驱使搅拌区域上下部糊状区的钢液向中心移动。由于下部钢液的温度降低，有效黏度增大，所以搅拌器上部的钢液很容易被吸进搅拌区域，与低温钢液混合。当搅拌强度过小时，糊状区的流动较弱，内部的高温区和低温区未能充分混合，对解决中心偏析不利；当搅拌强度过大时，更多的高温钢液与低温混合，增加搅拌区的平均温度，在过搅拌区后，方坯糊状区仍然存在较多的液相，随后仍然按照未搅拌的方式凝固。

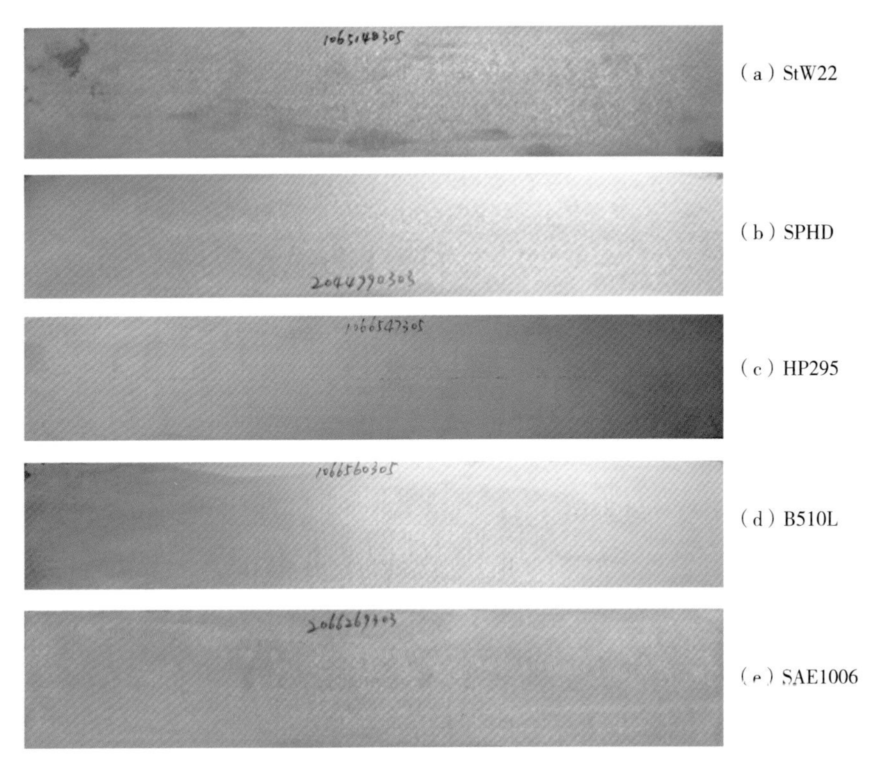

图 5.19　采用轻压下后部分钢种的低倍质量照片

宝钢梅山 2 号板坯连铸机投用 MsNeu_L2 系统后，显著改善了铸坯中心偏析与疏松缺陷，铸坯质量达到了较高水平。

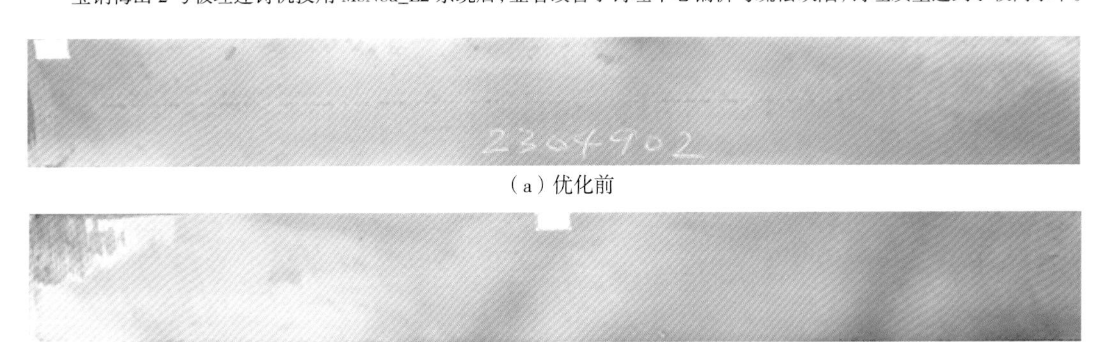

图 5.28　优化前后 2100mm×250mm 断面 Q235B 铸坯横剖低倍照片

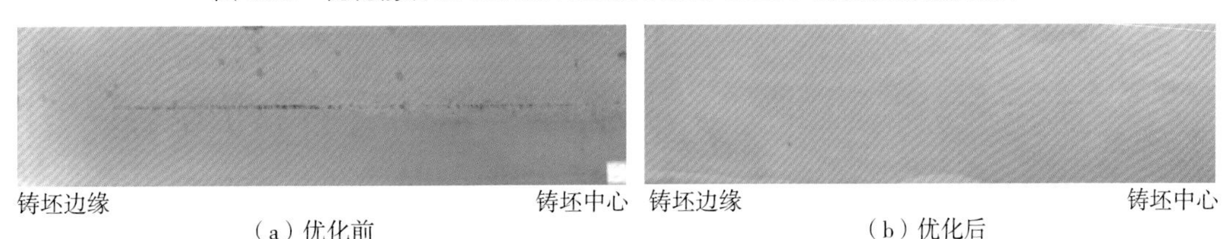

图 5.29　优化前后 2100mm×250mm 断面 Q345 铸坯横剖低倍照片

天钢宽厚板坯连铸机在原轻压下工艺下，铸坯中心为点状偏析，铸坯宽向 1/4~1/8 区域为更为严重的线状偏析，说明原工艺下只能起到改善铸坯中间区域质量的效果，而对铸坯边部液芯延伸位置并无明显效果。轻压下工艺优化后，无论铸坯中间区域还是边部区域，中心偏析与疏松缺陷均得到了明显改善。

采用轻压下技术后连铸坯质量的改善

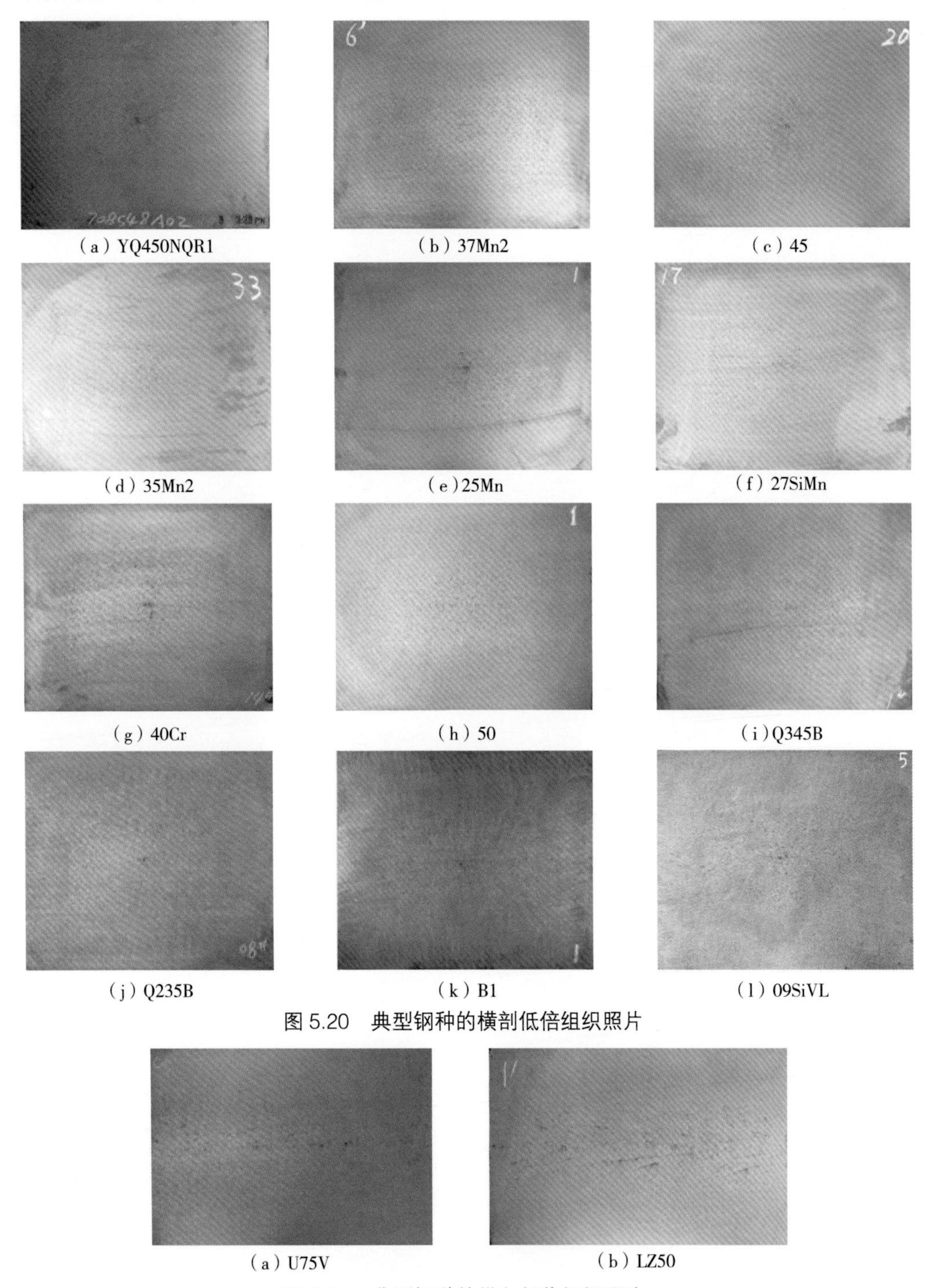

（a）YQ450NQR1 （b）37Mn2 （c）45

（d）35Mn2 （e）25Mn （f）27SiMn

（g）40Cr （h）50 （i）Q345B

（j）Q235B （k）B1 （l）09SiVL

图 5.20 典型钢种的横剖低倍组织照片

（a）U75V （b）LZ50

图 5.21 典型钢种的纵向低倍组织照片

攀钢 360mm × 450mm 大方坯连铸机采用凝固末端轻压下工艺、控制集成技术后，42CrMo 等中碳合金钢连铸坯各项指标均≤ 1.0 级比例达到 100%，其中中心缩孔与中心疏松均≤ 0.5 级；45 号等中碳钢连铸坯中心偏析与中心缩孔均≤ 0.5 级，中心疏松缺陷均≤ 1.0 级且≤ 0.5 级比例达 98.4%，中心裂纹与中间裂纹缺陷均≤ 1.5 级；20 号等低碳钢中心偏析、中心缩孔缺陷均控制在 0.5 级以内，中心疏松缺陷≤ 0.5 级比例达到 96.27%，中心裂纹与中间裂纹缺陷也均控制在 1.0 级以内。

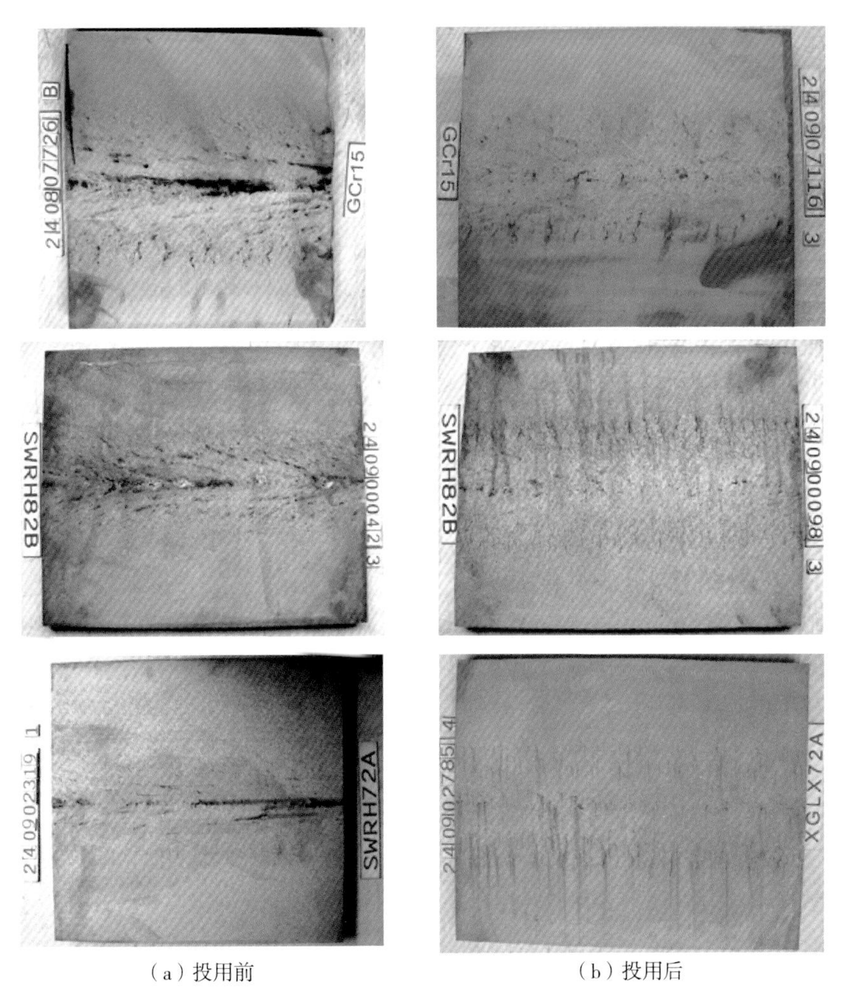

（a）投用前　　（b）投用后

图 5.23　连铸坯纵剖低倍质量对比

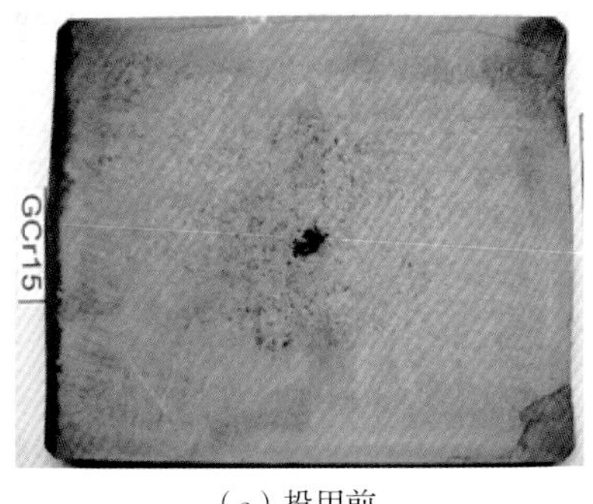

（a）投用前

（b）投用后

图 5.24　连铸坯横剖低倍质量对比

邢钢 280mm × 325mm 大方坯连铸机采用凝固末端轻压下工艺、控制集成技术前，铸坯中心出现明显的中心偏析与 V 型偏析，且伴随着贯穿性连续缩孔。相比较而言，轴承钢 GCr15 中心缺陷更加严重，这主要是因为铸坯液芯需补缩体积随着碳含量增加而增加，因此中心疏松愈加严重。凝固末端轻压下工艺、控制集成技术投用后，铸坯中心偏析基本消除，偶见针孔状缩孔，铸坯中心缩孔改善十分显著。

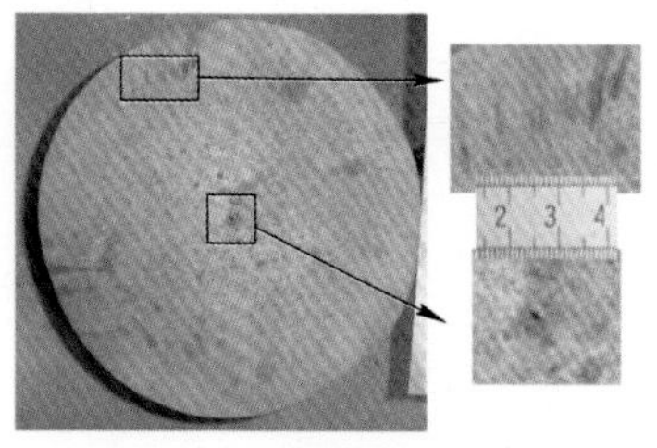

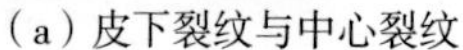

（a）皮下裂纹与中心裂纹

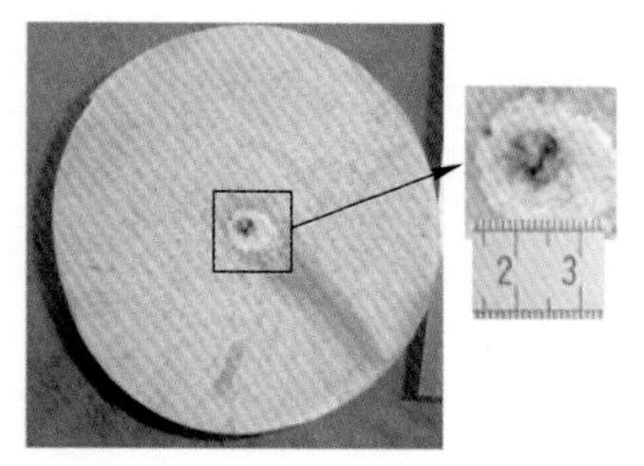

（b）中心缩孔

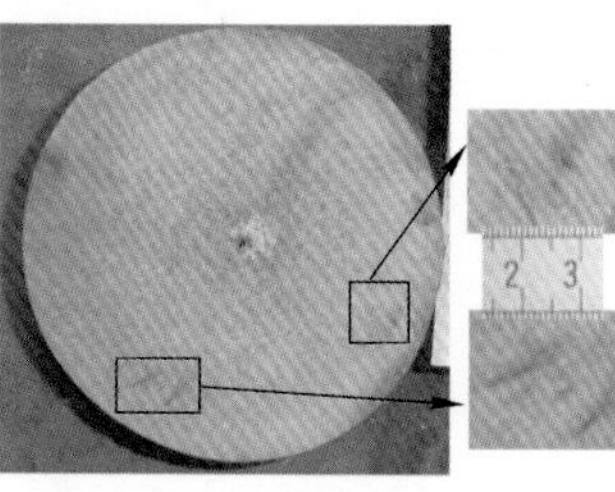

（c）皮下气泡与皮下裂纹

图 6.43　电磁搅拌工作电流和频率下的试样典型质量缺陷热酸浸蚀图 (I =300 A, f=4 Hz)
圆坯连铸机，拉速 3.0 m/min，钢液过热度 15~20 ℃，钢种为高碳钢 82B

由图可见，铸坯质量是不稳定的，皮下裂纹、中心缩孔和中心疏松均存在于大部分试样中，所有这些质量缺陷将直接影响最终产品的质量。所以，优化现行的电磁搅拌器工作电流和频率以期进一步提高铸坯质量是很有必要的。

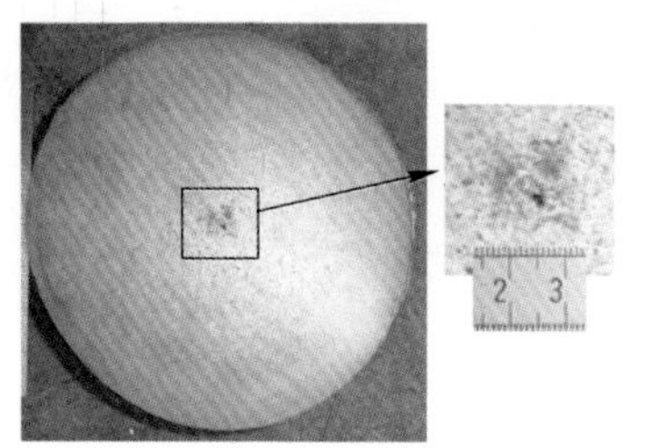

（a）中心缩孔，I =300 A, f=7 Hz

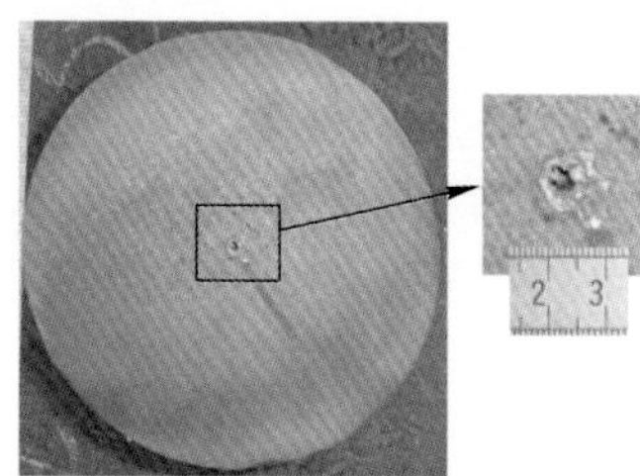

（b）中心缩孔，I =280 A, f=6 Hz

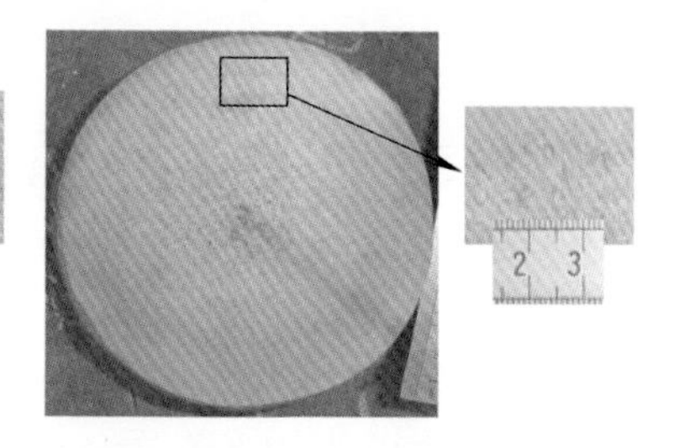

（c）皮下裂纹，I =260 A, f=7 Hz

图 6.45　各种质量缺陷的试样热酸浸蚀图
圆坯连铸机，拉速 3.0 m/min，钢液过热度 15~20 ℃，钢种为高碳钢 82B

由图可见，虽然试样存在着中心缩孔和中心疏松缺陷，但这些铸坯试样宏观质量明显比图 6.43 所示的试样要好些。

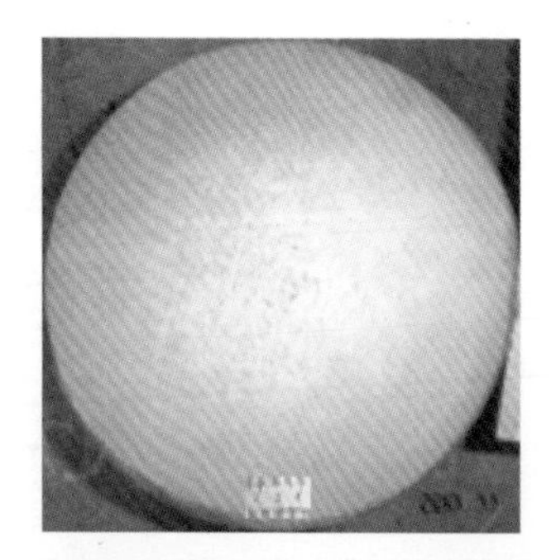

图 6.46　最佳搅拌参数方案下的试样热酸浸蚀图
搅拌参数：I =260 A，f=8 Hz

由图可见，铸坯试样的柱状晶区已完全消失，取而代之的是更均匀的等轴晶结构，中心疏松控制得也非常好，未出现其他的表面和内部质量缺陷，试样宏观质量的均匀性和紧密性均优于其他试样。

图 7.29　连续式搅拌铸坯横断面金相照片
160mm × 160mm 方坯，60 号钢，拉速 1.9m/min，过热度 30℃，二次冷却区比水量 1.06L/kg
F-EMS 搅拌参数：I =340 A，f=6 Hz

工业试验表明，连续式搅拌的中心碳偏析明显优于交替式搅拌。